PRÁTICAS DE FÍSICO-QUÍMICA

Blucher

Renato Nunes Rangel

PRÁTICAS DE FÍSICO-QUÍMICA

3ª edição revista e ampliada

Práticas de físico-química
© 2006 Renato Nunes Rangel
3ª edição – 2006
3ª reimpressão – 2016
Editora Edgard Blücher Ltda.

Blucher

Rua Pedroso Alvarenga, 1245, 4º andar
04531-934 – São Paulo – SP – Brasil
Tel.: 55 11 3078-5366
contato@blucher.com.br
www.blucher.com.br

É proibida a reprodução total ou parcial por quaisquer meios sem autorização escrita da Editora.

Todos os direitos reservados pela Editora Edgard Blücher Ltda.

FICHA CATALOGRÁFICA

Rangel, Renato Nunes
    Práticas de físico-química – São Paulo: Blucher, 2006.

    Bibliografia
    ISBN 978-85-212-0364-3

    1. Físico-Química 2. Físico-Química – Problemas, exercícios etc. I. Título

05-2045   CDD-541.3

Índices para catálogo sistemático:
1. Físico-Química   541.3

SOBRE O AUTOR

RENATO N. RANGEL é professor em cursos de Química e Engenharia Química na cidade de São Paulo há mais de 30 anos. Graduado em Engenharia Química pela Escola de Engenharia Mauá – IMT, realizou pesquisas e cursou disciplinas de pós-graduação na Universidade de Turim, na Itália.

Cursou pós-graduação em Química Industrial na Escola Politécnica da Universidade de São Paulo (USP) e é mestre em História da Ciência pela Pontifícia Universidade Católica (PUC-SP). Apresentou vários trabalhos sobre Físico-Química e Polímeros em reuniões anuais da Sociedade Brasileira para o Progresso da Ciência (SBPC).

Foi Diretor da Divisão de Engenharia Química do Instituto de Engenharia – São Paulo.

Recebeu o Diploma do Mérito Paulista do CREASP.

APRESENTAÇÃO

No estudo da Físico-Química a execução de experimentos planejados constitui etapa essencial do processo de aprendizado. A importância e a necessidade do trabalho empírico se multiplicam quando se vive uma cultura que preza o trabalho "intelectual" e trata com desdém a aquisição de habilidades práticas, o trabalho "braçal". O risco de o computador, ao possibilitar a cômoda simulação de experimentos – somada à sedução que lhe é peculiar –, afastar os alunos ainda mais dos trabalhos em laboratório está cada vez mais presente. A expansão do ensino à distância poderá conduzir o estudante de Química à "realização" de reações químicas e de procedimentos básicos – por exemplo uma destilação – mediante um simples dedilhar de teclado, tendo por resultado desenhos multicoloridos em uma tela, que substituirão a realidade. Imprevisível antecipar até onde nos conduzirá a vivência numa "realidade virtual" (estranho conceito!), que vai substituindo o mundo real. Estou profundamente convencido de que, a bem da sociedade, a bem da humanidade, necessitamos restringir a "realidade virtual" a limites adequados. E isso se consegue com o trabalho direto com a realidade objetiva, o que, no caso da Físico-Química, significa o trabalho experimental realizado em laboratórios didáticos ou de pesquisa e desenvolvimento.

Afirmarão alguns que, na Química Teórica, as técnicas computacionais abriram novos e importantes campos de estudo. É verdade. Mas, no enfoque dos problemas reais da sociedade, a Química – e portanto a Físico-Química – permanecerá preponderantemente uma ciência empírica. É aí que se projeta a importância de um bom livro de Físico-Química experimental.

Por outro lado, a falta do hábito de adquirir livros e formar uma biblioteca profissional desde os anos da graduação representa um desestímulo adicional para autores e editores. Forma-se grande número de profissionais que, ao invés de fazer do livro uma ferramenta de aprendizado e de trabalho, perder-se-á em meio a anotações de aula cada vez menos compreensíveis, trechos xerocados de livros e apostilas de limitado conteúdo.

Em meio a essa realidade, é com grata satisfação que apresentamos a terceira edição, revista e ampliada, do livro do professor Renato Nunes Rangel, uma obra pioneira e até o presente única. O autor não se prende à cópia de textos publicados no estrangeiro, mas procura incorporar os progressos pedagógicos e científicos. Os experimentos propostos não são apresentados apenas em forma descritiva, tipo receita, mas acompanhados pela indicação dos objetivos didáticos e vêm explorados quanto à interpretação e às possíveis aplicações na vida profissional do agora estudante. Sua utilização, portanto, conduzirá à formação de melhores profissionais da Química – tanto em ciência e tecnologia, quanto na engenharia.

Práticas de Físico-Química, nesta nova edição, continua sendo uma importante contribuição do professor Rangel e da Editora Blücher para a qualidade do ensino superior em nosso país, razão pela qual, mais uma vez, nos congratulamos com ambos.

Tibor Rabóczkay
Engenheiro Químico (EPUSP)
Professor Titular (IQUSP)

PREFÁCIO DA PRIMEIRA EDIÇÃO

Desde que a Físico-Química começou a se firmar como disciplina independente, vários estágios de sua concepção foram vividos; no princípio mal definidos, para depois apresentarem contornos mais nítidos.

Ao serem editados tratados, textos teóricos, livros de exercícios e manuais de laboratório, apesar da vivência já adquirida, para os interessados nessa área de estudos, ainda há muito por fazer. Em especial no caso do Brasil, cabem experimentos de todos os tipos, pois o momento particular que se vive requer uma capacidade maior de imaginação, quem sabe, não tanto para que se vença a competição internacional, mas como instrumento de auto-afirmação da nacionalidade.

Algumas diretrizes foram delineadas no correr dos trabalhos que culminaram com esta publicação, tais como o propósito inicial de preparar um apanhado de experimentos que cobrisse da melhor maneira possível os vários campos da Físico-Química.

Desde o início houve uma grande preocupação com as possibilidades econômicas da fase histórica que esta sociedade vive. Normalmente os experimentos contidos aqui não deverão requerer equipamento mais refinado, sem contudo perder de vista os objetivos colimados.

Um aspecto que deve ser grifado é a introdução do item denominado "aplicações", em cada experimento e, diga-se de passagem, que isso ocorreu graças ao questionamento dos alunos, interessados em saber onde aplicar tais conhecimentos, ao menos de relance. É verdade que essa abordagem em geral foi breve, porém, em alguns casos, chegou a maiores detalhes, incluindo até cálculos mais precisos.

Destaque-se que desde o início foi intenção não fazer deste trabalho algo que nas mãos dos alunos trouxesse todas as respostas às suas primeiras dificuldades. Pretendeu-se compor uma publicação que desse as mínimas condições para realizar certos experimentos e, em seguida, inclusive com o auxílio do professor, procurasse envolver o iniciando com o mundo da Físico-Química, através de variada citação bibliográfica, equipamentos e comentários introdutórios a cada capítulo, onde se pretende motivar quem principia nesses conhecimentos. No que se refere ao tratamento dos valores numéricos, a maior preocupação foi em permitir que o leitor pudesse aplicar certos conhecimentos, sem tê-los estudado ou recapitulado recentemente ou, ainda, mesmo sem conhecê-los.

Cabe frisar inclusive o propósito de fazer com que esta coletânea de experimentos fosse útil ao graduado que, precisando retomar de maneira rápida alguma parte da Físico-Química, pudesse inclusive contar com uma bibliografia mínima e de bom nível, além dos conhecimentos essenciais para levar avante um procedimento experimental.

Não poderia encerrar estas palavras sem o meu agradecimento aos alunos que durante todos esses anos contribuíram com perguntas, e até às vezes sugestões. Em particular devo destacar a atuação do engenheiro Moisés M. A. Levy, sempre disposto a colaborar.

PREFÁCIO DA SEGUNDA EDIÇÃO

Sabe-se que o lançamento de uma nova edição, implica obrigatoriamente na revisão e ampliação da obra. Lamentavelmente, por motivos alheios à vontade do autor, não foi possível seguir tal orientação.

Esta edição reuniu em um só volume os dois da anterior, o que levou à necessidade de uma reorganização dos tópicos abordados. No final foram acrescentadas algumas questões, que de uma maneira geral têm suas respostas na própria obra, exigem maior atenção durante a experimentação ou eventualmente necessitam da consulta a alguma outra publicação.

Adotou-se o Sistema Internacional de Unidades e a nomenclatura procurou seguir as recomendações da União Internacional de Química Pura e Aplicada (Iupac), todavia considerando a nossa realidade e as dificuldades advindas dessas mudanças, em alguns casos foram mantidas as denominações e unidades tradicionais, considerando a pretensa utilidade deste trabalho fora da escola.

Acrescentou-se, também, uma série de propostas de experimentos, com o objetivo de ampliar a abordagem da Físico-Química, incitando o estudante a ter iniciativa, contando, porém, com a bagagem do que realizou anteriormente.

Foi executada uma rápida revisão bibliográfica, especialmente devido ao fato de várias obras então mencionadas estarem esgotadas, o que dificulta a ação do estudante.

PREFÁCIO DA TERCEIRA EDIÇÃO

Mais uma vez, cabe aqui um agradecimento a todos que de alguma maneira contribuíram para que este trabalho fosse publicado.

Pretendendo chamar a atenção do leitor, resolvemos apresentar esta edição por meio dos comentários que seguem, com o especial propósito de ressaltar as principais modificações introduzidas na obra.

Nesta edição, além da atualização bibliográfica, acréscimo de um experimento, alteração na disposição de outro, relacionamento com questões que valorizam os cuidados com o meio ambiente, demos alguma ênfase aos argumentos de caráter histórico. Buscamos, também, dar mais atenção para a forma de expressão, e aproveitamos para introduzir uma nova estruturação numérica, a fim de facilitar a localização dos experimentos, equações, tabelas e figuras.

A proposta inicial foi mantida, uma vez que, com o correr dos anos, ficou clara a aceitação do trabalho, motivo de grande orgulho para o autor.

Nas edições anteriores, em nenhum momento foi difícil apontar falhas, especialmente no que se refere à falta de revisões mais acuradas, em função das circunstâncias nas quais a obra foi produzida. Na presente atualização, o leitor perceberá de pronto o maior cuidado e empenho em sua produção, o que sem dúvida o estimulará a navegar pelo universo da Físico-Química, a fim de que perceba quão vasta, interessante e profícua é essa área do conhecimento.

Para encerrar, deve ficar registrado que a revisão e atualização deste nosso trabalho só ganhou vida graças ao estímulo convincente do editor, a quem cabe um especial agradecimento.

SUMÁRIO

1 Fundamentos 1

    1.1 Viscosidade dos gases 3

    1.2 Viscosidade dos líquidos 10

    1.3 Massa específica 19

    1.4 Massa molar por vaporização 27

    1.5 Propriedades molares parciais 30

    1.6 Massa molar por crioscopia 37

2 Termodinâmica 45

    2.1 Determinação do expoente de Poisson 48

    2.2 Calor de combustão de sólidos e líquidos 52

    2.3 Calor de combustão de gases 55

    2.4 Entalpia de neutralização 61

    2.5 Entalpia de transição 64

    2.6 Entalpia de solução sólida 66

3 Equilíbrio físico 71

    3.1 Sistema binário 72

    3.2 Distribuição de um soluto entre dois solventes não-miscíveis 75

    3.3 Sistema líquido ternário 81

    3.4 Sistema ternário com dois sólidos e um líquido 86

    3.5 Destilação de uma mistura 91

3.6	Pressão de vapor de um líquido puro	99
3.7	Entalpia de dissolução a partir da solubilidade	105
3.8	Propriedades termodinâmicas de soluções	108

4 Cinética química — 115

4.1	Reações de primeira ordem	117
4.2	Reações de segunda ordem	122
4.3	Ordem de uma reação	128
4.4	Cinética da corrosão metálica	132

5 Físico-Química das superfícies — 137

5.1	Tensão superficial de líquidos	139
5.2	Adsorção de líquido em sólido segundo Freundlich	145
5.3	Adsorção de líquido em sólido segundo Langmuir	154

6 Eletroquímica — 163

6.1	Potencial de elétrodos	166
6.2	Condutividade das soluções	172
6.3	Coeficiente de atividade e concentração	177
6.4	Solubilidade de sais pouco solúveis	181
6.5	Determinação da constante do produto de solubilidade	184

7 Polímeros — 189

7.1	Massa molar de polímeros	191
7.2	Parâmetro de solubilidade	197
7.3	Temperatura de transição vítrea	202
7.4	Propriedades poliméricas e o iniciador	207

8 Estrutura molecular — 213

8.1	Refração molar	215
8.2	Polarizabilidade	218
8.3	Estudo de partículas em solução	223
8.4	Fotometria	228
8.5	Concentração micelar crítica	233

9 Análise dos números obtidos — 241

- 9.1 Erros e desvios 242
- 9.2 Influência dos desvios na soma 243
- 9.3 Influência dos desvios no produto 246
- 9.4 Influência dos desvios no quociente 246
- 9.5 Potência e raiz de números aproximados 247
- 9.6 Desvio no caso do logaritmo natural de número aproximado 247

10 Equações empíricas — 263

- 10.1 Caso linear 264
- 10.2 Caso parabólico 268
- 10.3 Casos linear e parabólico, por aproximação, de uma função $f(x)$ 270

11 Análise de regressão — 283

- 11.1 Média aritmética ($\overline{X}$) 283
- 11.2 Desvio médio (□) 284
- 11.3 Grau de liberdade (□) 284
- 11.4 Desvio padrão (□) 284
- 11.5 Variança (V) 285
- 11.6 Erro presumível da média (E_m) 285

Bibliografia — 297

Exercícios propostos — 299

Questões propostas — 305

Experimentos propostos — 311

Alguns manuais para consulta — 315

FUNDAMENTOS 1

Decidiu-se nomear por "Fundamentos" um grupo de experimentos que, embora habitualmente considerados como pertencentes à área da Física, permeia os tópicos da Química Geral e em especial os da Físico-Química.

No contexto destes primeiros esclarecimentos, não parece ser demais incluir uma pequena digressão, de caráter mais amplo, sobre a parte experimental do presente trabalho. Motivo pelo qual resolveu-se juntar as palavras que seguem.

> Somente quando Galileu combinou a matemática e a física, foi possível conceber a noção de força mensurável. E com isso a ciência moderna nasceu. A aplicação da análise matemática aos problemas da física deu origem à ciência experimental no sentido moderno. Pela primeira vez, eventos práticos puderam ser avaliados, divididos em partes componentes e medidos, tudo em termos matemáticos exatos. Eventos similares podiam assim ser comparados – e, quando se correspondiam, leis podiam ser formuladas. Galileu chamou esses testes de *cimento*, termo italiano para "provação". Um experimento era um teste, para ver como (ou se) certo procedimento funcionava. A palavra inglesa *experiment* deriva similarmente de uma palavra do francês antigo que significava "pôr à prova".
> (Paul Strathern, *O Sonho de Mendeleíev*, Jorge Zahar Editor, 2002, p. 114-115)

Em princípio, o experimento denominado "Propriedades molares parciais" (1.5) pode parecer deslocado; contudo, como as propriedades podem ser físicas ou químicas, no sentido mais amplo, ele foi incluído como fundamento, para eventual aplicação nos estudos posteriores. Particularmente quando se trata da energética, as variações das grandezas que permitem o estudo quantitativo de sistemas físicos com mais de um componente poderão ser estudadas, à semelhança do procedimento que aqui será imprimido.

2 | Fundamentos

Como se verá, os conhecimentos fundamentais considerados nesta parte do trabalho, além de propor abordagens mais amplas, deverão ser úteis quando forem encetados outros assuntos, nos tópicos seguintes.

Ao se estudar a viscosidade, por exemplo, tem-se como objetivo um fenômeno de transporte amplamente conhecido, com aplicações desde as mais rudimentares, como no caso do *copo Ford*, até escoamentos capilares que implicam na imaginação de modelos fisico-matemáticos envolvendo cilindros concêntricos, que se atritam entre si à medida que adquirem velocidades distintas. A partir dessa concepção, foi necessário introduzir um índice numérico denominado *coeficiente de viscosidade*. Esse coeficiente tornou-se de grande valia, não só porque permitiu comparações quantitativas entre os corpos fluidos, mas por múltiplas aplicações, como avaliar numericamente a sedimentação, por exemplo, em tinta ou em sangue de seres vivos, ou, ainda, caracterizar um polímero quanto às suas dimensões macromoleculares.

Quando se estuda a massa específica, não se deve ficar apenas na determinação numérica pura e simples; é necessário um envolvimento com sua medida, ao ponto de perceber a possibilidade de explorar nuances de sua aplicação que em princípio não são notadas pelas pessoas menos preparadas nesta área de estudos.

A atual permanente preocupação com a qualidade do meio ambiente (atitude que não mais deixará a pauta diária), sob os aspectos científico, tecnológico e social, jamais poderá ignorar grandezas como aquelas destacadas a seguir. Juntamente com outras grandezas, permitem monitorar, avaliar e executar o efetivo controle das características do meio ambiente, para garantir a manutenção da qualidade de vida.

Embora aqui não sejam abordados fundamentos que incluam particularmente a cromatografia, procedimento decisivo na caracterização dos produtos de sínteses orgânicas, vale um destaque para os esforços que vêm sendo desenvolvidos no sentido da manutenção da qualidade do meio ambiente. Com essa intenção, uma das grandes preocupações tem sido aquela relativa à emissão do monóxido de carbono (CO) pelos motores a explosão, que consomem combustíveis fósseis. Nos Estados Unidos, por exemplo, com a Lei do Ar Limpo (1970) e as emendas de 1990, apesar das questões regionais, como o inverno rigoroso, que afeta a vaporização dos combustíveis para a queima, passou-se a usar combustíveis oxigenados, como o metilterciobutil-éter (MTBE) e o etiltérciobutiléter (ETBE). No caso do MTBE, é usado em concentrações ao redor 3% em volume. Sabe-se que a gasolina oxigenada reduz a emissão de CO, o que facilita a produção fotoquímica de ozona. (Donahue, D'Amico, Exline, *J. of Ch. Education*, v. 79, n. 6, junho de 2002, p. 724-726).

Em qualquer desses estudos deve haver preocupação com a precisão, eventuais erros, desvios e aproximações, relativos às medidas efetuadas durante os procedimentos experimentais.

Atualmente, as simulações em equipamentos eletrônicos constituem um vasto instrumental ao nosso dispor, e particularmente de enorme valor para a ciência e tecnologia. Não se pode esquecer, todavia, que o fato real – a vivência com as conquistas e riscos – deve ser o objetivo maior, inclusive porque toda a parafernália teórica inventada teve como motivação resolver ou prever fatos reais, com os quais de alguma maneira convivemos.

1.1 VISCOSIDADE DOS GASES

Quando um fluido escoa de maneira *laminar*, isto é, como se fosse constituído por várias lâminas paralelas, admite-se que a primeira "lâmina" em contato com o duto ou com a calha que o conduz não se movimenta, porém a velocidade das outras "lâminas" cresce progressivamente até atingir um valor máximo, na superfície livre do fluido ou no centro de sua superfície cilíndrica. Como essas superfícies laminares ou cilíndricas têm corpo material, admite-se um atrito dinâmico entre elas, além das interações de polaridade das partículas que constituem o meio. Assim, define-se como *coeficiente de viscosidade* o índice numérico que mede o grau de dificuldade quanto ao deslizamento dessas camadas entre si. Em geral, esse coeficiente é conhecido simplesmente por *viscosidade dinâmica*, medido em unidades poise (1 poise = 0,1 pascal x segundo).

Pode-se dizer que a força de atrito interna ao fluido em escoamento laminar (*f*) é:

$$f = \eta \left(\frac{\Delta u}{\Delta z} \right) \Delta S \qquad \text{[1-1]}$$

sendo:

η o coeficiente de viscosidade;

$\left(\dfrac{\Delta u}{\Delta z} \right)$ o gradiente de velocidade segundo o eixo z; e

ΔS a área da superfície de atrito.

De acordo com a teoria cinética dos gases, quando a massa gasosa flui, a velocidade devida ao movimento desordenado das moléculas (v) junta-se à velocidade de translação (u), que é igual para todas as moléculas de uma camada. Por causa do movimento caótico, as moléculas que passam de uma camada mais rápida para outra mais lenta levam junto uma quantidade de movimento que acelera esta última. Já as moléculas que migram de camadas mais lentas, por terem menos energia, influem menos sobre as mais rápidas, freando-as.

A partir dessas e de outras considerações microscópicas, deduz-se, do ponto vista energético, que:

$$f = \frac{1}{3} \rho \cdot \bar{l} \cdot \bar{v} \left(\frac{\Delta u}{\Delta z}\right) \Delta S \qquad [1\text{-}2]$$

em que:

ρ é a massa específica do fluido;
$\bar{l}$ o livre caminho médio percorrido pelas moléculas; e
$\bar{v}$ a velocidade média devida ao movimento das moléculas.

Levando em consideração as Eqs. [1-1] e [1-2], pode-se concluir que:

$$\eta = \frac{1}{3} \rho \cdot \bar{l} \cdot \bar{v} \qquad [1\text{-}3]$$

Por outro lado, do estudo da cinética dos gases deduz-se que:

$$\bar{v} = \left(\frac{8\,RT}{\pi M}\right)^{\frac{1}{2}} \qquad e \qquad \bar{l} = \frac{1}{\sqrt{2}\pi\sigma^2\,n^*} \qquad [1\text{-}4]$$

onde:

k é a constante de Boltzmann;
T a temperatura (em K);
m a massa de uma molécula; e
n^* o número de moléculas por centímetro cúbico.

Substituindo [1-4] em [1-3], obtemos:

$$\eta = \frac{1}{2} \cdot \frac{\left(\dfrac{RT}{M}\right)^{\frac{1}{2}}}{N\pi^{\frac{1}{3}}\sigma^2} \qquad [1\text{-}5]$$

porque $k = R/N$, sendo R a constante universal dos gases e N o número de Avogadro.

A Eq. [1-5], para gás ideal, mostra que a viscosidade não depende da pressão. No caso de gases reais, porém, as forças de colisão entre as moléculas provocam variações na viscosidade, afetando, em muitos casos, a relação temperatura versus viscosidade. Não existe equação teórica que traduza esse comportamento dos gases.

Uma conseqüência interessante devida à independência da viscosidade em relação à pressão é que a velocidade de queda livre de um corpo em um gás (por exemplo, o ar) não varia com a pressão. Esse fenômeno foi observado por Boyle, em 1660, aproximadamente 200 anos antes da teoria cinética dos gases. Constatou-se que a oscilação de um pêndulo não depende da massa do fluido. É necessário registrar que, a altas pressões, o escoamento passa a se comportar de maneira turbulenta.

O método mais usado para se determinar a viscosidade de um gás baseia-se na medida da variação do movimento viscoso através de um tubo capilar. A medição é feita em viscosímetros relativos, nos quais a viscosidade é proporcional ao tempo requerido para que uma diferença de pressão obrigue certa quantidade de gás a atravessar o capilar. Os valores desconhecidos – como a diferença de pressão e o efeito da turbulência – são englobados em uma constante, função do aparelho, cujo valor é obtido usando-se um gás de viscosidade conhecida.

Um método simples e eficiente é o de Rankine, que consiste em fazer certo volume de gás escoar através de um capilar, pelo deslocamento do nível de mercúrio ou outro liquido, que desce no tubo paralelo.

Considerando-se a Fig. 1-1 e levando-se em conta os fatores de forma do aparelho, as propriedades do gás e do líquido, podemos deduzir a equação:

$$t_{AB} = \eta \, \frac{16L}{\pi r^4} \int_{v_A}^{v_B} \frac{V\left(\frac{dP_1}{dV}\right) + P_1}{P_1^2 - P_2^2} \, dV \qquad [1\text{-}6]$$

na qual:

t_{AB} é o tempo de deslocamento do nível liquido entre A e B;

η a viscosidade do gás;

L o comprimento do capilar;

π uma constante;

r o raio do capilar;

v_A e v_B limites do volume de gás escoado; e

P_1 e P_2 pressões devidas à coluna de líquido que funciona como um êmbolo.

Fixados o aparelho, a temperatura, a pressão externa e o líquido-êmbolo, pode-se escrever a Eq. [1-6] assim:

$$t_{AB} = K\eta \qquad [1\text{-}7]$$

Logo, conhecendo a viscosidade de um gás, podemos medir t_{AB} e calcular K, o que permitirá determinar a viscosidade de outros gases usando-se diretamente a Eq. [1-7]. O gás comumente usado para se obter K é o ar, cuja viscosidade varia segundo a equação empírica

$$\eta_{ar} = \frac{(145{,}8 \times 10^{-7})\, T^{\frac{3}{2}}}{T + 110{,}4} \qquad [1\text{-}8]$$

onde T é a temperatura do gás em kelvin e η_{ar} é dado em poise.

Aparelhagem e substâncias

Cronômetro, aparelho de Rankine, solução de glicerina em água (40% de glicerina e 60% de água, em volume), gás carbônico, nitrogênio, gás de petróleo, gás de gasogênio.

Procedimento

Montado o aparelho com a quantidade de líquido conveniente, inicia-se pela determinação de sua constante, usando-se ar.

Com o registro 1 fechado (Fig. 1-1), por 2 introduz-se gás no aparelho até que o nível do líquido esteja uns 2 cm abaixo do menisco A. Fecha-se 2 e, abrindo-se 1, determina-se com um cronômetro o tempo de deslocamento do nível do líquido de A até B. Dispara-se o cronômetro quando o nível passa por A e fecha-se quando atinge B.

Essa operação é feita primeiramente com o ar, cuja viscosidade se obtém pela Eq. [1-8], umas seis vezes, calculados os K (Eq. [1-7]) e obtida sua média aritmética. Agora, a mesma seqüência citada é repetida com outros gases para que, usando a Eq. [1-7] obtenham-se suas viscosidades.

Outro método alternativo para se determinar a viscosidade de gases é o da *velocidade de evacuação*, que consiste em escoar o gás de um garrafão através de um capilar, medindo-se a pressão em vários intervalos de tempo.

O volume de gás no aparelho é considerado constante e a pressão na saída do capilar é desprezível:

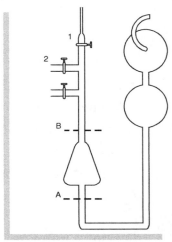

Figura 1-1

$$-\frac{1}{P} = \frac{\pi r^4 t}{16\eta VL} - \frac{1}{P_0} = \frac{Kt}{\eta} - \frac{1}{P_0} \qquad [1\text{-}9]$$

sendo:

P a pressão no instante t;

P_0 a pressão no instante inicial t_0;

t o tempo;

V o volume do sistema;

L o comprimento do capilar;

K a constante do sistema; e

r o raio do capilar.

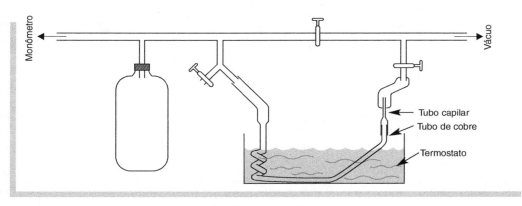

Figura 1-2

Para calcular a viscosidade constrói-se um diagrama $1/P$ versus t, em que o coeficiente angular da curva será comparado com o correspondente de gases de viscosidade conhecida. Pode-se medir assim inclusive a viscosidade de vapores.

Aplicações

No cálculo de trocadores de calor, por exemplo, é imprescindível o uso de números importantes, como os de Nusselt, Reynolds e Prandtl. Esses coeficientes dependem de propriedades como: viscosidade, massa específica, calor específico, velocidade, etc.

Destacando um outro aspecto, sabe-se que uma das grandezas importantes no dimensionamento de uma bomba é a viscosidade, inclusive porque a potência do motor está vinculada a essa propriedade. Logo, indiretamente, a própria estrutura desse equipamento está relacionada com a propriedade em foco. Essas considerações são válidas para fluidos, isto é, gases e líquidos.

No que se refere às aplicações propriamente ditas, pode-se considerar aquela que se encontra no Experimento 2.3 ("Calor de combustão de gases") e a que segue, ou seja, "Viscosidade de gases com fluxímetro" (Fig. 1-3).

Aferição

Consiste na determinação das vazões para uma série de diferenças de pressão e na conseqüente construção do gráfico vazão versus diferença de pressão.

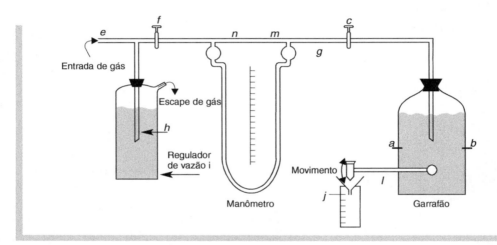

Figura 1-3

Modo de operar

1. Com o garrafão bem fechado, acertar o nível do braço de saída (l) de modo que a pressão do ar (fluido a ser usado), que borbulha no líquido (água), se iguale com a externa. Observar que a água no braço de saída deve estar exatamente no nível a-b quando o ar também atinge justamente esse nível, isso com c fechado.

2. Ligar a entrada do regulador de vazão (e) com a fonte de fluido (com o qual se afere o aparelho), estando o registro f fechado.

3. Abrir o registro f com cuidado. Caso a pressão do gás seja muito alta, o líquido do manômetro será projetado para g, o que deve ser evitado regulando-se a altura do tubo (h) imersa no líquido (água) contido em i. Isso é feito de tal forma que o líquido contido no manômetro apresente o desnível desejado.

4. Abrir o registro c.
5. Cronometrar o tempo necessário para encher um balão aferido, de volume conhecido (j), ou cilindro graduado, com o líquido deslocado do garrafão pelo gás que borbulha dentro dele.
6. Repetir esse procedimento para uma série de diferenças de pressão.
7. Construir um gráfico tendo em abscissas as diferenças de pressões e em ordenadas as vazões.

Aplicação prática

Após a aferição do aparelho com um determinado gás, se for repetido o mesmo experimento com outro gás, à mesma temperatura, para uma diferença de pressão idêntica à do padrão, a relação entre a vazão V_1, do gás de aferição, e a vazão V_2, do gás em estudo, é igual àquela entre as viscosidades dos gases:

$$\frac{V_1}{V_2} = \frac{\eta_2}{\eta_1}.$$ [1-10]

Conhecendo-se equações que dão a variação da viscosidade com a temperatura, pode-se determinar o valor pesquisado para outra temperatura. Pode-se, também, determinar a vazão de outro fluido, desde que se conheça a sua viscosidade.

Levar em conta a equação de Poiseuille

$$V = \frac{1}{\eta} \frac{\pi}{8} \frac{r^4}{L} (P_2 - P_1) t$$ [1-11]

em que:

η é a viscosidade do gás;

r o raio interno do tubo nm;

L o comprimento de nm;

$(P_2 - P_1)$ a variação da pressão;

t o tempo;

e calcular a constante K, ou coeficiente angular:

$$K = \frac{1}{\eta} \frac{\pi}{8} \frac{r^4}{L}$$ [1-12]

logo, $V = K (P_2 - P_1)$, na unidade de tempo.

1.2 VISCOSIDADE DOS LÍQUIDOS

A partir da Eq. [1-11] do Experimento 1.1 ("Viscosidade dos gases"), temos:

$$\eta = k \cdot \Delta p \cdot t. \qquad [1\text{-}13]$$

A determinação da viscosidade dinâmica traz certa dificuldade, motivo por que geralmente se opta por determinar a relação entre as viscosidades de dois líquidos com auxílio do viscosímetro capilar, por exemplo. Nesse caso, a variação de pressão (Δp), que impulsiona o líquido através do capilar, é diretamente proporcional à massa específica do líquido, porque $\Delta p = h\rho g$, sendo h a altura da coluna, ρ a massa específica do líquido e g a aceleração gravitacional.

Comparando dois líquidos, desde que h e g se mantenham constantes, pode-se afirmar que:

$$\frac{\eta_1}{\eta_2} = \frac{\rho_1 \cdot t_1}{\rho_2 \cdot t_2}. \qquad [1\text{-}14]$$

A variação da viscosidade de um líquido com a temperatura pode ser expressa pela equação de Arrhenius:

$$\eta = A \cdot e^{E/RT}, \qquad [1\text{-}15]$$

ou

$$\ln \eta = \frac{E}{RT} + \ln A, \qquad [1\text{-}16]$$

em que:
- A é a constante;
- E a energia necessária para deslocar o volume que fica acumulado entre os meniscos, pelo capilar;
- T a temperatura (em K); e
- R a constante dos gases.

Uma outra equação que relaciona viscosidade e temperatura é a de Andrade (Andrade, E. N., *Nature*, 125, 309, 1930):

$$\eta V^{1/3} = A e^{C/VT},$$

sendo:

V o volume específico à temperatura absoluta T; e

A e C constantes particulares de cada líquido.

Sabe-se que a constante C tem grande analogia com energia de ativação das reações químicas.

Um viscosímetro usado na determinação da viscosidade absoluta dos líquidos é o de Thorpe Rodger (Fig. 1-5). Mede-se o tempo de escoamento de um determinado volume de líquido através de um capilar, quando submetido a uma pressão conhecida e constante. O capilar, fixado por dois cones esmerilhados, tem comprimento de 10 cm e seu diâmetro varia de 0,01 a 0,1 cm. O volume de líquido que passa é aproximadamente 3 cm^3.

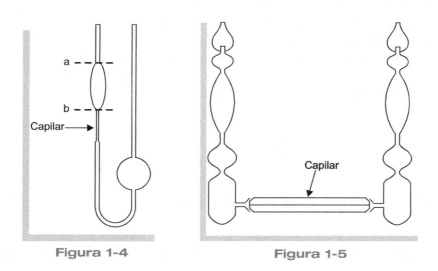

Figura 1-4 Figura 1-5

Aparelhagem e substâncias

Viscosímetros de Ostwald (Fig. 1-4) – segundo a ABNT, nível suspenso –, cronômetro, banho termostático, haste metálica para suporte, garra, mufa, pipetador, pipeta de 10 mL, metanol, etanol e soluções alcoólicas.

Procedimento

O viscosímetro deve ser limpo com mistura sulfocrômica, lavado com água destilada e seco. Logo a seguir, é colocado no banho termostático a 25 °C, onde deverá receber, por meio de pipeta, 10 mL de água; espera-se até que tudo entre em equilíbrio térmico.

Succiona-se o líquido pelo tubo capilar até acima do menisco a; deixa-se então o líquido fluir para baixo, anotando-se o tempo de percurso da superfície livre do líquido, de menisco a menisco. A operação é repetida algumas vezes, a fim de se obter um valor mais representativo, pelo cálculo da média aritmética entre eles. Repete-se todo o procedimento com um líquido em estudo, por exemplo metanol.

As operações realizadas a 25 °C serão repetidas a 30 e a 40 °C. Com os valores obtidos, deve-se construir um gráfico ln η versus T^{-1}, cuja reta terá como inclinação E/R, permitindo o cálculo do valor de E.

Aplicações

Conforme visto anteriormente, em outros termos, a viscosidade consiste na avaliação da energia dissipada por um fluido em movimento, à medida que este resiste a um esforço de cisalhamento aplicado, como na Fig. 1-6. Essa dissipação é interpretada como uma forma de atrito interno e, num sistema adiabático, causa aumento da temperatura. Em um escoamento unidirecional laminar, os termos *tensão de cisalhamento* (τ) e *velocidade de cisalhamento* ($\dot{\gamma}$) são usados para indicar a força aplicada e a resposta do fluido:

$$\tau = \frac{f}{A} \qquad \dot{\gamma} = \frac{v}{y}; \qquad [1\text{-}17]$$

$$\eta = \text{Viscosidade de Cisalhamento} = \frac{\tau}{\dot{\gamma}}. \qquad [1\text{-}18]$$

Para a maioria dos líquidos de baixa massa molar, aplica-se a lei de Newton, a viscosidade é constante e independe das magnitudes de τ e $\dot{\gamma}$. Para a maioria dos polímeros "fundidos" e soluções, tanto a tensão de cisalhamento como a velocidade de cisalhamento não são sempre proporcionais, o que leva a alterações na Eq. [1-18].

Uma outra grandeza importante é a *viscosidade cinemática*, isto é, o quociente da viscosidade absoluta (η) pela massa específica (ρ).

A velocidade de dissipação de energia por unidade de volume ($\dot{Q}$) para um escoamento líquido é:

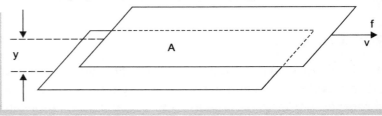

Figura 1-6

Viscosidade dos líquidos 13

$$\dot{Q} = \eta\dot{\gamma}^2 = \tau\dot{\gamma} = \frac{\tau^2}{\eta}. \qquad [1\text{-}19]$$

O conhecimento do escoamento viscoso tanto de polímeros fundidos como de soluções é importante, por exemplo, na medida relativa da massa molar, como será visto adiante em 7.1 ("Massa molar de polímeros"). As operações que envolvem fluxo, com dados sobre a viscosidade, freqüentemente auxiliam na previsão das características do processo. São fornecidos abaixo dois intervalos típicos de variação da velocidade de cisalhamento, para duas formas de procedimento:

moldagem por injeção $\quad \dot{\gamma} = 10^3$ a 10^4 s^{-1};

moldagem por extrusão $\quad \dot{\gamma} = 10^2$ a 10^3 s^{-1}.

Para escoamentos onde η não é constante, são muito usados capilares pressurizados externamente e viscosímetros rotacionais.

Do ponto de vista aplicativo é muito importante que se conheça a relação entre τ e $\dot{\gamma}$, por isso várias equações têm sido propostas pelos pesquisadores. Por exemplo, no caso de um fluxo pseudoplástico, pode-se considerar a equação de Ferry, dada pela expressão:

$$\frac{\eta_0}{\eta} - 1 = K\tau, \qquad [1\text{-}20]$$

em que η_0 e η são as viscosidades do solvente e da solução, respectivamente.

A partir da [1-20] podemos escrever que:

$$\eta_0\dot{\gamma} = \tau + K\tau^2 \qquad [1\text{-}21]$$

(K é uma constante, tanto na Eq. [1-20] como na [1-21]).

No caso de viscosímetro capilar, a velocidade de cisalhamento "verdadeira" $\dot{\gamma}_p$ junto à parede do capilar está relacionada à do fluido newtoniano $(\dot{\gamma}_p)_N$ pela expressão:

$$\dot{\gamma}_p = \frac{3+Z}{4}(\dot{\gamma}_p)_N, \qquad [1\text{-}22]$$

em que:

$$Z = \frac{d(\log \dot{\gamma})}{d(\log \tau)}, \qquad [1\text{-}23]$$

bem como:

$$\left(\dot{\gamma}_p\right)_N = \frac{4}{\pi}\frac{Q}{r^3}, \qquad [1\text{-}24]$$

sendo Q a velocidade volumétrica de fluxo. Propõe-se a seguir um exemplo de aplicação das considerações anteriores.

Uma certa solução polimérica pode ser caracterizada pela expressão do esforço fluido. Essa solução eflui de um tanque cilíndrico por meio de um capilar com um comprimento de 10,0 cm e raio de 0,063 cm. O tempo necessário para que o nível do cilindro baixe de 981,0 para 968,0 cm é de 40,0 s e, ainda, de 742,0 para 721,5 cm é de 90,0 s. Calcular o tempo necessário para que o mesmo nível varie de 550,0 para 540,0 cm.

Observações

O esforço fluido é dado pela equação:

$$\dot{\gamma}_p = \frac{4}{\pi}\frac{Q}{r^3}\left(\frac{3n+1}{4n}\right),$$

em que:

$\dot{\gamma}_p$ é a velocidade de cisalhamento sob pressão constante;
Q a vazão volumétrica;
R o raio;
π constante; e
n é 1/3 para polímero fundido ou solução.

Para resolver a questão proposta, consultar RODRIGUEZ (RODRIGUEZ, F., Principes of Polymer Systems.). Considerar ainda o seguinte exemplo de aplicação da propriedade: a viscosidade de polímeros "fundidos" pode ser representada pela equação:

$$\ln \eta = A + C\overline{M}_p^{1/2}. \qquad [1\text{-}25]$$

A viscosidade de uma certa massa "fundida" de poliéster, preparado a partir de 18,87 g de ε-caprolactama e 1,445 g de ácido esteárico é de 10 poises a 25 °C. Determinar $\overline{M}_p$ sabendo-se que $A = -1,32$ e $C = 0,026$.

[J. R. Shafegen e P. J. Flory, *J. Am. Chem. Soc.*, 70, 2709 (1948).]

Solução

Considerando a Eq. [1-25], temos:

$$\ln \eta = -1{,}32 + 0{,}026 \overline{M}_p^{1/2},$$

$$\left(\frac{\ln 10 + 1{,}32}{0{,}026} \right)^2 = \overline{M}_p,$$

$$(139{,}33)^2 = \overline{M}_p \quad \text{(massa molar média ponderal)},$$

$$\overline{M}_p = 19.412 \text{ g}.$$

Viscosímetro de Hooppler

Não temos intenção de transcrever neste trabalho métodos de operação de equipamentos ou informações de manuais de instruções. Contudo, no caso desse aparelho em particular, vamos abrir mão de tal princípio e destacar alguns fatores importantes que devem ser observados. Quando qualquer outro instrumento de medida for considerado, deverá ser observada a ordem de grandeza da precisão, principalmente aquela indicada pelas instruções impressas.

O viscosímetro de Hooppler, baseado no princípio da queda da esfera, permite medir, em unidades absolutas, a viscosidade de líquidos e de gases, pela determinação do tempo de queda de uma esfera de vidro ou de aço, de composição uniforme (de modo que seu centro de gravidade seja conhecido com precisão de 0,0005 cm e a massa específica com exatidão de 0,0005 unidades).

A queda deve ocorrer através de uma coluna de líquido ou gás, de massa específica conhecida com exatidão de 0,02 unidades, contida num tubo de vidro, resistente e quimicamente inerte, com uma inclinação de 80 graus, medindo aproximadamente 200 mm de comprimento por 16 mm de diâmetro; este último determinado com exatidão de 0,001 mm e no qual se acham gravados três traços de referência (Fig. 1-7).

O tubo acha-se montado no interior de uma "camisa" de vidro, dotada de um termômetro de precisão e contendo um líquido de termorregulador, que penetra no aparelho pela parte inferior, a uma temperatura convenientemente ajustada e mantida constante por meio de um termostato, conjugado a uma bomba de circulação. A temperatura padrão para as medidas de viscosidades é de 20 °C e, nas vizinhanças da temperatura ambiente ordinária, a viscosidade pode variar de 2,5% a 16% para cada grau de variação de temperatura.

A excentricidade da queda é assegurada pela inclinação do tubo (80 graus), a fim de evitar imprecisões nos tempos de queda. A experiência demonstra que essa inclinação é a mais adequada, porque nesse caso, para uma variação de 1 grau no ângulo, os tempos de queda variam apenas 0,3%.

Nos experimentos realizados, Hooppler empregou esferas de diversos diâmetros, conhecidos com exatidão de mais ou menos 0,001 mm, tubos de vidro com diâmetro exato a mais ou menos 0,002 mm, temperatura constante com exatidão de mais ou menos 0,02 °C e líquidos de massa

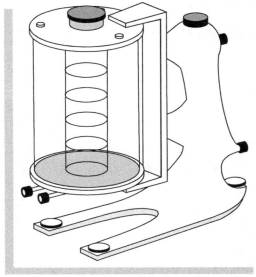

Figura 1-7

específica e viscosidade conhecidas. Após um percurso (h) de 5 cm, a esfera adquire movimento uniforme e mede-se então o tempo de queda entre dois traços de referência.

Representando num sistema de coordenadas os valores de D^2/d^2 e t/h, verificou-se que existe uma relação entre os diâmetros dos tubos (D) e das esferas (d) e os tempos de queda (t):

a) No caso de queda perfeitamente excêntrica, as esferas atingem a velocidade máxima quando:

$$\frac{D^2}{d^2} = 3.$$

b) Esse valor da relação independe do diâmetro dos tubos, do ângulo de inclinação, da massa específica das esferas e do líquido, e do coeficiente de viscosidade.

O paralelismo das superfícies curvas no movimento laminar levou ao exame dos resultados dos experimentos em relação à viscosidade, porque os tempos de queda obtidos, considerando-se a massa específica da esfera e do líquido, devem ser função linear de η. Usa-se a equação:

$$\eta \text{ (em cP)} = t_x(\rho_k - \rho_x)K,$$

Viscosidade dos líquidos **17**

sendo:

ρ_k a massa específica da esfera;

ρ_x a massa específica do líquido;

t_x o tempo de queda da esfera; e

a constante K deverá dar conta da influência dos diâmetros da esfera e do tubo, e da inclinação deste.

A constante da esfera pode ser calculada pela equação:

$$K = \frac{\eta_w}{t_w}(\rho_k - \rho_w),$$

em que:

η_w é a viscosidade absoluta da água (em cP);

t_w o tempo de queda da esfera na água;

ρ_k a massa específica da esfera; e

ρ_w a massa específica da água.

A viscosidade de um líquido qualquer é dada pela equação:

$$\eta = \frac{t_x(\rho_k - \rho_x)\eta_w}{t_w(\rho_k - \rho_w)}$$

válida para $t = 20\ °C$. Para outras temperaturas, basta introduzir o coeficiente de dilatação do material da esfera, obtendo-se a expressão:

$$\eta\ (cP) = \frac{t_x\left(\dfrac{\rho_k^{20}}{1+\gamma(20+t)}\right)^3 - \rho_x \eta_w}{t_w\left(\dfrac{\rho_k^{20}}{20+t}\right)^3 - \rho_w}.$$

Modo de operar

Fecha-se a extremidade (Fig. 1-8) inferior do tubo de vidro com o obturador (1) de borracha sintética ou de latão, para óleos ou líquidos orgânicos que ataquem a borracha, coloca-se o anel de vedação, de material inerte (2), e adapta-se a tampa roscada (3) cuidadosamente, de modo a exercer ligeira pressão sobre o obturador de borracha. Enche-se o tubo com o líquido até 2 cm abaixo da sua extremidade superior (são necessários 30 a 40 mL) e introduz-se a esfera adequada (E). (Critério para a escolha da esfera: tempo máximo, 300 s; tempo mínimo, 30 s.)

Com um bastão de vidro, limpo e seco, retiram-se as bolhas de ar da coluna líquida, ou aquece-se o líquido 10 °C acima da temperatura da medida, a fim de eliminar os gases dissolvidos. Finalmente, introduz-se a tampa obturadora (4), com seu anel de vedação (5). Essa tampa obturadora é dotada de tubo capilar (6), que permite inverter o aparelho, sem introduzir bolhas de ar na coluna líquida, possibilitando assim a realização de tantas leituras quantas se queira, com a mesma amostra.

O nível do líquido deve ficar um pouco acima da extremidade do capilar. Coloca-se a placa de vedação (7) e fixa-se a tampa roscada (8), de modo a exercer ligeira pressão sobre o obturador. O tubo deve ficar isento de bolhas de ar e perfeitamente fechado, de modo a evitar evaporação e formação de películas na sua superfície.

Fixa-se o instrumento na devida posição, por meio do pino adequado e nivela-se o aparelho. A inclinação do tubo é mantida constante por meio de um nível de precisão, com uma sensibilidade de 30", o que permite obter uma exatidão do ângulo de 0,02%, Solta-se o pino e faz-se o aparelho dar um giro de 180, de modo que a esfera fique na posição inicial; fixa-se rapidamente o instrumento na posição normal e toma-se o tempo de queda da esfera, através da distância $M_1 - M_2$, tomando-se como período de medida o momento exato em que a periferia inferior da esfera tangencia os traços de referência.

Para líquidos opacos ou de coloração escura, toma-se como ponto de referência a passagem do equador da esfera pelo traço do aparelho. Para tanto, usa-se um dispositivo especial de observação, constituído por um cartão com uma faixa negra. Suspende-se o cartão de modo que, ao se aproximar a esfera do traço de referência, a faixa negra seja refletida na superfície da esfera. Gira-se a faixa, até que sua imagem fique paralela ao traço de referência; o olho do observador deve ficar no mesmo nível da faixa, de modo a que se apresente como uma linha reta.

No momento em que o equador da esfera passa pelo traço de referência, este coincide com sua imagem refletida na esfera e com a imagem refletida na faixa do cartão. Com um cronômetro, realiza-se a medida num intervalo de tempo, que dá uma exatidão de 0,02", possibilitando desse

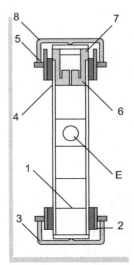

Figura 1-8

modo, que a exatidão da medida alcance 0,5 a 0,1% para viscosidades compreendidas entre 10 a 600 centipoises.

Efetuam-se diversas medidas e toma-se a média aritmética. As leituras não devem ser realizadas quando se inverte o aparelho para fazer a esfera retornar à posição inicial. Sob temperatura constante, os tempos de queda para um dado conjunto de medidas devem diferir em menos de 0,1%.

Cálculo da viscosidade

A viscosidade dinâmica (unidade: poise; dimensão: $ML^{-1}T^{-1}$), expressa em centipoises, à temperatura da medida, é dada pela expressão:

$$\eta = T(\rho_e - \rho_l)B,$$

em que:

η é a viscosidade absoluta (em cP);
T o intervalo de tempo de queda da esfera;
ρ_e a massa específica da esfera;
ρ_l a massa específica do líquido, à temperatura da medida; e
B a constante da esfera.

Para se ter a viscosidade cinemática (unidade: stoke; dimensão L^2T^{-1}), divide-se a viscosidade dinâmica pela massa específica (ML^{-3}). O instrumento é calibrado com líquidos de viscosidade conhecida e a constante das esferas é calculada pela equação:

$$B = \frac{\eta}{(\rho_e - \rho_l)T},$$

sendo η a viscosidade do líquido padrão, obtida por meio de medidas absolutas.

A precisão do viscosímetro de Hooppler, conforme verificado, acha-se compreendida entre 0,1 e 1%, com um valor médio de 0,27%. As esferas são diferenciadas pela natureza do material e por meio de um calibre especial.

1.3 MASSA ESPECÍFICA

Um método simples para determinação da massa específica de líquidos é aquele em que se emprega a *balança de Westphal-Mohr*. Esse instrumento tem seu princípio de funcionamento baseado na variação de forças a que fica sujeito um corpo-padrão quando imerso em líquidos diferentes.

Pelo princípio de Arquimedes, sabemos que, quando um corpo está imerso em um líquido, ele fica sujeito a uma força (empuxo), que pode ser imaginada como opondo-se à imersão do corpo. Determinou-se ainda que essa força é de intensidade diretamente proporcional à massa do volume de líquido (fluido) deslocado e de sentido oposto ao da aceleração gravitacional.

Sendo a massa específica expressa por $\rho = m/V$, em que m é a massa do corpo e V o respectivo volume, e, ainda, $F_1 = m_1 g$ e $F_2 = m_2 g$ (g, no caso, é a aceleração da gravidade) as forças a que está submetido o corpo padrão, em líquidos diferentes, pode-se estabelecer a seguinte relação:

$$\frac{\rho_1}{\rho_2} = \frac{m_1}{m_2}. \qquad [1\text{-}26]$$

Como:

$$\frac{F_1}{F_2} = \frac{m_1}{m_2}, \qquad [1\text{-}27]$$

temos que:

$$\frac{\rho_1}{\rho_2} = \frac{F_1}{F_2}. \qquad [1\text{-}28]$$

As forças F_1 e F_2 serão dadas pelos números obtidos na balança, os quais poderão ou não indicar a massa. Esses números poderão indicar, também, uma força para manter o corpo submerso, diretamente proporcional ao empuxo.

Normalmente parece correta a conclusão de que a massa específica de uma solução líquida seja um valor intermediário àqueles dos componentes. A experiência, no entanto, mostra que essa conclusão nem sempre é verdadeira. Por exemplo, no caso de uma solução tolueno-benzeno, a massa específica pode ser calculada a partir da média ponderal das massas específicas dos componentes; já em uma solução com líquidos como acetona e água, não se admite essa conclusão. Neste último caso, faz-se a determinação por via experimental, principalmente por se tratar de líquidos polares, entre os quais as ligações hidrogênicas são as principais responsáveis pelos desvios observados. Por exemplo:

Água-acetona   H – O – H . . . O = C⟨CH₃, CH₃

Acetona-etanol   O – H   . . . O = C⟨CH₃, CH₃
                  |
                  C₂H₅

A propósito do termo *densidade*, o momento é oportuno para esclarecer uma dúvida comum em relação a peso específico, massa específica e densidade propriamente dita.

Denomina-se *peso específico* a força-peso exercida por 1 cm³ de uma substância; e *massa específica* de uma substância é a massa contida em 1 cm³ desta.

A *densidade* de um corpo é definida como o quociente entre o peso específico deste e o peso específico de uma substância-padrão. Quando se trata de gases e vapores, geralmente a substância eleita como padrão é o ar, a 0 °C e 1 atm; já no caso de líquidos e sólidos, a substância considerada é a água, a 4 °C. Como a água tem massa específica de 1 g cm^{-3}, o número que expressa a densidade das substâncias líquidas e sólidas deverá ser o mesmo da massa específica, porém sem unidades. Neste trabalho, seguimos a orientação do Inmetro (*Sistema Internacional de Unidades*, 6. ed., Brasília, Senai/DN, 2000).

Massa específica de gases

A determinação da massa específica de um gás pode ser feita com boa precisão tendo-se apenas uma balança analítica, uma bomba de vácuo e um picnômetro, que tenha em sua tampa um pedaço de tubo de látex e uma pinça de rosca.

Primeiro, pesa-se o picnômetro cheio de gás, que, em seguida, é submetido à bomba de vácuo e novamente pesado. Logo depois, pesa-se o recipiente adaptado pesado cheio de água. Conhecendo-se a massa específica da água, determina-se com precisão o volume deste e, com as duas primeiras massas medidas, o gás contido. Com esses elementos, pode-se calcular a massa específica do gás.

Aparelhagem e substâncias

Balança de Westphal-Mohr, cilindro graduado de 100 mL, pipeta graduada de 20 mL, seis balões de 100 mL, água destilada, álcool etílico ou metílico, etc.

Procedimento

Colocar água destilada no cilindro graduado que acompanha a balança, em quantidade suficiente para que o corpo padrão fique totalmente imerso e sem tocar no fundo ou nas paredes do recipiente. Equilibrar a balança (Fig. 1.9) e fazer a correspondente leitura (F_1).

Preparar cinco soluções contendo 20, 40, 60, 80 e 100% em volume de álcool cada uma, e equilibrar a balança novamente, para ler (F_2).

Construir uma tabela, onde serão colocadas inicialmente as citadas concentrações. Calcular as respectivas massas específicas segundo a Eq. [1-28], em cada caso, e lançar esses valores na tabela.

Construir um gráfico que tenha as massas específicas nas ordenadas e as concentrações nas abscissas.

Argumentar sobre a conformação da curva obtida, procurando relacioná-la com as características físico-químicas dos componentes da solução.

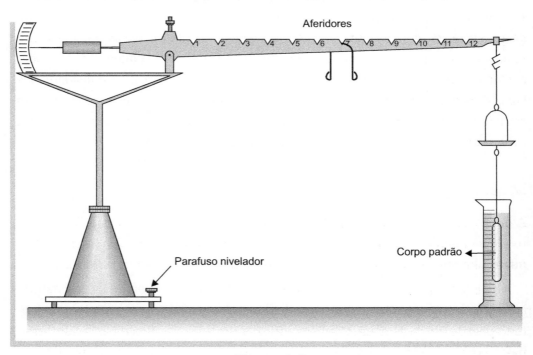

Figura 1-9

Aplicações

Massa específica das soluções líquidas

Nas soluções ideais, desde que a temperatura e a pressão não variem, os volumes específicos são aditivos. No caso das soluções reais, contudo, os volumes específicos molares e as massas específicas molares têm seu estudo segundo as *propriedades molares parciais*, como segue:

$$v = \Sigma x_i \bar{v}_i, \qquad [1\text{-}29]$$

$$\frac{1}{\rho} = \Sigma \left(\frac{x_i}{\bar{\rho}_i} \right), \qquad [1\text{-}30]$$

em que:
  v é o volume específico molar da solução;
  x_i a fração molar do componente i;
  $\bar{v}_i$ o volume específico molar parcial do componente i; e
  $\bar{\rho}_i$ a massa específica molar parcial do componente i.

Conhecendo-se a massa específica de uma solução líquida para alguns valores de temperatura e pressão, podem-se estimar para outras temperaturas e pressões, a partir das *propriedades reduzidas* da solução, segundo a expressão:

$$\rho_m = \rho_{m1} \left(\frac{\rho'_r}{\rho'_{r1}} \right), \qquad [1\text{-}31]$$

sendo:
  ρ_m a massa específica molar da solução;
  ρ_{m1} a massa específica molar do componente 1;
  ρ'_r a massa específica pseudocrítica reduzida da solução; e
  ρ'_{r1} a massa específica pseudocrítica reduzida do componente 1.

Propriedades pseudocríticas
Segundo Kay:

$$p'_c = \Sigma X_i P_{ci}, \qquad [1\text{-}32]$$

$$P_r = \frac{P}{P'_c}, \qquad [1\text{-}33]$$

$$T_c' = \Sigma X_i T_{ci}, \qquad [1\text{-}34]$$

$$T_r = \frac{T}{T_c'}, \qquad [1\text{-}35]$$

e, ainda,

$$Z_c' = \Sigma X_i Z_i. \qquad [1\text{-}36]$$

Devido aos desvios apresentados, Stewart, Burkhart e Voo propuseram que:

$$P_c' = \frac{T_c'}{B}, \qquad [1\text{-}37]$$

$$T_c' = \frac{A^2}{B}, \qquad [1\text{-}38]$$

sendo que:

$$B = \frac{T_c'}{P_c'} = \frac{1}{3}\sum_{i=1}^{n} X_i \frac{T_{ci}}{P_{ci}} + \frac{2}{3}\left(\sum_{i=1}^{n} X_i \left(\frac{T_{ci}}{P_{ci}}\right)^{\frac{1}{2}}\right)^2 \qquad [1\text{-}39]$$

e:

$$A = \frac{T_c'}{P_c'^{\frac{1}{2}}} = \sum_{i=1}^{n} X_i \frac{T_{ci}}{(P_{ci})^{\frac{1}{2}}}, \qquad [1\text{-}40]$$

sendo esta última proposta por Joffe.

Com respeito ainda à massa específica, seria conveniente consultar MILLER (MILLER, P. J., Density Gradients in Chemistry Traching), no que se refere à extração com solvente.

Determinar a massa específica de uma solução que tem a seguinte composição:

1) metano – fração molar = 0,17 = x_1;
2) etano – fração molar = 0,35 = x_2;

3) propano – fração molar = 0,48 = x_3;
   a 38 °C e 8,967 MPa.

Solução

Como se sabe,

$$\rho_m = \rho_{m1}\left(\frac{\rho'_r}{\rho'_{r_1}}\right).$$

Cálculo de ρ'_{r_1} (metano):

$$\rho'_{r_1} = \frac{m_1}{V'_r}; \quad \text{fixar } m_1.$$

Considerar:

$$P_r V'_r = Z_n RT$$

como:

$$P'_c = \Sigma x_i P_{ci} = 4,539 \quad \text{e} \quad T'_c = \Sigma x_i T_{ci} = 317,2.$$

Calculando-se:

$$P_r = 1,97 \quad \text{e} \quad T_r = 0,98,$$

logo, por meio do diagrama para fator de compressibilidade, temos:

$$Z \cong 0,3.$$

Substituindo os valores convenientes:

$$V'_r = 673 \times 10^{-6} \text{ m}^3.$$

Logo:

$$\rho'_{r_1} = \frac{0,17 \times 0,016}{673 \times 10^{-6}} = 4,041.$$

Cálculo de ρ'_r:

$$\rho'_r = \frac{m_t}{V'_r},$$

$$m_t = x_1 M_1 + x_2 M_2 + x_3 M_3 = 0{,}034 \text{ kg}.$$

Logo:

$$\rho'_r = \frac{0{,}034}{673 \times 10^{-6}} = 50{,}52.$$

Cálculo de ρ_{m_1}:

$$\rho_{m1} = \frac{m_1}{V_1}.$$

Aplicando:

$$PV_1 = Z_1 n_1 RT,$$

temos que:

$$V_1 = 259 \times 10^{-6} \text{ m}^3.$$

Logo:

$$\rho_{m1} = \frac{0{,}016}{259 \times 10^{-6}} = 61{,}8 \text{ kg m}^{-3}$$

Assim:

$$\rho_m = 61{,}8 \left(\frac{50{,}52}{4{,}04} \right) = 772{,}6 \text{ kg m}^{-3}$$

No cálculo a partir do etano obteve-se $\rho_m = 1.128{,}9$ e, a partir do propano, obteve-se $\rho_m = 769$.

Calculando-se pelo método de Stewart, Burhart e Voo, obtiveram-se respectivamente, $\rho_m = 773{,}3$; $\rho_m = 1.127{,}3$ e $\rho_m = 768$.

1.4 MASSA MOLAR POR VAPORIZAÇÃO

Este método é comumente usado para determinar a massa específica do vapor e a massa molar de substâncias que podem ser pesadas no estado líquido e evaporadas facilmente.

Costuma-se usar a equação de Clapeyron para gases:

$$PV = \left(\frac{m}{M}\right)RT,$$

em que:

m é a massa da substância;

M a massa molar da substância;

T a temperatura em que se obtém o vapor na escala absoluta;

P a pressão exercida pelo vapor produzido;

V o volume do gás (líquido evaporado), em dm^3; e

R a constante dos gases, em J·mol^{-1}·K^{-1}.

A massa específica (ρ) do gás (líquido evaporado) é igual à massa da amostra, em gramas, dividida pelo seu volume, em litros:

$$\rho = \frac{m}{V}.$$

Aparelhagem e substâncias

Aparelho de Victor Meyer simplificado (Fig. 1-10), eudiômetro [ver Chagas, A. P., Os Duzentos anos da pilha elétrica, *Química Nova*, 23(3), 2000, pp. 427-429], hastes metálicas, garras, mufas, cápsula de porcelana ou vidro de 300 mL, pesa-filtro com tampa esmerilhada, contas de vidro, acetona, clorofórmio, tetracloreto de carbono, etc.

Procedimento

Montar o aparelho como se vê na figura, em lugar livre de corrente de ar, com 2/3 de volume do grande bulbo inferior cheios de água. Pesar, aproximadamente, 0,1 g de amostra

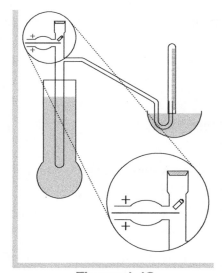

Figura 1-10

num pequeno pesa-filtro com tampa esmerilhada. Colocar a extremidade do tubo, por onde escapa o ar, imersa na água da cápsula e aguardar até que, devido ao aquecimento da água que está no grande bulbo inferior, não mais haja borbulhamento. Ajustar o eudiômetro na posição correta e fazer com que o pesa-filtro, portador da amostra e que está na dilatação interna superior do aparelho, seja aberto e caia, para que o material evapore. Haverá um borbulhamento de gás, que será coletado no eudiômetro, o qual estava cheio de água; o volume final será medido e convertido às condições normais de pressão e temperatura, para os cálculos necessários.

Aplicações

Na determinação da massa específica, sabe-se que um dos elementos importantes é o conhecimento preciso do volume, que pode ser calculado de maneira mais acurada a partir da equação de van der Waals. Como geralmente não é interessante resolver a equação de terceiro grau decorrente da aplicação de van der Waals, uma das opções é o método das aproximações sucessivas, visto a seguir.

Calcular o volume ocupado por 1 mol de benzeno a 180 °C e 1,72 MPa.

Aplicar o método acima indicado.

Equação de Van der Waals:

$$\left(P + \frac{an^2}{V^2}\right)(V - nb) = nRT,$$

na qual:

$$V = \frac{RT}{P + \dfrac{a}{V^2}} + b,$$

para $n = 1$.

Valores das constantes:
$a = 1,82$ m^6 Pa mol^{-2};
$b = 0,115 \times 10^{-3}$ m^3 mol^{-1}.

Inicialmente, calcula-se por Clapeyron um volume de referência: $PV = nRT$; logo,

$$V = \frac{RT}{P} = \frac{8{,}314 \times 453}{1{,}72 \times 10^6} = 2{,}189 \times 10^{-3}\ \text{m}^3 \cdot \text{mol}^{-1}.$$

Segundo van der Waals:

$$V_1 = \frac{3.766{,}2}{17 + \dfrac{1{,}82}{(2{,}189 \times 10^{-3})^2}} + 0{,}115 \times 10^{-3} = 1{,}907 \times 10^{-3}\ \text{m}^3 \cdot \text{mol}^{-1};$$

$$V_2 = \frac{3.766{,}2}{17 + \dfrac{1{,}82 \times 10^{-5}}{(1{,}907 \times 10^{-3})^2}} + 0{,}115 \times 10^{-3} = 2{,}002 \times 10^{-3}\ \text{m}^3 \cdot \text{mol}^{-1};$$

As aproximações sucessivas devem continuar à medida que se necessite maior precisão.

Uma equação empírica interessante a ser considerada é:

$$d = \frac{G}{V} \cdot \frac{(1+\beta t)}{0{,}0012934} \cdot \frac{101{,}325 \times 10^6}{(P-p)},$$

em que:
  d é a densidade procurada;
  G a massa de substância introduzida;
  P a pressão atmosférica, em torr, isto é, mm Hg;
  p a tensão de vapor de água, à temperatura t;
  V o volume de ar medido, em cm³;
  β o coeficiente de dilatação térmica dos gases (0,003663 = 1/273);
  t a temperatura ambiente do gás, em °C; e
  0,0012934 a massa, em gramas, de 1 cm³ de ar a 0 °C e 760 mm Hg.

Exemplo

Considerando a equação empírica dada, calcular a densidade do clorofórmio a partir dos seguintes valores (ver o Experimento 1.3):

massa da amostra .... 4,64 x 10^{-4} kg;
ar deslocado .... 97,4 x 10^{-6} m³;
pressão barométrica .... 97,3 kPa;
temperatura ambiente .... 23 °C;
pressão .... 3,16 kPa.
Resposta: 0,139 kg.

1.5 PROPRIEDADES MOLARES PARCIAIS

Entende-se que uma substância tem propriedades capazes de caracterizá-la, tais como índice de refração, volume, massa específica e temperatura de fusão. Essas propriedades consistem em valores bem definidos de grandezas físicas, perfeitamente ajustadas ao Sistema Internacional de Unidades de Medida.

Denotando-se por X uma grandeza termodinâmica extensiva qualquer (H, S, V, G,...), sua diferencial total para um sistema cuja composição não varie será:

$$dX = \left(\frac{\partial X}{\partial p}\right) dp + \left(\frac{\partial X}{\partial T}\right) dT. \qquad [1\text{-}41]$$

Como X é, na realidade, função do número de mols (n) presente no sistema, a diferencial total deverá ser escrita na forma mais geral:

$$dX = \left(\frac{\partial X}{\partial p}\right) dp + \left(\frac{\partial X}{\partial T}\right) dT + \sum_{1}^{n}\left(\frac{\partial X}{\partial n_1}\right)_{T_1 P_2 nj} dn_1. \qquad [1\text{-}42]$$

O termo $\left(\dfrac{\partial X}{\partial n_i}\right) = \overline{X}_i$, função de T, p e n_j chama-se *grandeza molar parcial*.

Assim,

se $X = G$, $G/n_i = \overline{\mu}_i$, energia livre molar parcial;
se $X = V$, $V/n_i = \overline{V}_i$, volume molar parcial; $\qquad$ [1-43]
se $X = Q_{dis}$, $Q_{dis}/n_i = \overline{q}_i$, calor de dissolução molar parcial.

Em condições isotérmicas e isobáricas:

$$dX = \sum_{1}^{n} \overline{X}_i \, dn_i. \qquad [1\text{-}44]$$

Propriedades Molares Parciais

Portanto, se o sistema está em equilíbrio, por exemplo para $X = G$, tem-se que $d\overline{X} = 0$; e, se a sua composição permanece praticamente constante pela adição ou subtração de n_1 ou n_2 mols de substância, respectivamente, então $\overline{X}_i$ é constante. Logo:

$$X = \sum_{1}^{n} \overline{X}_i \, n_i \qquad [1\text{-}45]$$

por integração da Eq. [1-44]. Se o sistema é ideal, $\overline{X}$ permanece constante ao variar n_i e pode ser calculado a partir de X da substância pura. Por outro lado, diferenciando a Eq. [1-45], temos:

$$dX = \sum_{1}^{n} \overline{X}_i \, dn_i + \sum_{1}^{n} n_i \, d\overline{X}_i. \qquad [1\text{-}46]$$

Considerando-se a Eq. [1-44], conclui-se que:

$$\sum_{1}^{n} n_i \, d\overline{X}_i = 0, \qquad [1\text{-}47]$$

expressão conhecida como *relação de Gibbs-Duhem*. Em geral essa equação é usada para relacionar variações que as grandezas molares parciais apresentam a T e p constantes, em função da composição da mistura.

Para dar um significado físico ao que foi visto até aqui, pode-se considerar uma solução de dois componentes (1 e 2) presentes segundo a relação molar n_1/n_2, e imaginar um incremento de dn_1 para um dos componentes e dn_2 para o outro, de maneira que:

$$\frac{dn_1}{dn_2} = \frac{n_1}{n_2}. \qquad [1\text{-}48]$$

O incremento pode ser feito de duas maneiras diversas: diretamente e com estágio intermediário.

Diretamente

Nesse caso, pela definição de $\overline{X}_1$:

$$dX = \overline{X}_i \, dn_1 + \overline{X}_2 \, dn_2. \qquad [1\text{-}49]$$

Com estágio intermediário

Consideremos um estágio intermediário no qual dn_1 e dn_2 são misturados em primeiro lugar, compondo um pequeno volume V de solução, em que a variação de X deverá ser a média. Nesse caso, no segundo estágio, $dX = 0$ e a variação total de X será:

$$dX = \overline{X}_1\, dn_1 + \overline{X}_2\, dn_2 + n_1 d\overline{X}_1 + n_2 d\overline{X}_2. \qquad [1\text{-}50]$$

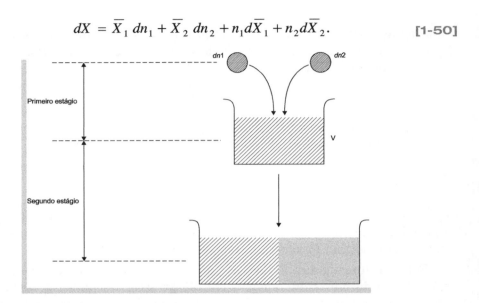

Quando se juntam dn_1 e dn_2, trata-se de uma pequena quantidade de solução, por isso a grandeza X_i varia. Por outro lado, deve-se notar que tanto diretamente como com estágio intermediário o resultado final deverá ser idêntico. Logo:

$$n_1 d\overline{X}_1 = n_2 d\overline{X}_2. \qquad [1\text{-}51]$$

Convém lembrar ainda que $d\overline{X}_i$ é diferencial de uma grandeza derivada.

Determinação das propriedades molares parciais

Um método consideravelmente preciso para determinação de grandezas molares parciais é o da *interseção da tangente*, e será ilustrado no caso particular em que o sistema tem dois componentes.

Nesse método, inicia-se determinando o valor molar da grandeza X na solução, sendo esta o sistema considerado:

$$\overline{X}_T = \frac{X}{\sum n_i} \qquad [1\text{-}52]$$

tal que T refere-se ao total da grandeza molar parcial.

Quando não se pode escrever o valor absoluto de X, como no caso da entalpia, entropia e outras grandezas como essas, pode-se trabalhar com ΔX.

Logo:

$$\Delta \overline{X}_T = \frac{\Delta X}{\Sigma n_i}.$$ [1-53]

No caso particular do sistema constituído por dois componentes tem-se:

$$X = (n_1 + n_2)\overline{X}_T.$$ [1-54]

Logo:

$$\overline{X}_1 = \left(\frac{\partial X}{\partial n_1}\right)_{n_2} = \overline{X}_T + (n_1 + n_2)\left(\frac{\partial \overline{X}_T}{\partial n_1}\right)_{n_2}.$$ [1-55]

Subentende-se temperatura e pressão constantes, porque este desenvolvimento só pode ser aplicado a sistemas nestas condições.

Por outro lado pode-se considerar que:

$$\left(\frac{\partial \overline{X}_T}{\partial n_1}\right)_{n_2} = \left(\frac{\partial \overline{X}_T}{\partial Y_2}\right)_{n_2}\left(\frac{\partial Y_2}{\partial n_1}\right)_{n_2},$$ [1-56]

Com:

$$Y_2 = \frac{n_2}{n_1 + n_2}.$$ [1-57]

Logo:

$$\left(\frac{\partial Y_2}{\partial n_1}\right)_{n_2} = -\frac{n_2}{(n_1 + n_2)^2} = -\frac{Y_2}{n_1 + n_2}.$$ [1-58]

Alterando-se arbitrariamente Y_2 tem-se uma variação definida em X_T (para um sistema binário), podendo-se afirmar que:

$$\left(\frac{\partial \overline{X}_T}{\partial Y_2}\right)_{n_2} = \frac{d\overline{X}_T}{dY_2}.$$ [1-59]

Podemos, portanto, considerar que, substituindo [1-56] e [1-58] em [1-55], teremos:

$$\overline{X}_1 = \overline{X}_T - Y_2 \left(\frac{\partial \overline{X}_T}{\partial Y_2} \right)_{n_2}. \quad [1\text{-}60]$$

De maneira similar, obtemos:

$$\overline{X}_2 = \overline{X}_T - Y_1 \left(\frac{\partial \overline{X}_T}{\partial Y_1} \right)_{n_1}. \quad [1\text{-}61]$$

Os valores

$$\left(\frac{d\overline{X}_T}{dY_2} \right)_{n_2} \quad \text{e} \quad \left(\frac{d\overline{X}_T}{dY_1} \right)_{n_1}$$

são obtidos graficamente.

Aparelhagem e substâncias

Dez picnômetros limpos e secos, dez balões volumétricos de 100 mL, banho termostático, cloreto de sódio, ou nitrato de sódio, ou sulfato de cobre, ou outro sal P.A.

Procedimento

Para determinar os volumes molares parciais de um sistema binário, preparar dez soluções; por exemplo, tendo 1,5 g; 3,0 g; 4,5 g;... de sal em 100 mL de solução aquosa.

Determinar com precisão a massa específica de cada solução por meio de picnômetros, a 25 °C; construir uma tabela tendo na primeira coluna a massa específica, em seguida o número de gramas do sal em 1.000 g de água, depois o número de mols do soluto, logo depois o volume total de 1.000 g e, finalmente, uma coluna para V_T e outra para Y_2.

Construir um diagrama e, com valores obtidos a partir dele, calcular $\overline{X}_1$ e $\overline{X}_2$ respectivamente, quantidades molares parciais dos componentes 1 e 2.

Aplicações

Como nas soluções a *refração molar* (R_m) é diretamente proporcional à fração molar, no caso particular dos volumes molares parciais, um procedimento perfeitamente compatível com os objetivos desta proposta de estudo da Físico-Química consiste na obtenção dos volumes a partir das grandezas massa específica e índice de refração das substâncias puras.

Calculam-se as refrações molares das substâncias como consta no Cap. 8 (Estrutura Molecular), além dos respectivos volumes molares, diretamente proporcionais a elas. A partir desses cálculos, podem-se estimar os excessos de volume molar total e parcial da solução, segundo os detalhes que se encontram na indicação GLASSTONE (GLASSTONE, S., Termodinâmica para Químicos, Aguilar, 1963).

O estudo das grandezas molares parciais é muito importante e tem grande significado no desenvolvimento do processo químico. Considerar a aplicação prática a seguir.

Determinar os calores molares parciais da dissolução de tetracloreto de carbono em benzeno, considerando os valores dados a 18 °C. São conhecidas as porcentagens de tetracloreto de carbono, em massa, e o calor de dissolução por grama de solução.

Solução

Fixar a massa de benzeno em 1.000 g e considerar a Tabela 1-1.

% em massa CCl_4	ΔH (J/g sol.)	CCl_4 (g)	n_2 (mols CCl_4)	ΔH_{mT}	$\bar{H_T}$	y_2
10	0,300	111	0,720	334,4	24,66	0,05
20	0,597	250	1,623	748,2	51,83	0,11
30	0,815	429	2,785	1.166,2	74,82	0,18
40	0,961	666,6	4,328	1.600,9	93,63	0,25
50	1,028	1.000	6,493	2.056	106,59	0,34
60	1,028	1.500	9,740	2.570	114,11	0,43
70	0,911	2.333	15,151	3.038	108,68	0,54
80	0,698	4.000	25,974	3.490	89,87	0,67
90	0,451	9.000	58,441	4.514	63,53	0,82

O número de mols do benzeno será $n_1 = 12,8$.

Efetuar o cálculo de $\bar{H}_1$ e $\bar{H}_2$ para 50% em massa de CCl_4. Pelo diagrama da Fig. 1-11 conclui-se que:

$$\frac{d\bar{H}_T}{dY_2} = \frac{175,5 - 60,9}{1,0} = 106,59,$$

$$\bar{H}_1 = \bar{H}_T - Y_2 \frac{d\bar{H}_T}{dY_2} = 106,59 - 0,34(106,59) = 70,22 \text{ J/mol};$$

ou:

$$\bar{H}_1 = \frac{70,22}{78} = 0,898 \text{ J/g}.$$

E ainda:

$$\frac{d\bar{H}_T}{dY_1} = 106,59,$$

$$\bar{H}_2 = 106,59 - 0,66(-106,59),$$

$$\bar{H}_2 = 176,8 \text{ J/mol} \quad \text{ou} \quad \bar{H}_2 = \frac{176,8}{154} = 1,145 \text{ J/g}.$$

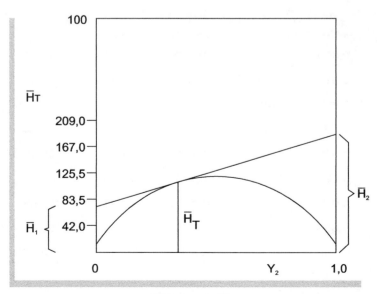

Figura 1-11

1.6 MASSA MOLAR POR CRIOSCOPIA

Como se sabe da Química Geral, a Crioscopia é um caso particular das chamadas *propriedades coligativas*. Convém lembrar que tais propriedades dependem basicamente do número de partículas que um soluto dissemina no corpo de um solvente.

Afirma-se que o abaixamento da temperatura de congelamento, a elevação da temperatura de ebulição e a variação de pressão osmótica são propriedades das soluções especialmente dependentes do número de partículas do soluto presente, daí a denominação "propriedades coligativas", ou "coligadas".

Observa-se empiricamente a existência de uma relação entre o abaixamento da temperatura de cristalização de um líquido numa solução e a respectiva do líquido puro. Esse fato pode ser expresso pela equação:

$$\Delta T_c = K_c \cdot W. \qquad [1\text{-}62]$$

Nessa equação, K_c é a constante de proporcionalidade, no caso denominada *crioscópica*, e W é a concentração da solução, expressa em termos de molalidade. A constante crioscópica é uma característica do solvente, normalmente encontrada em manuais.

Em geral a Eq. [1-62] é usada para determinação da massa molar de um soluto. Antes, porém, procede-se a uma transformação conveniente:

$$W = \frac{n_2}{1.000 \text{ g solvente}},$$

sendo n_2 o número de mols do soluto.

Se m_1 (g) de solvente contém m_2, (g) de soluto, 1.000 g de solvente terão x_2 (g) de soluto, o que, em forma de equação, dá:

$$x_2 = \frac{m_2 \times 1.000}{m_1}.$$

Dividindo a última expressão por M_2, mol do soluto, obtemos:

$$\frac{x_2}{M_2} = \frac{m_2 \times 1.000}{m_1 \times M_2} = n_2.$$

Como no caso $n_2 = W$, substituindo em [1-62], concluímos que:

Fundamentos

$$M_2 = K_c \times 1.000 \frac{m_2}{m_1 \Delta T_c}. \qquad [1\text{-}63]$$

Essa é a equação que permite o cálculo da massa molar do soluto por crioscopia.

Para a finalidade deste experimento, a Eq. [1-63] é suficiente. Porém, como esse assunto poderá ser visto e estudado por leitores que já possuam algum conhecimento de Termodinâmica, deve-se destacar que, para soluções suficientemente diluídas, pela relação de Gibbs-Helmholtz, pode-se considerar a equação:

$$\left(\frac{\partial \left(\frac{\Delta G_c}{T} \right)}{\partial T} \right)_P = -\frac{\Delta H_c}{T^2}, \qquad [1\text{-}64]$$

em que:

ΔG_c é a energia livre de cristalização,
T a temperatura (em K);
ΔH_c a entalpia de cristalização; e
P a pressão.

Por deduções convenientes, conclui-se que $\Delta G_c/T$ está diretamente relacionada com $\ln x_1$, sendo x_1, a fração molar do solvente na solução. Logo:

$$\left(\frac{\partial \ln x_1}{\partial T} \right) = -\frac{\Delta H_c}{RT^2}. \qquad [1\text{-}65]$$

Em um pequeno intervalo de temperatura, pode-se considerar ΔH_c constante, ao passo que, quando $x_1 = 1$, $T = T_0$, ou seja, a temperatura de congelamento do solvente puro.

Integrando a Eq. [1-65], temos:

$$\ln x_1 = -\frac{\Delta H_c}{R} \left(\frac{T - T_0}{TT_0} \right). \qquad [1\text{-}66]$$

Fazendo $T - T_0 = \Delta T_c$ e $T_0 T = T_0^2$ a Eq. [1-66] passa a ter a seguinte notação:

$$\ln x_1 = -\frac{\Delta H_c}{RT_0^2} \Delta T_c, \qquad [1\text{-}67]$$

que, escrita de outra maneira, nada mais é que a Eq. [1-62].

Convém lembrar que a dedução acima pressupõe o solvente sólido puro em equilíbrio com a solução de fração molar x_1.

Aparelhagem e substâncias

Ajustar o termômetro diferencial de Beckmann (Fig. 1-12) de tal forma que o topo da escala corresponda a cerca de 5 °C. Esse termômetro tem uma escala que varia de 5 a 6 graus, com intervalos entre 0,01 e 0,02 grau. Ele difere dos termômetros comuns por possibilitar o deslocamento da escala, segundo seja conveniente, pelo ajuste da quantidade de mercúrio no bulbo e na coluna. Com esse objetivo, coloca-se um reservatório na parte superior do aparelho. A relação de volume entre a coluna e o bulbo costuma ser de aproximadamente 1/6.000.

O deslocamento da escala para temperaturas maiores é obtido aquecendo-se o bulbo, o que acumula mercúrio no reservatório superior. Para trabalhar a temperaturas mais baixas que no caso anterior, deve-se aquecer o bulbo até que se estabeleça o contato fluido no reservatório. Isto é feito com o termômetro invertido.

A partir daí, resfria-se o bulbo até que o mercúrio seja bombeado suficientemente. Poucos graus acima do desejado, quebra-se o filamento dando-se batidas externas com os dedos. O termômetro, então, é colocado na posição correta de medida.

Crioscópio, benzeno PA, naftaleno.

Procedimento

Uma massa conhecida de benzeno – aproximadamente 20 g – é colocada no tubo central do aparelho (Fig. 1-13). Termômetro e agitador são ajustados no lugar e o tubo é resfriado por imersão direta no banho de refrigerante, até que o benzeno comece a cristalizar. Nesse ponto, dá-se início a novo aquecimento do tubo, que é introduzido dentro da camisa de ar, colocada no banho frigorífico.

O benzeno é agitado continuamente, anotando-se a queda de temperatura à medida que o tempo transcorre. Geralmente ocorre sub-resfriamento. No instante em que o sólido começa a fundir, a temperatura sobe para a verdadeira temperatura de congelamento. Remove-se o tubo; o benzeno é novamente fundido e recebe certa massa conhecida da amostra em estudo. É necessário introduzir a massa de sólido de tal forma que seja suficiente para provocar uma depressão sensível no ponto de congelamento (cerca de 0,2 °C). O ponto de congelamento dessa solução é determinado mais de uma vez, para comparação dos valores.

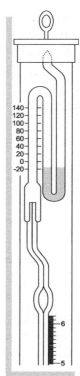

Figura 1-12

Repete-se a operação com quatro massas diferentes do soluto e em seguida constrói-se um gráfico de variação de temperatura em função da massa de amostra adicionada.

A constante K_c de um solvente poderá ser determinada usando-se um soluto de massa molar conhecida e, em particular, considerando-se a massa de 1 mol. Em outros casos, basta pesquisá-la na literatura.

Aplicações

A aplicação mais conhecida refere-se ao caso da determinação da massa molar de um soluto, porém o presente método é usado também para calcular o grau de dissociação de

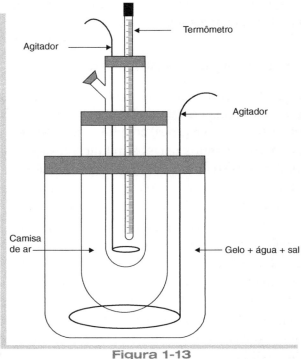

Figura 1-13

um ácido. Pode ser utilizado também na obtenção do eutético de um sistema binário, além de permitir o cálculo da atividade no mesmo sistema.

Para determinar propriedades do eutético a partir de um diagrama empírico, considerar como exemplo o caso de uma solução de naftaleno em benzeno. O diagrama da Fig. 1-14 foi obtido a partir de várias curvas de res-

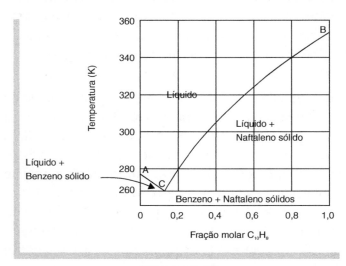

Figura 1-14

friamento, ou crioscópicas, em que os dois constituintes encontravam-se em proporções diversas.

Segundo esse procedimento, pode-se avaliar empiricamente, por exemplo, a temperatura do eutético e a fração molar do naftaleno nessa composição.

Desde que sejam consideradas grandezas termodinâmicas, os valores dessas propriedades podem ser obtidos analiticamente.

Como se sabe da Lei de Kirchhoff, a entalpia depende da temperatura; por outro lado as entalpias de cristalização do benzeno e do naftaleno são:

$$\Delta H_{c(C_6 H_6)} = 9.242 + 209T; \tag{a}$$

$$\Delta H_{c(C_{10} H_8)} = 11.887 + 20T. \tag{b}$$

Considerando a Eq. [1-66], pela pesquisa das temperaturas de fusão em manuais, temos:

Para o benzeno

$T_c = 278{,}6$ K; e, fazendo x igual à fração molar do naftaleno, $(1-x)$ será a fração molar do benzeno. Quando se tem apenas benzeno, $(1-x) = 1$; logo, pela Eq. [1-66]:

$$\log (1-x) = \frac{9.242 + 2{,}09T}{2{,}303 \times 8{,}314} \left[\frac{278{,}6 - T}{278{,}6T} \right]$$

e

$$\log (1-x) = 1{,}84 - \frac{482{,}8}{T} + 3{,}92 \times 10^{-4} T. \tag{c}$$

Para o naftaleno

$T_c = 353{,}4$ K e $x = 1$; logo, pela mesma equação:

$$\log x = -\frac{11.887 + 20T}{2{,}303 \times 8{,}314} \left[\frac{353{,}4 - T}{353{,}4T} \right],$$

$$\log x = 0{,}712 - \frac{621{,}50}{T} + 2{,}9 \times 10^{-3} T. \tag{d}$$

Resolvendo o sistema constituído pelas equações (c) e (d), conclui-se que a temperatura do eutético será 268,4 K, e a fração molar do naftaleno no eutético será 0,15. Sabe-se que, nessas condições, os dois componentes apresentam a mesma temperatura de fusão.

Por esse método pode-se calcular inclusive a atividade do sistema.

BIBLIOGRAFIA

Atkins e de Paula, Físico-Química, 7ª ed., Vol. 1, Livros Técnicos e Científicos Editora (2003).

Becher, P., Emulsions Theory and Practice, ACS Monograph n.º 162, Reinhold (1966).

Calvet, Enrique, Quimica General Aplicada a la Industria, com Practicas de Laboratorio, Tomo I, Salvat Editores S.A. (1962).

Chagas, A. P., Termodinâmica Química, Editora da Unicamp (1999).

Chamizo e Garritz, Química, Pearson Education do Brasil (2002).

Daniels, F., e outros, Experimental Physical Chemistry, 7ª ed., McGraw-Hill (1972).

Fishbane, Graziorowiz e Thornton, Physics for Scientists and Engineers, versão ampliada, Prentice Hall (1993).

Fucaloro, A. F., Partial Molar Volumes from Refractive Index Mesurements, J. of Chem. Education, vol. 79, n. 7, julho de 2002, pp. 865-868.

Garland, Nibler e Shoemaker, Experiments in Physical Chemistry, 7ª ed. McGraw-Hill (2003).

Gerasimov, Ya., Physical Chemistry, Vol. 1, MIR Publishers (1974).

Gold, P. I. e Ogle, G. J., Estimating Thermophysical Properties of Liquids, Parte 3 - Chemical Engineering, novembro, 18 (1968) p. 170.

Gold, P. I., Ogle, G. J., Estimating Thermophysical Properties of Liquids, Part 10, Chemical Engineering, julho, 14 (1969), p. 121.

Gold, P. I., Ogle, G. J., Estimating Thermophysical Properties of Liquids, Parte 4, Chemical Engineering, janeiro, 13 (1969), p. 119.

Guggenheim e Prue, Physicochemical Calculations, North-Holland Publishing Company, Amsterdam (1955).

Halpern, A. M., Experimental Physical Chemistry, 2ª ed., Prentice Hall, Upper Saddle River, NJ (1997).

Halpern, A. M., Rare Gas Viscosities: A Learning Tool, J. of Ch. Education, vol. 79, fev. 2002, p. 214-216

Hougen, Watson e Ragatz, Chemical Process Principles, Parte 1, 2ª ed., Wiley Edition (1962).

Howgen, Watson e Ragats, Chemical Process Principles, Parte II, 2ª ed., John Wiley and Sons (1962).

Macedo, H., Físico-Química I, Ed. Guanabara Dois (1981).

Miller, P. J., Density Gradients in Chemistry Teaching, J. of. Chem., vol. 49, n.º 4, abril (1972).

Moore, W., Físico-Química, Vol. 1, 4ª ed., 4ª reimpressão, Editora Edgard Blücher (1999).

O'Connell, Prausnitz e Poling, The Properties of Gases & Liquids, 5ª ed., McGraw-Hill (2001).

Rodriguez, F., Principles of Polymer Systems, 3ª ed., Hemisphere, New York (1989).

Salzberg – Morrow – Cohen – Green, Physical Chemistry – A Modern Laboratory Course, Academic Press (1969).

Sandler S. I., Chemical and Engineering Termodinamics, 2ª ed., John Wiley & Sons (1989).

Semishin, V., Práticas de Química Geral, MIR e Livraria Técnica Científica (1979).

Tripler, P., Física, 4ª ed., vol. I, Livros Técnicos e Científicos Editora (2000).

TERMODINÂMICA 2

Ao que parece, o modelo termodinâmico tem suas origens, por um lado, atreladas aos fenômenos físicos que envolvem aspectos da dinâmica física e, por outro lado, àqueles devidos às manifestações térmicas.

Já se disse que as definições, quanto mais precisas, mais longas e menos úteis são; e que as mais breves são menos precisas, porém mais práticas. Neste texto, optou-se por entender a Termodinâmica como o estudo das propriedades de equilíbrio da matéria em função da temperatura. Embora esse equilíbrio seja físico, em determinadas circunstâncias define-se o equilíbrio químico, por convir ao equacionamento e quantificação de certas grandezas, limitadas às condições de contorno de uma transformação química.

Durante séculos, as incursões de estudiosos rumo à interpretação dos fenômenos térmicos foram acompanhadas por intensa nebulosidade, o que dificultou a afirmação dos conceitos básicos, suporte do adequado discernimento termodinâmico. Só para documentar a complexidade desses entendimentos, basta considerar o que afirmou Faraday (1791-1867), em sua Conferência IV, sobre as forças da matéria:

> Observem que uma das melhores maneiras de se exercer o poder conhecido como afinidade química consiste em produzir calor e luz. Aliás, vocês certamente sabem que, quando os corpos entram em combustão, eles emitem calor, mas o curioso é que esse calor não continua – ele desaparece assim que a ação cessa. Portanto vocês podem perceber que ele depende da ação durante o período em que ocorre. Isso não acontece com a gravidade. Esta última força é contínua: para fazer aquele chumbo exercer pressão sobre a mesa, é tão eficaz agora quanto no momento em que ele caiu. Ali não há nada que desapareça quando a ação da queda termina; a pressão está sobre a mesa e permanecerá lá até que o chumbo seja retirado, ao passo que, na ação da afinidade química

para produzir luz e calor, estes desaparecem tão logo a ação termina. Esta lâmpada parece emitir luz e calor continuamente, mas isso se deve a uma corrente de ar que a envolve por todos os lados. O trabalho de produzir luz e calor por afinidade química desaparecerá assim que a corrente de ar for interrompida.

O que é calor? Nós o reconhecemos por sua capacidade de liquefazer corpos sólidos e vaporizar corpos líquidos, e por seu poder de acionar – e muitas vezes superar – a afinidade química. E como se obtém o calor? De várias maneiras, em especial por meio da afinidade química de que vínhamos falando, mas também de muitos outros modos. O atrito produz calor.

(Faraday, M., *História Química de uma Vela*; As forças da Matéria (trad. Vera Ribeiro), Contraponto Editora Ltda., 2003.)

Inicialmente se usou o termo *calor* para fazer referência a grandezas tão distintas como conteúdo de energia de um corpo, entropia e entalpia, entre outras. Lamentavelmente, essa fase da Termodinâmica consagrou expressões como, por exemplo: calor específico, calor de reação e calor latente de mudança de estado. Essas denominações, contudo, continuam mantidas na terminologia científica e, embora contenham a palavra *calor*, na verdade têm a ver com conteúdo de energia de um corpo, entalpia ou a entropia deste. No curto prazo, tais denominações inadequadas deverão permanecer, até que em data futura se encontre alguma alternativa consistente. Por enquanto, cabe uma certa dose de prudência com essa terminologia, originária da fase embrionária da Termodinâmica.

Neste texto aborda-se a Termodinâmica Macroscópica, a qual tem em seu equacionamento variações infinitesimais do cálculo, e visa o uso de variações finitas das várias grandezas, não considera aspectos estatísticos de probabilidade e nem da Mecânica Quântica, a não ser no caso de uma ou outra constante, como a de Boltzmann.

A Termodinâmica constitui uma das partes da Física com estrutura lógica mais satisfatória, sendo pouco provável que o avanço da ciência consiga alterá-la, em vista de ela não depender de hipóteses sobre a estrutura da matéria. Seus princípios resultam da generalização de observações experimentais, e são seguidamente postos à prova de falsificação, sem sucesso.

É importante nestes estudos distinguir com a maior nitidez possível o que se entende por transformações reversíveis e irreversíveis. Para tanto, qualquer porção de matéria delimitada por uma superfície ideal ou real constitui o que se define por *sistema*, que apresentará uma transformação reversível entre dois estados, definidos por valores de grandezas determinados e em equilíbrio, quando as alterações forem tão lentas que se possa admitir, em cada instante, as variáveis constantes. No caso de um gás a temperatura constante, imagina-se a *transformação quase estática*, na qual, para variações infinitesimais de volume, a pressão permanece praticamente constante. Resumindo, a reversibilidade ideal não existe; por outro lado a irreversibilidade corresponde justamente ao oposto, à realidade. Em outros termos, a variação de volume do gás indicada implica na alteração da pressão, como na realidade são os fatos. O modelo reversível foi criado para facilitar o equacionamento matemático dos fenômenos físicos, a partir do qual, por meio de coeficientes corretivos, podem-se obter valores próximos do real.

Do ponto de vista aplicativo, uma das maiores dificuldades na utilização desse ferramental está na capacidade de se identificar o enunciado mais adequado ao equacionamento termodinâmico.

A propósito da aplicação desses conhecimentos, com o intuito de beneficiar o ser humano e, modernamente, causando o menor dano ao meio ambiente, no que se refere aos bens materiais, a nossa sociedade está calcada no deus energia, que tem presidido as decisões em todas as instâncias, e às vezes invade, por exemplo, a área ética. O homem social precisa consumir bens materiais e esse ato implica em um dispêndio cada vez maior de energia, que tem sido obtida a qualquer custo para o meio ambiente.

Há até pouco tempo, as pesquisas quanto ao uso da energia limitavam-se quase exclusivamente aos combustíveis fósseis, usando dispositivos de baixíssima eficiência. Só para dar um exemplo, registre-se que um automóvel com motor de combustão interna consome de 4,4 a 5,9 kWh de energia para transferir às rodas apenas 1 kWh. Notar que, na melhor das hipóteses, tem-se uma eficiência inferior a 25%, com o agravante de que muitas vezes toda essa energia consumida rende um trabalho útil muito pequeno, quando o automóvel transporta apenas o seu condutor, além da própria massa do veículo.

Torna-se necessária uma reflexão sobre o comportamento da nossa sociedade, em vista do agravamento das condições do meio ambiente, particularmente em função da relação custo-benefício, devido ao uso dos automóveis atuais, em termos da manutenção da humanidade. Essa tese deve ser mais consistente, caso se admita o modelo que prega o acesso aos bens materiais para todos os cidadãos do planeta Terra.

Modernamente, os conceitos da Termodinâmica estão presentes nos mais variados campos do saber, tais como Astronomia, Geologia, Biologia, Oceanografia, Química, entre outros.

Na Físico-Química em particular, a Termodinâmica deve transitar com desenvoltura, pois só assim haverá suporte para desenvolver de maneira consistente os processos químicos, além dos cálculos usados nas operações unitárias. Quando se aborda a moderna Eletroquímica e os estudos sobre a enorme área dos colóides, é impossível descartar as concepções termodinâmicas, a começar pela macroscópica. Os experimentos a seguir constituem um pálido exemplo das múltiplas aplicações dessa construção científica.

2.1 DETERMINAÇÃO DO EXPOENTE DE POISSON

O método de Clément e Désormes (1812) consiste em introduzir gás em um garrafão, com volume aproximado de 20 litros, provido de medidor de pressão e uma saída controlável. Esse gás é injetado até certa pressão maior que a atmosférica. Aguarda-se alguns instantes até que o gás entre em equilíbrio térmico com o garrafão e, em seguida, abre-se o sistema de forma que o gás escape rapidamente, para a pressão atmosférica. Essa expansão deve ser tão rápida que se possa considerá-la adiabática, provocando o conseqüente resfriamento do gás. Como o sistema não é adiabático, ao se considerar um tempo maior, o gás aquece até atingir a temperatura original. Logo, como o registro controlável está fechado, a pressão aumenta até um valor superior à externa.

A partir da medida das variações de pressão pode-se calcular a relação entre as capacidades caloríficas. Sendo P_1 a pressão inicial, P_2 a pressão final e P a pressão atmosférica, e tendo-se ainda T como temperatura inicial e final, se for suposta uma temperatura T_1, intermediária, para o gás quando sofre a expansão adiabática, pode-se considerar a seguinte expressão termodinâmica:

$$\frac{P_1}{P} = \left(\frac{T}{T_1}\right)^{\frac{\gamma}{\gamma-1}}. \qquad [2\text{-}1]$$

Como, para a mudança final,

$$\frac{P}{P_2} = \frac{T_1}{T}, \qquad [2\text{-}2]$$

substituindo [2-2] em [2-1] convenientemente, teremos:

$$\frac{P_1}{P} = \left(\frac{P_2}{P}\right)^{\frac{\gamma}{\gamma-1}} \quad \text{ou} \quad \frac{P_1}{P} . = \left(\frac{P_1}{P_2}\right)^{\gamma} \qquad [2\text{-}3]$$

E, aplicando o operador de logaritmo neperiano:

$$\ln \frac{P_1}{P} = \gamma \ \ln \frac{P_1}{P_2} \qquad [2\text{-}4]$$

Portanto:

$$\ln P_1 - \ln P = \gamma \left(\ln P_1 - \ln P_2\right) \qquad [2\text{-}5]$$

ou:

$$\gamma = \frac{\ln P_1 - \ln P}{\ln P_1 - \ln P_2}. \qquad [2\text{-}6]$$

Como as alturas de coluna no manômetro diferencial são diretamente proporcionais às pressões, pode-se escrever que:

$$\gamma = \frac{h_1}{h_1 - h_2}, \qquad [2\text{-}7]$$

sendo:

h_1 o desnível provocado inicialmente; e

h_2 o desnível observado após a expansão adiabática.

Aparelhagem e substâncias

Garrafão (aproximadamente 20 litros), rolha de borracha, pinças de rosca e de mola, manômetro diferencial, bomba de vácuo e compressão, dessecante (sílica-gel; cloreto de cálcio), gases: ar, CO_2, GLP, etc.

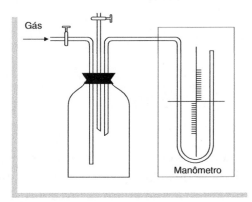

Figura 2-1

Procedimento

Bombeia-se ar até o manômetro registrar um desnível h_1 de 20 cm aproximadamente; fecha-se o registro e lê-se o desnível no manômetro (Fig. 2-1). O líquido manométrico pode ser um óleo ou, nos casos mais comuns, uma mistura de 40% de glicerina com 60% de água, em volume.

Obtido o equilíbrio do manômetro, expande-se o ar rapidamente, até que as pressões externa e interna se igualem. Fechar a saída e aguardar até que se estabeleça novo desnível, o qual será denominado h_2.

Proceder da forma indicada várias vezes, sempre calculando γ. No final, obter a média aritmética dos valores de γ. É interessante manter o garrafão com um dessecante.

Repetir o experimento com outros gases.

Aplicações

Propõe-se aqui uma aplicação interessante desse método, ou seja, no caso em que os gases emergentes de uma fornalha ainda têm condições de fornecer calor para alguma outra finalidade. Sabe-se que a composição desses gases varia, em vista da procedência nem sempre uniforme do combustível, diferentes proporções combustível-comburente e outros fatores; portanto um método simples para determinação do calor específico da mistura seria pela obtenção, via experimental, do valor da relação γ. Como em geral esses gases estão praticamente à pressão ambiente, pode-se considerá-los idealizados. Assim, basta determinar a relação γ para que se possa calcular C_p e C_v, pela aplicação das expressões:

Expoente de Poisson

$$\gamma = \frac{C_p}{C_v}.$$

Relação de Mayer

$$C_p - C_v = R.$$

Do ponto de vista termoquímico, sabe-se que a relação γ tem grande aplicação nas transformações adiabáticas que abrangem as grandezas: pressão, volume e temperatura. É muito comum o uso desse coeficiente nas transformações envolvendo gases, como, por exemplo, no cálculo do trabalho (W) de compressão de um gás, que pode ser efetuado pela equação:

$$-W = \left(\frac{RT\gamma}{\gamma-1}\right)\left\{\left[\left(\frac{P'}{P_1}\right)^{\frac{\gamma-1}{\gamma}}-1\right]+\left[\left(\frac{P_2}{P'}\right)^{\frac{\gamma}{\gamma-1}}-1\right]\right\}. \qquad [2\text{-}8]$$

em que:

P_1, P_2 e P' são, respectivamente, a pressão inicial, final e uma pressão intermediária;

T é a temperatura de sucção constante; e

R é a constante dos gases.

Quando o trabalho é consumido em n estágios, considera-se a expressão:

$$-W_n = \left(\frac{nRT_1\gamma}{\gamma-1}\right)\left[\left(\frac{P_2}{P_1}\right)^{\frac{\gamma-1}{n\gamma}}-1\right], \qquad [2\text{-}9]$$

sendo n o número de estágios.

Um outro caso seria o cálculo da potência (em hp) necessária para se comprimir um gás, num ciclo de refrigeração:

$$\text{hp} = \frac{144\gamma}{33.000(\gamma-1)} P_1 v_1 \left[\left(\frac{P_2}{P_1}\right)^{\frac{\gamma-1}{\gamma}}-1\right], \qquad [2\text{-}10]$$

em que:

P_1 e P_2 são as pressões de entrada e saída, respectivamente; e

v_1 o volume comprimido por minuto.

Uma outra aplicação está nos cálculos termodinâmicos, quando se procede ao enchimento ou esvaziamento de vasos de pressão.

Considerando-se o caso em que se esvazia um recipiente de pressão através de uma válvula de estrangulamento, no qual a temperatura original T_1, a pressão

P_1 do gás e o volume do recipiente são conhecidos, deixando-se o gás sair pela válvula de estrangulamento até que a pressão interna atinja o valor P_2, pretende-se conhecer o valor da temperatura e a quantidade de gás remanescente no vaso de pressão. Sabe-se que o gás é submetido a uma expansão isoentrópica.

Cálculo da temperatura:

$$T_2 = T_1 \left(\frac{P_2}{P_1} \right)^{\frac{\gamma-1}{\gamma}}.$$

Cálculo da quantidade de gás em número de mols (n):

$$n_2 = \frac{P_2 V}{Z_2 R T_2}.$$

Como o gás se afasta do comportamento ideal, aplica-se o fator de compressibilidade Z.

2.2 CALOR DE COMBUSTÃO DE SÓLIDOS E LÍQUIDOS

Nos cálculos termoquímicos das entalpias de formação, usam-se comumente, valores que se encontram em manuais.

As entalpias de formação podem ser calculadas para muitos compostos orgânicos, a partir do conhecimento do calor de combustão do composto e das entalpias de formação do dióxido de carbono e da água, cujos valores são tabelados.

Uma forma conveniente para determinação desse calor de combustão é através da bomba calorimétrica, onde a substância é queimada em atmosfera comprimida de oxigênio, num recipiente fechado. Assim, a reação acontece a volume constante e o calor envolvido é igual ao decréscimo do conteúdo de energia do sistema.

O calor de combustão, sob pressão constante, e a variação de entalpia da reação podem ser calculados pela relação:

$$\Delta H = \Delta U + \Delta n RT,$$

sendo Δn a variação no número de mols de gás durante a reação.

Aparelhagem e substâncias

Bomba calorimétrica, cronômetro, ácido benzóico, naftaleno e uma solução 0,1 M de hidróxido de sódio.

Procedimento

Existem vários tipos de bomba calorimétrica, uma para cada utilidade específica, e o método de operação varia em detalhes que dependem de como é construído o calorímetro, podendo ser do tipo adiabático, isotérmico ou isoperibólico.

Em todos os casos, o manual de instruções deve ser consultado para certeza quanto aos detalhes de operação do aparelho, porém dá-se aqui uma descrição geral para o caso do calorímetro isoperibólico (Fig. 2-2), objetivando ilustrar o princípio envolvido.

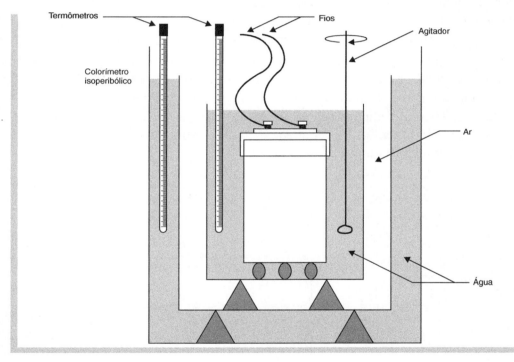

Figura 2-2

O primeiro objetivo é determinar o equivalente em água do calorímetro e acessórios. Este é obtido queimando-se uma substância cujo calor de combustão se conhece com precisão, como por exemplo o ácido benzóico.

Fazer uma pastilha comprimida com cerca de 1 g do material, a qual, depois de ser pesada precisamente, é colocada no cadinho da bomba calorimétrica e o fio-resistência (que pode ser de ferro ou platina) é ligado internamente nos eletrodos correspondentes, devendo ficar em contato com o comprimido de combustível.

Esse fio pode ser incorporado à pastilha, caso se queira. Deve-se introduzir 1 ou 2 mL de água no interior da bomba para, em seguida injetar oxigênio até uma pressão de 2,0 MPa. Coloca-se a bomba em posição dentro do recipiente calorimétrico e adiciona-se um volume de água suficiente para deixá-la submersa. Nos experimentos subseqüentes, a massa da água não deve variar mais que 1 g. A temperatura dessa água deve estar 2 °C abaixo da temperatura da água contida no envoltório externo do aparelho. Se a bomba não for perfeitamente estanque ao gás, os vazamentos poderão ser detectados pelo aparecimento de bolhas nas fendas.

O vaso calorimétrico é transferido para dentro do envoltório maior. Agitador, termômetros e coberturas são colocados em posição, e a bomba é conectada ao circuito elétrico de queima.

Liga-se o agitador e espera-se 5 min antes de qualquer leitura. Após esse tempo a temperatura da água no vaso calorimétrico é lida tão precisamente quanto possível, em intervalos de 1 min, até o final da experimento. Passados 15 min do início, isto é, 10 min após o início das leituras termométricas, fecha-se o circuito elétrico. A temperatura subirá rápido até um máximo, e cairá vagarosamente, como indica a Fig. 2-3. A queda de temperatura deve ser registrada regularmente durante 10 minutos.

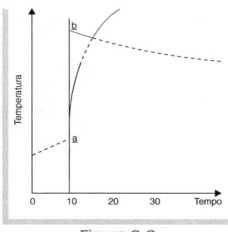

Figura 2-3

Ler, ocasionalmente, durante o experimento, a temperatura da água mais externa. A bomba deve ser, então, removida do vaso calorimétrico; reduzir com cuidado a pressão e desmontá-la.

Após observar que a combustão foi completa, lava-se a bomba com pequena quantidade de água destilada; essa água é recolhida e titulada com NaOH 0,1

M, para se determinar a quantidade de ácido nítrico formado a partir do nitrogênio originalmente no ar que estava dentro da bomba. Se o fio-resistência for de ferro, ele deverá ser pesado para se verificar o quanto foi oxidado.

A temperatura máxima é obtida por extrapolação da parte final do gráfico para o ponto b (Fig. 2-2); o salto de temperatura corresponde ao trecho ab.

Sabendo-se que os calores de combustão do ácido benzóico e do ferro são, respectivamente, 26,4 e 6,68 kJ·g^{-1}, e que o calor de formação do ácido nítrico diluído em água a partir de nitrogênio, oxigênio e água é 57,68 kJ·mol^{-1}, a água equivalente do calorímetro pode agora ser calculada assumindo-se como capacidade calorífica específica desse liquido 4,18 J·°C^{-1}·g^{-1}.

Se forem oxidadas x gramas de ácido benzóico, y gramas de ferro e produzidos z mols de ácido nítrico, teremos que:

$$26.400x + 6.680y + 57.680z = \Delta t(W_1 + W_2),$$

na qual:

W_1 é a massa de água no calorímetro;

W_2 o equivalente em água do aparelho; e

Δt a variação da temperatura durante o experimento.

O equivalente em água do aparelho é determinado usando-se ácido benzóico como referência. O experimento é repetido com naftaleno, cujo calor de combustão é calculado a partir dos resultados.

Considerando-se que o calor de combustão experimental é igual à entalpia de combustão tabelada, a entalpia de formação do naftaleno é calculada levando-se em conta os valores das entalpias de formação tabeladas.

Quando se trata de combustível líquido, prepara-se uma ampola contendo esse material, pela qual passa, internamente, o fio de alta resistência. O procedimento geral é idêntico ao aplicado no caso dos sólidos. A ampola deve ser de material combustível, a fim de facilitar a combustão do líquido. Nessas circunstâncias, primeiramente se procede à determinação de seu calor de combustão, à semelhança do que foi dito anteriormente. É comum a utilização de cápsulas como as usadas na ingestão de medicamentos.

2.3 CALOR DE COMBUSTÃO DE GASES

A determinação do calor de combustão (poder calorífico) dos gases combustíveis usuais é feita com calorímetro de Junkers, conforme normas padronizadas internacionalmente. Neste trabalho, embora a meta seja a mesma, dá-se ênfase aos aspectos físico-químicos devido à orientação geral imprimida aqui.

O princípio de funcionamento do aparelho baseia-se na transferência de energia calorifica dos gases, produzida na queima, para a água que circula pelo trocador de calor. Devido ao calor desenvolvido durante a combustão de V litros de gases, a quantidade de água G, expressa em quilogramas, é aquecida de t_1 a t_2 graus, permitindo determinar-se a quantidade de do calor teórico pela equação:

$$Q_u = \frac{G(t_2 - t_1)4{,}18 \times 10^3}{V} \ \text{kJ} \cdot \text{m}^{-3}. \quad [2\text{-}11]$$

Levando-se em consideração o calor de condensação emitido por g quilogramas de vapor condensado no interior do trocador de calor, calcula-se a energia calorífica de combustão pela Eq. [2-12]:

$$Q_u = \frac{G(t_2 - t_1)4{,}18 \times 10^3}{V} \ \text{kJ} \cdot \text{m}^{-3}. \quad [2\text{-}12]$$

Para efeitos práticos, pode-se aceitar como calor de condensação da água 2,5 x 10^3 J·g^{-1}, considerando-se o gás e o líquido a 1,01325 MPa e 20 °C. E convém notar que esse método se restringe aos gases combustíveis com calor de combustão entre 16.700 e 121.000 kJ·m^{-3}.

Normalmente se faz a medida da vazão de gás com o auxílio do rotâmetro, porém, no caso, essa variável será determinada por outro método, mesmo sabendo-se que se trata de um fluido compressível.

Considerando-se as origens da equação de Hagen-Poiseuille proposta adiante, torna-se impossível aplicá-la caso a massa específica não se mantenha constante, o capilar seja muito longo e, finalmente, o raio deste não seja constante. O fluido em estudo deve comportar-se como um meio contínuo, porém essa condição não é válida no caso de gases muito "diluídos" ou capilares muito finos, onde o caminho médio livre das partículas pode ser comparado com o diâmetro do tubo.

Embora se saiba que, no cálculo da ventilação, muitas vezes o ar é considerado incompressível, no caso, é necessário ter presente as considerações acima. Por outro lado, elegeram-se como objetivos principais deste trabalho a coordenação de movimentos da equipe e as transformações de unidades.

Procedimento

Considerando a Fig. 2-4, o gás é introduzido em (6), no estabilizador de pressão (A), que mantém constante a pressão de alimentação do queimador (9). Ao sair do estabilizador, o gás passa por um fluxímetro, entre (7) e (8), no qual, devido ao estreitamente do conduto, sofre uma variação de pressão, que é medida em

(B). Logo a seguir, o gás é queimado em (9); trata-se de um queimador com formato Teclu.

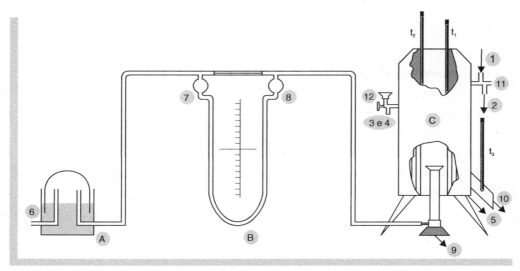

Figura 2-4

Em (C), tem-se um esquema resumido do trocador de calor, onde t_1 é o termômetro que acusa a temperatura de entrada da água, t_2 o da saída e t_3 a temperatura dos gases de combustão após ceder calor. Por (1) entra a água, que deve ter a vazão previamente controlada; uma parte é introduzida no aparelho e o restante é desviado, com o auxilio do dispositivo (11), para o esgoto (2). A parcela de água que entra no aparelho troca calor e é desprezada por (3), até que se tenha o seguinte:

diferença de temperatura entre t_1 e t_2 constante;
diferença de pressão em (B) constante;
chama azulada ou incolor, observada por um espelho colocado em posição conveniente.

Quando forem verificadas essas circunstâncias, deve-se, por meio do dispositivo (12), desviar a água para (4) e coletá-la num cilindro graduado de 1.000 mL.

Coletar 1.000 mL de água e, durante esse tempo, anotar o volume de água tomado em (5), produto da condensação dos vapores resultantes da queima. Por meio de t_3, pode-se conhecer a temperatura dos gases após a troca de calor.

O equipamento (C) tem internamente uma camisa de água e tubos pelos quais circulam os gases aquecidos. O volume de gás será calculado pela equação de Hagen-Poiseuílle:

$$V = \frac{\pi r^4 \cdot \Delta p \cdot \theta}{8\eta L},$$ [2-13]

sendo:

    V o volume;
    r o raio do capilar;
    Δp a diferença de pressão;
    θ o tempo;
    η a viscosidade do gás; e
    L o comprimento do capilar.

O raio do capilar pode ser obtido pela ascensão capilar de um líquido conhecido, sabendo-se que

$$\sigma = \frac{1}{2} h \rho r g,$$

sendo:

    σ a tensão superficial;
    h a ascensão capilar;
    ρ a massa específica do líquido;
    g a aceleração da gravidade;
    r o raio do capilar.

A viscosidade do gás pode ser obtida pelo método de Rankine, como já foi visto no experimento 1.1 Viscosidade de Gases. O líquido contido em (B) pode ser água, mas a leitura final deverá ser convertida em coluna de mercúrio.

O volume calculado pela Eq. [2-13] poderá ser baseado em coluna d'água, desde que expressa em pascal . O volume determinado deverá ser convertido às condições normais de pressão e temperatura, e substituído na Eq. [2-11], em metros cúbicos, para o cálculo de Q_u.

Verificar que o calor é expresso em kJ·m^{-3}, portanto a massa de água coletada deve ser dada em quilogramas. Lembrar que, nesse caso, 1 kg corresponde a 4,18 kJ, porque o experimento deve ser realizado por volta de 15 °C. Dada a ordem de precisão do equipamento usado, pode-se chegar aos 20 °C.

Observação

O raio do capilar também pode ser obtido da seguinte maneira: introduz-se certa quantidade de mercúrio no capilar, como mostrado na Fig. 2-5.

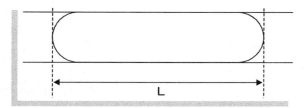

Figura 2-5

Após medir a distância L, pesa-se o mercúrio retirado do capilar, cuja massa será m. Sabe-se que:

$$m = V \cdot \rho_t = \pi r^2 L \rho_t, \qquad [2\text{-}14]$$

em que:

V é o volume ocupado pelo mercúrio, quando dentro do capilar;

r o raio do capilar; e

ρ_t a massa específica do mercúrio à temperatura t;

$$r = \sqrt{\frac{m}{\pi \cdot L \cdot \rho_t}}. \qquad [2\text{-}15]$$

A massa específica do mercúrio à temperatura t é obtida assim:

$$\rho_t = \frac{\rho_0}{1+K}, \qquad [2\text{-}16]$$

sendo:

ρ_0 a massa específica do mercúrio a 0 °C; e

K o coeficiente de dilatação desse metal.

Logo:

$$\rho_t = \frac{13{,}60}{1+0{,}00011182\,t}$$

e:

$$r = \sqrt{\frac{m(1+0{,}000182\,t)}{\pi \cdot L \cdot 13{,}60}}.$$

Aplicação prática

Trabalho realizado com o gás fornecido pela Comgás (São Paulo, 14/09/71):

Leituras realizadas no laboratório	
Temperatura de entrada da água	18,4 °C
Temperatura de saída da água	26,9 °C
Tempo de coleta de água (1.000 g)	60 s
Raio do capilar	0,6 mm
Viscosidade do gás (método Rankine)	2,18 x 10⁻⁶ poise
Comprimento do capilar	8 cm
Diferença de pressão no manômetro	11,6 cm col H$_2$O

Sabe-se que:
1 polegada de água corresponde a 2,540 cm; e
1 polegada de água corresponde a 0,0249 N/cm^2.

Logo:

$$V = \frac{3,1416 \times 12,9 \times 10^{-6} \times 113,7 \times 60}{8 \times 2,18 \times 10^{-6} \times 8} = 1.981,87 \text{ cm}^3 \cong 1,98 \text{ L}$$

e

$$Q_u = \frac{35,5}{1,98 \times 10^{-3}} = 17.940 \text{ kJ/m}^3.$$

Como Q$_g$ é o calor devido à condensação da água produzia na combustão:

$$Q_g = \frac{2 \times 10^{-3} \times 2,5 \times 10^3}{1,98 \times 10^{-3}} \times 10^{-3} = 2,53 \text{ kJ/m}^3,$$

Logo o calor total será:

$$Q_t = Q_u + Q_g = 17.940 + 2,53 \cong 17.942 \text{ kJ/m}^3.$$

Alguns valores interessantes que permitem o cálculo anterior e comparações com intervalos de poder calorífico conhecido.

	Viscosidade (centipoise)	Poder calorífico inferior (kJ/m³)
Gás natural (GNP)	0,011	33.400 a 41.800
Gás liquefeito de petróleo (GLP)	0,009	48.000 a 50.100
Gás de coqueria	0,010	16.700 a 18.800
Gás de cidade	0,015 (aprox.)	11.200 a 13.000

Tabela 2-1

2.4 ENTALPIA DE NEUTRALIZAÇÃO

As soluções diluídas de ácidos e bases fortes podem ser consideradas como tendo seus solutos completamente dissociados em seus íons, ocorrendo o mesmo para os sais de ácidos fortes com bases fortes.

A neutralização envolvendo dois reagentes como os acima citados, pode ser escrita de forma simplificada assim:

$$H_3O^+_{(aq.)} + OH^-_{(aq.)} \rightarrow 2H_2O_{(líq.)},$$

ficando claro que o efeito térmico não depende do cátion da base e do ânion do ácido.

Quando o ácido ou a base não estão completamente dissociados ou ionizados, conforme o caso, a afirmação anterior não é verdadeira. Veja-se o caso do ácido acético parcialmente ionizado em solução; sua neutralização pode ser equacionada como segue:

$$CH_3COOH_{(aq.)} + OH^-_{(aq.)} \rightleftarrows CH_3COO^-_{(aq.)} + H_2O,$$

a qual, considerada em dois estágios, permite a notação:

$$CH_3COOH_{(aq.)} \rightleftarrows CH_3COO^-_{(aq.)} + H_3O^+_{(aq.)},$$

$$H_3O^+_{(aq.)} + OH^-_{(aq.)} \rightleftarrows 2H_2O_{(líq.)}.$$

O calor desenvolvido nesse caso de neutralização se deve à combinação dos íons hidrônio e hidróxido, mais aquele envolvido na ionização das moléculas do ácido.

Como se vê, as entalpias desenvolvidas durante a neutralização podem ser determinadas por simples calorimetria, em primeira aproximação. Caso as soluções tenham mais de 1 mol/L, deve-se considerar o calor de diluição.

Aparelhagem e substâncias

Vaso de Dewar, tubo de ensaio com paredes finas, haste de vidro, agitador de vidro, pipeta volumétrica de 50 mL e béquer de 100 mL, termômetros de 0 a 50 °C, graduados em 0,1 °C, banho termorregulador, ácido clorídrico 1 M, ácido acético 1 M, ácido nítrico 1 M e hidróxido de sódio 1 M.

Procedimento

Em primeiro lugar, deve-se determinar o equivalente em água do aparelho, isto é, o vaso de Dewar, agitador, tubo de ensaio, haste de vidro para furar o tubo de ensaio e termômetro. Para tanto, colocar 50 mL de água destilada no vaso de Dewar com uma pipeta, depositar mais 50 mL de água destilada em um béquer de 100 mL e levar ao banho termorregulador, previamente ajustado para 40 °C. Quando o equilíbrio térmico for atingido, fazer a leitura da temperatura da água contida no vaso (montado segundo a Fig. 2-6) e juntar, rapidamente, a água aquecida, levantando um pouco a tampa isolante. Logo em seguida, agitar bem e anotar a temperatura de equilíbrio, para os cálculos posteriores.

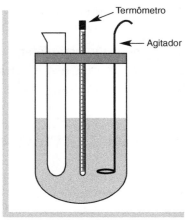

Figura 2-6

Fazer um balanço térmico do sistema, aplicando a conhecida expressão

$$Q = mC_p \Delta t, \qquad [2\text{-}17]$$

na qual

Q é o calor envolvido na transformação;

m a massa considerada;

Δt a variação de temperatura; e

C_p o calor específico, sob pressão constante.

Chamando de

t_1 a temperatura inicial da água no vaso;

t_2 a temperatura da água aquecida;

t_3 a temperatura de equilíbrio no vaso; e de

m_1 e m_2 as massas de água consideradas (isso porque poderá ser admitida massa específica 1 g·cm^{-3}),

pode-se estabelecer uma equação que permita determinar o equivalente em água.

No caso, o calor específico da água será considerado igual à unidade, bem como o do aparelho, já que se trata do "equivalente" em água. Portanto:

$$50(t_2 - t_3) = E(t_3 - t_1) + 50(t_3 - t_1), \qquad [2\text{-}18]$$

sendo E o equivalente procurado.

Em seguida, desmonta-se o aparelho (despreza-se a água), fazendo com que volte à temperatura t_1. Agora o equipamento é novamente montado, colocando-se 50 mL de hidróxido de sódio 1 M, livre de carbonato, no vaso de Dewar, e 50 mL de ácido clorídrico no tubo de ensaio preso à tampa. As duas soluções serão agitadas até que tenham a mesma temperatura, denominada aqui de t_4. Quando isso acontecer, o fundo do tubo de ensaio será rompido, com o auxílio da haste de vidro. Agitar bem e anotar a nova temperatura de equilíbrio (t_5). Considerando a massa total da solução como 100 g e o calor específico unitário – o que dentro de nossa aproximação é válido –, então o calor desenvolvido no caso será igual a:

$$100(t_5 - t_4) + E(t_5 - t_4) = Q. \qquad [2\text{-}19]$$

Calcule o calor envolvido na neutralização de 1 L de base 1 M, em J/mol. Repita o procedimento com outros ácidos e compare os resultados.

Deve-se destacar que, no presente estudo, os calores desenvolvidos são praticamente iguais às respectivas entalpias, porque as parcelas relativas aos trabalhos são desprezíveis.

Observação

Nos casos comuns, pode-se usar com boa aproximação um tubo com a parte inferior aberta, onde se coloca um pedaço de papel (de caderno, mesmo), parafinado de ambos os lados ou, ainda, uma rolha de borracha.

Para ácidos e bases completamente dissociados, isto é, em soluções aquosas diluídas, a entalpia de neutralização pode ser expressa pela equação empírica:

$$\Delta H = -61{,}44 + 0{,}209 t \text{ kJ·mol}^{-1}, \qquad [2\text{-}20]$$

sendo t é a temperatura, em graus Celsius.

2.5 ENTALPIA DE TRANSIÇÃO

O estudo das propriedades de um sólido cristalino tem mostrado que muitas substâncias apresentam na forma estável, uma ou mais estruturas cristalinas. Sempre há uma diferença de estabilidade entre as várias estruturas e uma tendência para que a forma menos estável transforme-se na mais estável. Durante a transformação a temperatura permanece constante até que o fenômeno se complete. Estas transformações envolvem um reordenamento interno e estão associadas à variação de energia da substância que está sendo transformada. A temperatura característica neste caso chama-se *temperatura de transição*.

Segundo Paul Ehrenfest, essas transições admitem duas classes: de primeira e de segunda ordem. Na de primeira ordem, a derivada primeira do potencial químico em relação à temperatura é descontínua; na de segunda ordem, a derivada primeira do potencial químico em função da temperatura é contínua. A transição lâmbda (λ) é aquela na qual a mudança de fase não é de primeira ordem, porém a capacidade calorífica tende ao infinito na temperatura de transição. A forma da curva capacidade calorífica versus temperatura assemelha-se à da letra grega lâmbda, daí a denominação. Esse tipo de transição é comum nas ligas metálicas, como, por exemplo, no surgimento do ferromagnetismo.

A entalpia de transição ΔH_t corresponde à transformação:

$$Na_2SO_4 \cdot 10H_2O \rightarrow Na_2SO_4 + 10H_2O$$

e poderá ser calculada se as entalpias de dissolução das duas formas do sulfato de sódio forem conhecidas.

Se ΔH_a é a variação de entalpia na dissolução do sulfato anidro e ΔH_h, a variação de entalpia na dissolução do sal deca-hidrato, então:

$$\Delta H_t = \Delta H_a - \Delta H_h. \qquad [2\text{-}21]$$

Essas entalpias podem ser determinadas por simples calorimetria.

A rigor, o cálculo da entalpia de dissolução é feito nos dois casos por meio de um balanço térmico, tendo presentes as seguintes considerações:

$$\Delta H = \Delta U + \Delta(PV).$$ [2-22]

Como a variação de volume, sob pressão constante, devido ao acréscimo do sal é praticamente desprezível, $\Delta H = \Delta U$ e, como $\Delta U = \Delta Q = mc_p \Delta t$ (sendo U a energia contida no sistema, Q o calor trocado, c_p o calor específico sob pressão constante, e t a temperatura em °C):

$$\Delta H_a = (m_{\text{sal a}} \times c_{p\text{ sal a}} + \text{equiv. em água} \times c_{p\text{ água}} + m_{\text{água}} \times c_{p\text{ água}})\Delta t.$$ [2-23]

Procede-se de maneira semelhante para o sal hidratado.

Na aplicação corrente surge um problema, isto é, a obtenção do calor específico do sal, o qual deverá ser contornado aplicando-se a regra de Kopp, válida para materiais sólidos. Por essa regra, sabe-se que o calor específico aproximado de substâncias sólidas pode ser obtido a partir da soma dos calores específicos dos elementos que constituem o sólido, nas devidas proporções. Em geral, considera-se, a 20 °C:

C = 7,5; H = 9,6; B = 11,3; Si = 15,9; O = 16,7; F = 20,9; P = 22,6.

Para os elementos não-apontados acima, o valor é 25,9 J/grama-mol·°C.

Convém aproveitar a oportunidade para destacar que as transformações cristalinas são acompanhadas por absorção ou liberação de calor, e que a transformação de uma fase estável a baixas temperaturas em uma fase estável a altas temperaturas consome calor. Por exemplo, o enxofre rômbico transforma-se em monoclínico entre 114 e 151 °C, envolvendo 29,3 J/g nessa transição.

A Tab. 2-2 fornece as entalpias de transição do ferro puro em três temperaturas.

Ferro eletrolítico	H_t (J/g)	t (°C)
a	1.517	770
b	1.308	910
g	443	1.400

Tabela 2-2

Aparelhagem e substâncias

Vaso de Dewar, haste de vidro, tubo receptor da substância em questão, termômetro graduado de 0 a 50 °C, com intervalos de 0,1 °C, sulfato de sódio anidro e sulfato de sódio deca-hidratado.

Procedimento

1. Determinar o equivalente em água do aparelho (ver 2.4 Entalpia de Neutralização).
2. Colocam-se 100 mL de água no vaso de Dewar e espera-se até que a temperatura se estabilize. Anota-se essa temperatura e coloca-se no tubo de ensaio 0,01 mol de sal deca-hidratado, que foi reduzido a pó muito fino. Quebra-se o tubo dentro da água, agita-se vigorosamente o sistema e anota-se a máxima variação de temperatura obtida.

Com os valores obtidos, calcula-se ΔH_h.

Seca-se um pouco de sulfato anidro em estufa e leva-se à temperatura ambiente num dessecador. O valor ΔH_a é determinado de forma análoga à anterior. Assim, calcula-se ΔH_t pela Eq. [2-21].

Aplicações

De uma maneira geral, esse método poderia ser aplicado em situações nas quais a necessidade de dissolver um sal com diferentes graus de hidratação possa afetar o balanço energético do processo. Por exemplo, um sal que vai ser dissolvido antes de entrar no processo, caso haja consumo ou desprendimento de energia, torna-se importante quantificar esse fenômeno para que sejam tomadas as providências cabíveis, resguardando-se do processo.

No caso particular do sal apontado no início, sabe-se que, na dissolução de 1 mol de N_2SO_4 em 400 mols de água, a 20 °C, são consumidos 23 kJ e, caso se trate do $N_2SO_4 \cdot 10H_2O$, serão liberados 83 kJ, nas mesmas condições.

Por outro lado, tem-se conhecimento de que o sistema considerado, onde o sulfato de sódio desidrata-se, foi usado em algumas "casas solares" para aquecimento noturno, pelo aproveitamento da energia solar absorvida durante o dia.

Esse sal tem sua transformação reversível, envolvendo uma quantidade de calor igual a 75,6 kJ·mol^{-1} e se torna anidro a temperaturas superiores a 32,4 °C. Logo, à medida que a temperatura baixa, a transformação regride, liberando calor para o meio ambiente.

2.6 ENTALPIA DE SOLUÇÃO SÓLIDA

Para se obter uma solução sólida com dois sais, é necessário que seus cristais sejam convenientemente estruturados, além do que os raios dos cátions e ânions devem ter tamanhos próximos. O sistema AgCl-NaCl é um bom exemplo, pois seus cristais são cúbicos, de faces centradas, com dimensões respectivas de 5,560 Å e 5,268 Å de aresta. Os raios dos cátions são, no caso do Ag⁺, 1,13 Å; e, para o Na⁺, 0,98 Å.

Com respeito aos metais, citamos como exemplo a solução Ni-Cu, que pode ser preparada em quaisquer proporções, sabendo-se que se cristaliza na forma de cubos de faces centradas. O raio iônico do níquel é 1,21 Å e o do cobre é 1,35 Å.

Um aspecto interessante é que as soluções sólidas salinas podem atuar como fundente de certos metais. O fundente é um composto que baixa a temperatura de fusão de um metal.

Neste trabalho, pretende-se determinar a entalpia envolvida na preparação de uma solução sólida de KCl e KBr, a partir dos respectivos sais puros. Sabe-se que esses dois sais dissolvem-se entre si em qualquer proporção, tanto no estado sólido como no líquido. Por outro lado, deve-se considerar que tanto a amplitude da variação de entalpia envolvida no fenômeno como o seu sinal permitem caracterizar o tipo de interação que ocorre na preparação da solução. Caso haja liberação de calor ou absorção, tem-se, respectivamente, desvio negativo ou desvio positivo, em relação ao comportamento ideal.

Como a dissolução de dois corpos sólidos é muito lenta, com variações termométricas infinitésimas, torna-se necessário proceder a essa determinação por via indireta, razão pela qual se prepara primeiramente a solução sólida por meio de altas temperaturas e agitação mecânica. Aplica-se a seguinte equação:

$$\Delta H_{sol.\,sólida} = \Delta H_{A+B} - \Delta H_{AB}, \qquad [2\text{-}24]$$

sendo:

$\Delta H_{sol.\,sólida}$ é a entalpia de formação da solução sólida; e

ΔH_{A+B} a entalpia de dissolução de uma mistura mecânica nas mesmas proporções.

Δ_{AB} a entalpia de dissolução dos sólidos, entre si.

É conveniente usar a expressão:

$$\Delta H_{A+B} = x_A H_A + x_B H_B, \qquad [2\text{-}25]$$

em que:

H_A é a entalpia de dissolução molar de A;

H_B é a entalpia de dissolução molar de B; e

x_A a fração molar de A e x_B a fração molar de B.

Aparelhagem e substâncias

Almofariz, cadinho de porcelana em que caibam mais de 10 g dos sais indicados abaixo, forno-mufla para mais de 750 °C, balança de precisão, calorímetro semelhante ao usado no Experimento 2.4 ("Entalpia de neutralização"), cloreto de potássio e brometo de potássio, puros.

Procedimento

Pesar 5 g de KCl e 5 g de KBr, moer convenientemente em almofariz, passar esse pó branco para um cadinho de porcelana e deixar numa estufa a cerca de 130 °C por 15 minutos. Passar em seguida o cadinho com a mistura para um forno-mufla que esteja a 600 °C, elevá-lo para para 750 °C e manter a essa temperatura por 15 minutos. Desligar o forno e tirar o cadinho após 10 minutos, para esfriar no meio ambiente até a temperatura correspondente. Quebrar o cadinho, escolher os melhores pedaços de solução e moer no almofariz, para em seguida depositar esse material num pesa-filtro. Após meia-hora, executar a segunda parte, isto é, determinar o calor de dissolução. Observar que, do ponto de vista da praticidade, prefere-se determinar os calores e não as entalpias, por motivos de facilidade e de proximidade entre esses valores.

Determinar o equivalente em água do calorímetro e, logo depois, o calor de dissolução de 2 g da solução sólida, como se procedeu no experimento 2.5 Entalpia de Transição. Assim, pode-se calcular o valor ΔH_{AB}.

Como os dois sais continuam com as mesmas propriedades químicas e no estado sólido, determinar aproximadamente o calor específico, pela regra de Kopp, ou, ainda, como os calores específicos são quase iguais, adotar a média aritmética dos dois.

Determinar pelo mesmo procedimento os calores de dissolução de 1 g de cada um dos sais considerados. Após os cálculos das frações molares, efetuar as operações necessárias, com as Eqs. [2-24] e [2-25], anteriormente propostas.

BIBLIOGRAFIA

Atkins, P., de Paula, J. S., Físico-Química, Vol. I, Livros Técnicos e Científicos Editora S.A., (2003).

Barés, Cerny, Fried e Pick, Collection of Problems in Physical Chemistry, Pergamon Press (1962).

Chagas, A. P., Termodinâmica Química, Editora da Unicamp (1999).

Coull e Stuart, Equilibrium Thermodynamics, Wiley International Edition (1964).

Fisbane, Gasiorowics e Thornton, Physics for Scientists and Engineers, Versão Ampliada, Prentice hall (1993).

Fromherz, H., Physico-Chemical Calculations in Science and Industry, Butterworths, Londres (1964).

Garland, Nibler e Shoemaker, Experiments in Physical Chemistry, 7ª ed., McGraw-Hill (2003).

Gerasimov, Ya., Physical Chemistry, Vol. I, MIR Publishers, (1974).

Gold, P. I., Ogle, G. J., Estimating Thermophysical Properties of Liquids, Partes 6 e 7, Chemical Engineering, 10 de março e 7 de abril (1969).

Guggenheim, E. A., Physicocheminal Calculations, North Holland Publishing Co., Amsterdam (1955).

Halpern, A. M., Experimental Physical Chemistry, 2ª ed., Prentice Hall, Upper Saddle River, NJ (1997).

Himmelblau, Engenharia Química: Princípios e Cálculos, 6ª. ed., Prentice Hall do Brasil (1998).

Hougen, Watson e Ragatz, Principios de los Processos Químicos, vol. 2, Editorial Reverté S. A. (1964).

Hyde, Jones, Gas Calorimetry, Ernest Benn Limited, Londres (1960).

Kleppa, O. J., e Meschel, S. V., Heat of Formation of Solid Solutions, J. Phys. Chem., 69, 1965, pp. 3531-3534.

Kopperl, S., e Parascandola, J., The Development of the Adiabatic Calorimeter, J. of Chem., ed. 48, 4 de abril (1971).

Macedo, H., Físico-Química I, Ed. Guanabara Dois (1981).

Marsh e O'Hare (eds.), Solution Calorimetry, Vol. IV, Iupac Comission on Thermodinamics, Series n. 39, Cambridge University Press (1994).

Moore, W. J., Físico Química, 4ª reimpressão, Editora Edgard Blücher Ltda. (1999).

Mortmer, R. G., Physical Chemistry, The Benjamin Cummins Publishing Company, Inc. (1993).

Van Wylen e Sontag, Fundamentos de Termodinâmica Clássica, 6ª. ed., Editora Edgard Blücher (2003).

EQUILÍBRIO FÍSICO 3

Basta consultar um dicionário para se constatar que qualquer palavra tem diversos significados, os quais dependem das circunstâncias em que é empregada. O mesmo ocorre, portanto, com a palavra *equilíbrio*.

No caso físico-químico, normalmente o termo equilíbrio corresponde à condição em que ocorrem transformações físicas ou químicas em dois sentidos opostos, de maneira que não se alterem as quantidades de massa, dos estados físicos ou componentes químicos presentes no sistema em estudo. Neste capítulo, o equilíbrio corresponde a condições tais em que não se têm transformações químicas. Quanto às transformações físicas, ocorrem de tal maneira que não se alterem as quantidades de massa dos estados físicos envolvidos.

Sabe-se que, nessas condições, as propriedades termodinâmicas do sistema se mantêm constantes, especialmente a energia livre e, em conseqüência, o potencial químico.

Nos estudos físico-químicos, notou-se desde o princípio a conveniência do uso de estados de equilíbrio, para estruturar os modelos teóricos que visam interpretar as realidades físicas, em especial porque o equacionamento se torna mais simples.

A construção de curvas de equilíbrio, como a sólido-líquido com dois componentes, é um caso típico no qual a partir de valores empíricos podem-se obter relações numéricas – como através da regra da alavanca – aplicáveis aos cálculos tecnológicos e científicos.

O coeficiente de distribuição de um soluto entre dois solventes, outro índice numérico e empírico obtido na condição de equilíbrio, é fundamental para a compreensão dos processos responsáveis pela distribuição de poluentes em sistemas aquáticos como, águas subterrâneas, lagos, rios e estuários. Nesses casos, é importante o conhecimento da relação entre as concentrações de poluentes dissolvidos na fase aquosa e na fase sólida, ou seja, sedimentos e solo.

A determinação do coeficiente de distribuição nesse caso tem por objetivo quantificar a massa de poluente em cada fase, particularmente porque a forma mais tóxica do poluente, em geral, passa para a fase aquosa. O coeficiente de distribuição é obtido com relativa facilidade, quando se considera um sistema poluente solo-água tal que a composição não varie muito. Quanto à determinação desse coeficiente, o maior problema está na variedade de solos e na natureza dos poluentes presentes, como íons metálicos e compostos orgânicos hidrofóbicos.

Um caso típico quanto à obtenção das propriedades termodinâmicas – e importante em processos químicos e operações unitárias – é a entalpia de dissolução a partir da solubilidade, em cuja determinação experimental está implícita a condição de equilíbrio. Para tanto, note-se que, no experimento 3.1, o equacionamento só se mostra válido quando a solução é supersaturada e com a velocidade de dissolução igual à de recristalização.

Ao se estudar um sistema composto por dois sólidos e um líquido, tem-se novamente abertura para a aplicação desses conhecimentos em procedimentos que objetivam atuar sobre a contaminação do meio ambiente, nos processos de despoluição. O uso de uma argila ou de carvão ativo poderia evitar a contaminação de um solo, por um agente inconveniente transportado pela água, quando em solução.

No modelo atual de indústria química, percebe-se a presença de diferentes fluidos, em processamento ou separação, motivo pelo qual os fenômenos envolvidos em uma destilação – principalmente aqueles ligados ao equilíbrio líquido-vapor – tornam-se efetivamente marcantes. Por exemplo, a relação entre pressão, temperatura e entalpia de vaporização adquire destaque inconteste, inclusive porque os procedimentos propostos nos experimentos a seguir, vão depender de vários estágios intermediários nos quais o equilíbrio é condição essencial.

Como será estudada adiante, a construção experimental de uma curva de equilíbrio com três componentes constitui elemento fundamental para o cálculo do número de vezes que se deve executar certo procedimento, até se atingir, por lavagens sucessivas, determinado grau de pureza estabelecido para um certo produto, que se encontrava impuro.

3.1 SISTEMA BINÁRIO

Embora os sistemas binários sólido-líquido constituídos por sal e água sejam muito importantes, vamos considerar aqui unicamente o caso de ligas metálicas.

As propriedades das ligas metálicas dependem basicamente da composição química e da estrutura física, sendo obtidas pela difusão no estado líquido, e seus constituintes são denominados *componentes*. Sabe-se que a maioria dos metais tem solubilidade ilimitada, porém alguns, como cobre e chumbo, ferro e chumbo, praticamente não se difundem no estado líquido, devido às grandes diferenças de volume atômico e discrepâncias de temperaturas de fusão.

As ligas, quando sólidas, podem formar misturas mecânicas, soluções sólidas ou compostos químicos. No primeiro caso, trata-se de uma mistura de cristais, cada um com suas características particulares; é o caso do chumbo com o estanho. A solução sólida é monofásica, possuindo uma rede cristalina que acomoda os átomos de todos os elementos presentes, por substituição ou intercalação. A substituição ocorre no caso da solução cobre-níquel e a intercalação no caso da solução carbono-ferro. Finalmente, observam-se também os compostos químicos, produtos da reunião de elementos suficientemente distanciados na tabela periódica. Podem apresentar valência normal ou não, considerando-se como exemplos, respectivamente, Mg_2Sn e $CuZn$ na relação de 7 para 4.

Em um sistema constituído por um único componente e resfriado a partir do estado líquido, durante a transformação de fase, ocorrerá a cristalização a temperatura constante. Caso se trate de uma solução binária, durante a transformação de fase poderá acontecer simultaneamente variação de temperatura.

Quando ocorre o fenômeno da sobrefusão, caso seja acentuado, dá-se preferência ao uso de curvas de aquecimento.

Normalmente são traçadas curvas de resfriamento, a partir das quais se constroem diagramas de equilíbrio, que destacam as curvas *solidus* e *liquidus*. Para um sistema *A-B*, podem ser obtidas curvas de resfriamento como as da Fig. 3-1.

A partir das curvas de resfriamento obtêm-se patamares e inflexões que permitem traçar o diagrama de equilíbrio (Fig. 3-2). Se porventura esses detalhes gráficos não forem nítidos, sugere-se traçar curvas com os inversos das temperaturas obtidas experimentalmente.

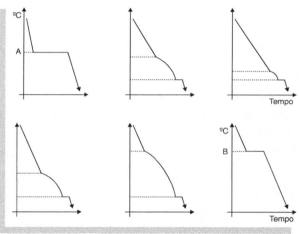

Figura 3-1

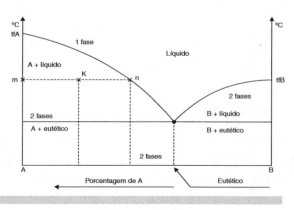

Figura 3-2

As medidas de temperatura são efetuadas geralmente com um termopar tipo Chromel-Alumel ou como no presente experimento, com um termômetro de mercúrio.

Aparelhagem e substâncias

Cronômetro, termômetro de mercúrio de até 450°C, queimador de gás tipo Mecker, tripé de ferro, tela com amianto, cadinhos de ferro, estanho e chumbo puros, lã de vidro ou amianto ou lã de rocha, placa de carvão ou amianto com furo central e carvão vegetal moído,

Procedimento

Preparar misturas de chumbo e estanho com várias proporções em massa como, por exemplo, as indicadas na Tab. 3-1.

Pb (%)	100	90	65	37	15	0
Sn (%)	0	10	35	63	85	100

Tabela 3-1

Passar aproximadamente 20 g de mistura para um cadinho com volume ao redor de 30 cm^3, que por sua vez será colocado dentro de outro cadinho, de tal maneira, que caiba certa quantidade de um dos isolantes apontados. Esse isolante tem como finalidade evitar variações bruscas de temperatura.

Cobrir a mistura metálica com uma camada fina de carvão vegetal moído, para minimizar a oxidação dos metais durante o aquecimento. Tapar com a placa de carvão ou amianto, provida de um furo central e iniciar aquecimento lento, até fundir todo o material. Retirar o aquecimento e introduzir o termômetro, quando a temperatura permitir, a fim de não se inutilizá-lo. Efetuar as medidas de temperaturas de 30 em 30 segundos e anotá-las em uma tabela.

Repetir o procedimento para outras misturas e construir as curvas de resfriamento, para então, finalmente, levantar o diagrama de equilíbrio sólido-líquido e determinar o *eutético*.

Aplicações

A rigor, com o procedimento experimental que precede, pode-se constatar mais uma aplicação da regra das fases, destacando-se particularmente um sistema sólido-líquido, que envolve unicamente metais. A construção desses diagramas de equilíbrio a partir de metais é especialmente importante na Metalurgia, embora esteja incluída na Físico-Química.

Preferiu-se dar ênfase a um sistema binário metal-metal, ao invés de um sistema do tipo $SO_4(NH_4)_2$-H_2O (sulfato de amônio-água), dada a importância marcante das chamadas *ligas metálicas*.

Pode-se dizer que, no caso da liga considerada (Pb-Sn), a determinação de uma composição de eutético foi de suma importância, devido, por exemplo, à sua aplicação em soldas.

Um outro fato importante, de ordem aplicativa, a considerar é a determinação gráfica das porcentagens de sólido e líquido durante a transformação, por meio do diagrama de fases e da regra da alavanca. Considerando a Fig. 3-2, caso haja a necessidade de se conhecer a composição relativa de sólido e líquido em K, aplica-se a regra da alavanca, ou seja:

$$\frac{Q_s}{Q_l} = \frac{\overline{Kn}}{\overline{Km}}, \qquad [3\text{-}1]$$

sendo Q_s e Q_l as respectivas quantidades de sólido e de líquido, tal que a relação entre essas massas é dada pelo quociente dos segmentos de reta considerados, ou seja, $\overline{Kn}$ e $\overline{Km}$.

3.2 DISTRIBUIÇÃO DE UM SOLUTO ENTRE DOIS SOLVENTES NÃO-MISCÍVEIS

O objetivo deste experimento é estudar o comportamento de um soluto em presença de dois solventes não-miscíveis entre si, visando observar se há associação ou dissociação de um composto molecular em cada um dos solventes.

Considerando dois solventes em contato e adicionando certa massa de soluto, a dissolução deste em cada um dos solventes deverá se dar até que se estabeleça equilíbrio entre as fases líquidas. Denominando as fases de $C_{(a)}$ e $C_{(b)}$, estando o soluto associado na (a) e dissociado na (b), pode-se indicar assim:

$$An \underset{(a)}{\overset{\rightarrow}{\leftarrow}} nA,$$
$$\ \ (a)\ \ \ \ (b)$$

sendo n o número de moléculas do soluto A consideradas. A uma temperatura constante, pode-se definir o coeficiente K:

$$\frac{C_{(b)}}{C_{(a)}} = K. \qquad [3\text{-}2]$$

Essa equação é conhecida como *lei da distribuição de Nernst* (1891), sendo $C_{(a)}$ e $C_{(b)}$ as concentrações do soluto nos dois solventes. A constante K chama-se *coeficiente de distribuição* ou de *partição* e dá a relação entre as solubilidades da substância nos dois solventes, caso as duas soluções obedeçam ao modelo ideal.

Caso o soluto apresente associação ou dissociação em apenas um dos solventes, a relação [3-2] será modificada. Se, por exemplo, o soluto se associar formando dímeros no solvente (a), mas se apresentar como monômero na fase (b), teremos a expressão:

$$\frac{C_{(b)}^2}{C_{(a)}} = K. \qquad [3\text{-}3]$$

Para associação de n moléculas, teremos a Eq. [3-4]:

$$\frac{C_{(b)}^n}{C_{(a)}} = K. \qquad [3\text{-}4]$$

Aparelhagem e substâncias

Três funis de decantação de 250 mL, com os respectivos anéis e suportes, uma pipeta de 25 mL, uma de 5 mL e uma de 2 mL, uma bureta de 25 mL, três pesa-filtros de 25 mL, três béqueres de 100 mL e quatro erlenmeyers de 125 mL; água destilada isenta de CO_2, ácido benzóico P.A., benzeno P.A., solução de barita 0,025 M e fenolftaleína.

Procedimento

Em cada um dos três funis de separação, colocar 25 mL de água destilada isenta de CO_2 e 25 mL de benzeno. Adicionar ácido benzóico (1,1 g; 1,5 g e 1,9 g, respectivamente), em cada um dos funis, previamente numerados.

Os funis devem ser agitados durante 15 min, mas seguros de tal forma que não recebam das mãos a menor quantidade de calor possível. Deixá-los em repouso até que se separem duas camadas perfeitamente límpidas.

O tratamento da fase orgânica é feito em duplicata, colocando-se 25 mL de água isenta de CO_2 em dois erlenmeyers de 125 mL. Com uma pipeta de 2 mL, limpa e seca, retirar alíquotas da camada superior do primeiro funil e adicionar aos dois erlenmeyers. Aquecer a solução até aproximadamente 70 °C (cuidado com a inflamabilidade do benzeno); juntar uma gota de fenolftaleína e titular com barita 0,025 M, observando a precisão do ponto de viragem.

Repetir a operação para os outros dois funis. As titulações não podem apresentar diferença igual ou superior a 0,5 mL. Caso isso aconteça, repetir essa parte.

Para o estudo da fase aquosa, separar de cada funil a maior quantidade possível da parte aquosa para um béquer limpo e seco. Essa parte também será feita em duplicata, colocando-se 5 mL em dois erlenmeyers, que deverão receber cada um 20 mL de água destilada isenta de CO_2. Aquecer até ±70 °C; juntar uma gota de fenolftaleína e titular com solução barita. Repetir esse procedimento com os outros dois funis de separação. Calcular as relações $C_{(aqu.)}/C_{(org.)}$ nos equilíbrios dos três funis.

Se os três valores forem praticamente iguais, pode-se concluir que não há associação ou dissociação. Quando isso não for observado, construir um gráfico tendo por coordenadas $\log C_{(aqu.)}$ e $\log C_{(org.)}$.

O coeficiente angular da reta será igual ao n da equação:

$$K = \frac{C_{(aqu.)}^n}{C_{(org.)}}.$$

[3-5]

Discutir o valor obtido, propondo conclusões a que se possa chegar quanto ao estado molecular do ácido benzóico, nas duas fases.

Aplicações

A distribuição de um soluto entre dois solventes não-miscíveis é de grande importância tecnológica na separação e purificação, principalmente de compostos orgânicos. Freqüentemente tem-se uma solução aquosa que é tratada com solvente orgânico não-miscível. Segundo Nernst, quando temos vários solutos em duas fases, o coeficiente de distribuição de cada soluto não depende dos outros presentes.

Pode-se determinar a atividade de um soluto obtendo-se o coeficiente de distribuição. Preparam-se várias soluções de concentrações diversas, estando presentes os dois solventes não-miscíveis. A atividade do soluto em um dos solventes deve ser conhecida, enquanto que no outro não. Uma vez obtido o equilíbrio, determina-se a concentração em cada solvente, para os cálculos posteriores.

Quanto ao emprego da atividade (a), considerar o seguinte: quando duas fases líquidas estão em equilíbrio, a fugacidade (f) do soluto em cada uma das fases precisa ser igual, ou seja:

$$f_1 = f_1'$$

(o apóstrofo indica a segunda fase).

Se o "estado padrão" para ambas as fases foi escolhido como sendo o soluto puro, então:

$$a_1 = a_1'.$$

Como $a = \gamma_1 x_1$, sendo γ_1 o coeficiente de atividade e x_1 a fração molar na primeira fase, pode-se escrever que:

$$\gamma_1 x_1 = \gamma_1' x_1'$$

ou:

$$\frac{x_1}{x_1'} = \frac{\gamma_1'}{\gamma_1}.$$

Como as unidades podem ser canceladas na última expressão, admite-se usar as concentrações no lugar das frações molares.

Num diagrama que tem nas ordenadas a atividade e nas abcissas a concentração, verifica-se que, quando a concentração é baixa ou elevada, o mesmo é linear, quando os líquidos não são miscíveis. Nas regiões intermediárias, determinam-se para uma certa atividade, dois valores da concentração, um para cada fase.

A relação x_1/x'_1 é usualmente denominada *coeficiente de partição* do soluto. O problema todo está na obtenção da atividade ou do coeficiente de atividade, para construir o diagrama referido. A solução é encontrada pela utilização da equação empírica de Margules (1895), para sistemas binários, a partir da qual temos que:

$$\ln \gamma_1 = A_{12} x_2^2$$

e

$$\ln \gamma_2 = A_{12} x_1^2,$$

sendo A_{12} uma constante. Logo,

$$\ln a_1 = \ln x_1 + \ln \gamma_1 = \ln x_1 + A_{12} x_2^2,$$

$$\ln a_1' = \ln x_1' + \ln \gamma_1' = \ln x_1' + A_{13} x_3^2,$$

ou:

$$\ln \frac{x_1}{x_1'} = A_{12} x_2^2 - A_{13} x_3^2,$$

ou, ainda:

$$-\frac{1}{x_2^2}\ln\frac{x_1}{x_1'} = A_{12} - A_{13}\left(\frac{x_3}{x_2}\right)^2,$$

que é a equação de uma reta cuja declividade é A_{13}.

Existem várias aplicações interessantes, todavia, dado o cunho imprimido a este trabalho, não cabe aqui aprofundar apenas este experimento.

Segundo Berthelot, pode-se escrever a equação:

$$\frac{x_1}{a} = K\frac{x_0 - x_1}{b}, \qquad [3\text{-}6]$$

em que:

x_0 é a quantidade de soluto dissolvida no solvente A;

x_1 a quantidade do mesmo soluto dissolvida no mesmo solvente, após a eliminação de uma parte que passou para o solvente B;

a e b são as quantidades dos solventes A e B, respectivamente; e

K o coeficiente de distribuição.

Logo:

$$x_1 = x_0 \frac{Ka}{b + aK}. \qquad [3\text{-}7]$$

Tratando novamente a solução que tem como solvente A, e cujo volume é a, com um mesmo volume b do solvente B, temos que:

$$\frac{x_2}{a} = K\frac{x_1 - x_2}{b}, \qquad [3\text{-}8]$$

ou:

$$x_2 = x_0\left(\frac{Ka}{b + Ka}\right)^2. \qquad [3\text{-}9]$$

Procedendo da mesma forma n vezes, conclui-se que:

$$x_n = x_0\left(\frac{Ka}{b + Ka}\right)^n. \qquad [3\text{-}10]$$

A Eq. [3-10] pode ser usada para determinar o número de extrações, no caso de uma extração por solventes. Vejamos os dois exemplos a seguir.

1. Pretende-se extrair $FeCl_3$ de uma solução que tem 0,5 mol desse reagente em 100 mL de ácido clorídrico 5 molar. O solvente usado na extração será éter etílico, também em alíquotas de 100 mL. A concentração de $FeCl_3$ deverá baixar para 0,1 mol em 100 mL de ácido, e o coeficiente de distribuição é 17,6.

Calcular o número de extrações necessárias aplicando a Eq. [3-10] e sabendo-se que, no caso:

$x_n = 0,1$ M; $x_0 = 0,5$ M; $a = 100$ mL; $b = 100$ mL; e $K = 17,6$:

$$n = \frac{\log 0,1 - \log 0,5}{\log (1.760) - \log (1.860)} = 12,5.$$

Do ponto de vista prático, devem-se considerar treze extrações.

2. Tem-se uma solução de ácido pícrico em água na proporção de 0,2 mol/litro e pretende-se fazê-la baixar para 0,0396 mol/L. Utiliza-se para esse fim o benzeno, sabendo-se que a 15 °C o coeficiente de distribuição do soluto nesse par de solventes é 0,505.

Calcular o número de extrações tomando como base, além dos dados acima, 10 mL para a fase aquosa e 5 mL da orgânica, que extrai o ácido pícrico.

Pela equação [3-10]:

$$n = \frac{\log x_n - \log x_0}{\log Ka - \log (Ka + b)} = \frac{\log 0,0396 - \log 0,2}{\log (0,505 \times 10) - \log (0,505 \times 10 + 5)};$$

n corresponde a três extrações.

Quando se fala em Química do Meio Ambiente, o fator mais importante provavelmente é o coeficiente de distribuição ou de partição, que permite quantificar a distribuição entre as fases sólida e aquosa, no que se refere aos poluentes dos sistemas aquáticos.

Através do coeficiente de distribuição determina-se a fase preferida pelo poluente, o que em geral indica maior afinidade com a fase aquosa. A propósito, um trabalho interessante nessa área e em nível de graduação é: Dunnivant e Kettel, An Environmental Chemistry Laboratory for the Determination of an Distribution Coefficient, *J. of Chem. Ed.*, Vol. 79, no. 6, junho (2002), pp 715-717.

3.3 SISTEMA LÍQUIDO TERNÁRIO

Observa-se neste estudo que dois líquidos não-miscíveis, quando juntados em determinadas proporções e em presença de um terceiro líquido, miscível nos dois primeiros, separadamente, permitem obter uma solução ternária estável.

Esses sistemas podem ser estudados, no que se refere ao equilíbrio, pela regra das fases, proposta por Gibbs em 1876, sendo de caráter geral a equação:

$$V = C - F + 2, \qquad [3\text{-}11]$$

em que:

- V é a variância, ou o número de variáveis independentes, como temperatura, pressão e composição, necessárias para definir completamente um sistema;
- C os componentes, ou o número mínimo de variáveis constituintes necessário para descrever a composição de cada uma e de todas as fases presentes no sistema; e
- F a fase, ou número de parcelas do sistema que tem composição uniforme, podendo ser separadas mecanicamente deste.

No caso em estudo, é conveniente fixar a temperatura e a pressão para variar somente a composição do sistema. Tem-se que:

$$V = 3 - F. \qquad [3\text{-}12]$$

Pode-se utilizar um triângulo eqüilátero ou retângulo para representar os estados de equilíbrio da curva binodal. Cada lado do triângulo atuará como um eixo, no qual varia um componente da mistura, expresso em porcentagem molar. Caso seja interessante representar a temperatura, deve-se usar um prisma triangular, sendo essa grandeza associada à altura.

Convém assinalar que os pontos constituintes da curva representam um lugar geométrico que define as proporções em que três líquidos estão em equilíbrio de miscibilidade.

Aparelhagem e substâncias

Duas buretas de 50 mL, dez tubos de ensaio de 2×22 cm, uma pipeta de 5 mL, suporte de madeira, benzeno, ácido acético glacial, água destilada, álcool metílico, etc.

Procedimento

Com uma pipeta, colocar 5 mL de benzeno em cada tubo de ensaio e, em seguida, juntar do primeiro ao décimo tubo, respectivamente, 1, 2, 3, 4, 5, 6, 7, 8, 9 e 10 mL de água. Verifica-se que os dois líquidos não são miscíveis, portanto passa-se a adicionar gota a gota, em cada um dos tubos, e a partir do primeiro, quantidades crescentes de ácido acético glacial, agitando vigorosamente até se obter fase única, ou ausência do aspecto leitoso. Anota-se o volume de ácido gasto em cada tubo.

Sugere-se a construção da Tab. 3-2 para em seguida traçar o gráfico triagular.

Tubo	Substância	Volume específico	Massa	Massa molar	Fração (%)	Porcentagem molar
	A					
	B					
	C					

Tabela 3-2

Traçar um triângulo eqüilátero, cujo lado pode ter 10 cm; marcar as variáveis nos eixos de forma cíclica e, determinar os pontos de equilíbrio, usando para coordenadas os valores da última coluna da Tab. 3-2.

Notar que a qualidade do procedimento experimental será verificada na construção do gráfico, porque as três linhas de chamada de cada equilíbrio tenderão para o mesmo ponto, na medida em que o trabalho tenha sido mais preciso.

Sugerem-se outras combinações ternárias, como, por exemplo:

nitrobenzeno-ácido acético-água;

tolueno-álcool metílico-água;

ciclo-hexano-água-álcool isopropílico.

Um outro trabalho interessante consiste em construir a curva binodal do sistema 1,2-dicloroetano-ácido acético-água, medindo os índices de refração das várias composições de equilíbrio. Esses valores devem acompanhar os pontos que definem a curva, os quais variam entre 1,3330 para a água, e 1,4443 para o 1,2-dicloroetano.

Juntando os três componentes em um funil de separação, após agitação e repouso, deve-se determinar os índices de refração das duas camadas e calcular a composição global do sistema para obter a composição em cada fase, a partir da linha reta que passa pelo ponto indicador da composição global, e irá cruzar a curva binodal em dois equilíbrios. Outros detalhes são encontrados em: Stead and Stead, Phase Diagrams for Ternary Liquid Systens, *J. of Chem.*, Vol. 67, n. 5, maio (1990), p. 385.

Sistema líquido ternário **83**

Aplicações

1. A extração com solventes é uma das operações básicas, na qual se trata uma mistura de substâncias, solúveis entre si, com um líquido que deve dissolver preferencialmente um dos componentes. Tem-se extração líquido-líquido e extração sólido-líquido. No caso, a atenção será dirigida para o sistema líquido-líquido em que se adiciona um terceiro líquido, visando a aplicação dos diagramas ternários do tipo obtido anteriormente.

A título de informação convém notar que a extração líquido-líquido começou a ter aplicação industrial por volta de 1930, quando foi necessário extrair compostos aromáticos do querosene, produzido na refinação do petróleo.

Como a terceira substância adicionada – isto é, aquela que fará a extração – só retira o produto até o equilíbrio, quando o fluxo extraído é igual ao de retorno, torna-se necessário executar a operação em mais de um estágio.

Fixadas as composições da substância a ser extraída, no sistema inicial e no estágio final, dificilmente se atinge, aplicando-se a operação de extração uma única vez, a composição final desejada; é preciso, portanto, determinar o número de vezes que o procedimento deverá ser aplicado. Esse intento pode ser atingido pela análise gráfica do diagrama de equilíbrio ternário, o qual poderá ser retangular ou eqüilátero.

Aqui será destacado o diagrama eqüilátero, já usado na parte experimental, visando determinar graficamente o número de estágios que leve à concentração desejada.

São dados:

x_0, a composição de A no sistema inicial AB;

y_1, a composição de A na fase que extraiu;

x_8, a composição de A na última fase residual;

y_9, a composição de A na última fase que extraiu.

Conhecido o diagrama de equilíbrio, que é obtido via experimental, traça-se por x_0 e y_1 o segmento da reta que irá encontrar em P o correspondente segmento de reta traçado por x_8 e y_9. Define-se assim o ponto de amarração P, que permitirá determinar o número de estágios, segundo a Fig. 3-3.

Ligar x_0 a C e x_8 a y_1 para determinar o ponto 0, de tal maneira que o quociente $x_0 0/0C$ permitirá determinar x_i a partir de y_i (variando i de 1 a n), como neste exemplo:

$$y_1 = 2,8 \rightarrow x_1 = \left(\frac{x_0 0}{0C}\right) 2,8;$$

ou:

$$x_1 = 0{,}872 \times 2{,}8 = 2{,}44.$$

Determinado x_1 no diagrama, sobre a curva de equilíbrio, traçar por x_1 o segmento de reta que encontra P; esse segmento corta a curva binodal no ponto y_2. Repete-se essa operação até se obter um valor de x igual ou maior que x_9, no caso em estudo.

Y1=2,8	Y2=2,0	Y3=1,4	Y4=1,3
x1=2,8×0,872	x2=2,0×0,872	x3=1,4×0,872	x4=1,3×0,872
x1=2,44	x2=1,74	x3=1,22	x4=1,046
Y5=0,85	Y6=0,7	Y7=0,55	Y8=0,5
x5=0,85×0,872	x6=0,7×0,872	x7=0,55×0,872	x8=0,5×0,872
x5=0,74	x6=0,6	x7=0,479	x8=0,435

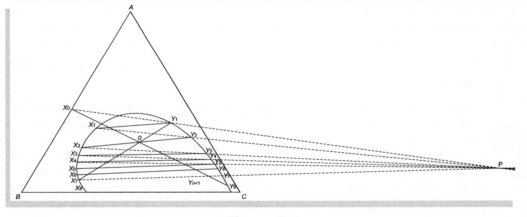

Figura 3-3

As composições x representam as fases residuais, e as y representam as fases que extraíram. Complementando, é importante adicionar o seguinte: se um solvente líquido é juntado a uma solução do soluto A em um outro solvente, de tal forma que ambos os solventes sejam não-miscíveis ou parcialmente miscíveis entre si, então o soluto irá distribuir-se pelas duas fases até que se estabeleça um equilíbrio.

A concentração do soluto nas duas fases, ao ser atingido o equilíbrio, dependerá da afinidade relativa dos dois solventes. Convencionou-se que o líquido adicionado é o *líquido extrator* ou *fase extratora*, e a outra a *fase refinada*. No equilíbrio, as concentrações da fase extratora (y) e da refinada (x), definem um coeficiente de distribuição D, dado pela Eq. [3-13]:

$$D_A = \frac{y_A}{x_A}. \qquad [3\text{-}13]$$

Considerações termodinâmicas afirmam que a atividade ou potencial químico do soluto deve ser idêntica nas duas fases, ao ser atingido o equilíbrio. Coeficientes diferentes da unidade indicam diferentes graus de interação nas duas fases.

Caso sejam considerados dois solutos, A e B, define-se um fator de separação α, que é análogo à volatilidade relativa da destilação:

$$\alpha_{AB} = \frac{D_A}{D_B}. \qquad [3\text{-}14]$$

Nas condições de equilíbrio,

$$\gamma_A^* y_A = \gamma_A x_A. \qquad [3\text{-}15]$$

Logo:

$$\alpha_{AB} = \frac{\gamma_A \gamma_B^*}{\gamma_A^* \gamma_B}, \qquad [3\text{-}16]$$

sendo:

γ^* o coeficiente de atividade da fase extratora;

γ o coeficiente de atividade da fase refinada.

2. Uma outra aplicação importante é na separação de uma mistura azeotrópica por meio de um terceiro componente. Alguns detalhes dessa técnica são encontrados no Experimento 3.2, sobre coeficiente de distribuição.

3. Sistemas com quatro e com cinco componentes.

Quatro componentes

Necessita-se de seis eixos cartesianos para representar o diagrama completo, onde são indicadas temperatura, pressão e as quatro concentrações.

É necessário um espaço a quatro dimensões para representar uma seção isotérmica ou isobárica, podendo reduzir-se para um espaço a três dimensões desde que satisfaça a condição:

$$x + y + t + u = 1. \qquad [3\text{-}17]$$

Essa condição nada mais é que uma equação de um tetraedro no espaço, porque as seções com os planos de $x = 0$, $y = 0$, $t = 0$ e $u = 0$ são quatro planos que passam pelos pontos (1,0, 0,0); (0,1, 0,0); (0,0, 1,0); (0,0, 0,1).

As faces do tetraedro representam sistemas ternários parciais e isotérmicos. Logo, o diagrama com quatro componentes deriva do diagrama dos três componentes.

Na Fig. 3-4, indica-se uma seção isotérmica (1.500 °C) do diagrama Fe, Cu, Ni, Mn, que mostra a região de não-miscibilidade entre os metais fundidos, delimitada pela superfície $\alpha\beta\gamma\delta\varepsilon\zeta\eta\theta$.

À medida que a temperatura diminui, a complicação na representação gráfica aumenta, de forma que se torna preferível estudar planos paralelos aos lados, com um componente constante.

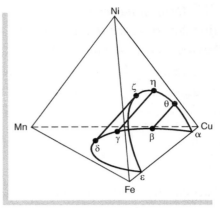

Figura 3-4

Cinco componentes

Pode ser representado por pirâmides de base quadrada em alguns casos particulares, como da Fig. 3-5; nos demais, exige um espaço de seis ou de quatro dimensões. É muito usado no caso de sais.

Observa-se que também aqui o diagrama ternário é de grande valia no estudo dos sistemas mais complexos.

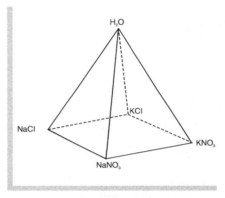

Figura 3-5

3.4 SISTEMA TERNÁRIO COM DOIS SÓLIDOS E UM LÍQUIDO

Sistemas constituídos por mais de dois componentes têm as solubilidades mútuas afetadas pelos demais componentes, podendo os diagramas apresentar certa complexidade. A previsão teórica de um efeito mútuo é impossível, portanto só resta a construção experimental da curva que caracteriza o sistema.

As representações espaciais não têm utilidade para efeito de cálculo, sendo por isso menos consideradas.

Um sistema de três componentes é definido conhecendo-se apenas as porcentagens obtidas por diferença. A representação usual é dada pelos diagramas triangulares ou *diagramas de Gíbbs*, em que os três componentes são representados pelos vértices de um triângulo eqüilátero e os pontos sobre os lados traduzem composições de misturas binárias. Os pontos internos ao triângulo representam misturas dos três componentes indicados nos vértices.

A regra das fases fica reduzida, no caso, a:

$$V = 3 - F. \quad [3\text{-}18]$$

A Fig. 3-6 mostra o diagrama de fases isotérmico para um sistema ternário sólido-líquido (água-nitrato de sódio-nitrato de chumbo). Os símbolos a, b e c referem-se às porcentagens em massa de água, nitrato de sódio e nitrato de chumbo, a_s, b_s e c_s são valores de a, b e c quando na curva de solubilidade.

Pode-se construir o gráfico a_s em função de $b/(b+c)$ como na Fig. 3-7, onde se verifica que podem ser obtidas várias linhas do tipo $l\ m\ n\ d$, com um trecho onde a_s é constante.

Considerando-se ainda, na Fig. 3-6, duas amostras sintéticas $a_1 b_1 c_1$ e $a_2 b_2 c_2$, que têm o mesmo valor a_s como determinado na Fig. 3-7, elas precisam encontrar-se sobre a mesma linha de amarração, na Fig. 3-6 contendo essa linha os valores de $a_s b_s c_s$.

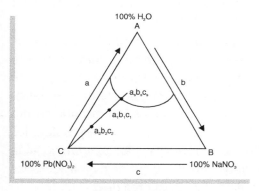
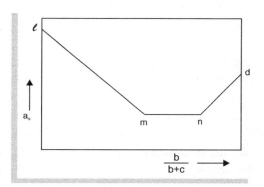

Figura 3-6   **Figura 3-7**

Assim, podem ser determinados os valores de b_s e c_s aplicando-se a relação triangular:

$$\frac{a_s - a_1}{a_1 - a_2} = \frac{b_s - b_1}{b_1 - b_2} = \frac{c_s - c_1}{c_1 - c_2}. \quad [3\text{-}19]$$

Aparelhagem e substâncias

Banho termostático, estufa, 10 frascos de 60 mL com tampa, 10 pesa-filtros de 50 mL, 10 pipetas graduadas de 5 mL, uma pipeta de 10 mL, $NaNO_3$, $Pb(NO_3)_2$, KCl, NaCl, etc.

Procedimento

Preparar misturas para cada um dos dez frascos conforme indicado na Tabela 3-3.

Frasco nº	Água (mL)	Nitrato de Sódio (g)	Nitrato de Chumbo (g)
1	10	15,000	—
2	10	—	15,000
3	10	14,250	0,750
4	10	13,000	2,000
5	10	12,000	3,000
6	10	8,000	7,000
7	10	6,000	9,000
8	10	4,000	11,000
9	10	2,000	13,000
10	10	1,000	14,000

Tabela 3-3

Os vidros com tampa são colocados no banho termostático a 25 °C por 2 horas, e o conteúdo, levemente agitado em intervalos freqüentes.

Remove-se uma fração de 2 mL, aproximadamente, de uma das amostras usando-se uma pipeta graduada de 5 mL que esteja com a temperatura levemente superior a 25 °C para evitar a cristalização em sua parte externa. Essa alíquota é colocada num pesa-filtro, cuja tara é conhecida, sendo em seguida tampado e pesado. Procede-se da mesma forma para todas as outras amostras, usando-se um pesa-filtro e uma pipeta para cada uma delas. Os frascos contendo esses líquidos são aquecidos a não menos de 130 °C, a fim de se remover a água, e em seguida fechados, esfriados em um dessecador e pesados. As diferenças de massa acusadas após o aquecimento, expressas em porcentagem, são os valores de a_s.

Construir os gráficos a_s versus b/(b + c) e triangular. Considerar dois pontos que traduzam $a_1 b_1 c_1$ e $a_2 b_2 c_2$, calculando em seguida os valores de b_s e c_s pelo uso da expressão [3-19] e o valor de a_s obtido experimentalmente. Considerar as explicações anteriores ligadas à Fig. 3-6.

Conclui-se, portanto, que, tendo-se quaisquer duas composições alinhadas dentro do triângulo e o valor do a_s correspondente, podem-se calcular b_s e c_s pela Eq. [3-19].

Para efeito didático, o gráfico triangular poderá ser construído, no caso, admitindo-se que os dois sais altamente solúveis apresentem, na sua mistura, solubilidades diretamente proporcionais à composição da mistura inicial.

Aplicações

Na Fig. 3-8, a curva DE indica as condições de saturação de um sistema ternário constituído pelo sal hepta-hidratado (S_7), que representa 100% do sistema em C, pelo sal deca-hidratado (S_{10}), que ocupa 100% da solução em B e pela água.

Cada uma das outras linhas cheias representa relações de solubilidade a uma determinada temperatura. Pode-se obter a solubilidade em qualquer temperatura intermediária, por interpolação entre essas linhas. As curvas da esquerda, em relação à linha DE, representam soluções que estão saturadas em S_7, contudo não estão no tocante a S_{10}. Da mesma forma, as curvas da direita representam saturação em S_{10}. Os hidratos S_7 (65% de S_7) e S_{10} (70% de S_{10}) são representados, respectivamente, pelos pontos G e F. O ponto x_1 representa a composição do sistema a 60°C, correspondente à solução saturada em S_{10}, mas não-saturada em S_7. Caso essa solução seja resfriada, ela irá cristalizar S_{10} puro e a composição da solução residual se desloca segundo a linha tracejada Fx_1, até que, aos 35 °C, será atingida a saturação para os dois sais. Baixando-se mais a temperatura, irão cristalizar-se ambos os sais.

Uma solução cuja concentração esteja sobre a linha de 60°C será saturada em S_7 ou S_{10}, conforme esteja à esquerda ou à direita de DE.

A 60°C, qualquer ponto interno à área EGF representará composições em que a solução está saturada em relação a S_{10}, mas não apresentará tal fato com relação ao sal S_7, tendo presente S_{10} sólido. De maneira semelhante comporta-se qualquer ponto interno à área GEH. Um ponto compreendido dentro da figura $GEFBC$ corresponde a um sistema saturado nos dois sais hidratados.

Aplicação numérica

Uma solução aquosa a 60 °C tem 102 g de S_7 e 22,5 g de S_{10} em 100 g de água. Necessita-se:

1. Calcular a composição e a massa de cristais formados pelo resfriamento de 1.000 g dessa solução até 35 C.

2. Calcular o item 1 quando a temperatura final é 20 °C.

Solução

1. Considerar para base de cálculo 1.000 g de solução inicial.

Composição inicial:

$$S_7 = \frac{102}{224,5} \times 100 = 45,5\%;$$

$$S_{10} = \frac{22,5}{224,2} \times 10 = 10\%;$$

Água = 44,5%.

Resfriando-se essa solução e percorrendo a linha Ga da Fig. 3-8, irá cristalizar-se o sal S_7. A 35 °C, a composição será:

$$\left.\begin{array}{l} S_7 = 30{,}5\% \\ \\ S_{10} = 18{,}5\% \end{array}\right\} \text{leitura gráfica.}$$

Considerando x como sendo a massa de S_7 cristalizada e aplicando-se um balanço material para S_7, teremos:

Massa inicial de S_7 = massa final de S_7 + massa cristalizada de S_7.

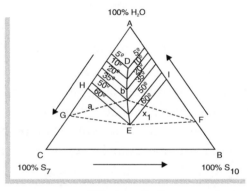

Figura 3-8

Ou:

$$100 \times 0{,}455 = (1.000 - x)0{,}305 + 0{,}65 x \qquad (x = 435 \text{ g de sal } S_7).$$

2. Composição da solução em b:

$$\left.\begin{array}{l} S_7 = 25\% \\ \\ S_{10} = 18{,}5\% \end{array}\right\} \text{leitura gráfica}$$

Água = 58,5%.

Considerando x como sendo a massa de S_7 e y como a massa de S_{10}, aplicar nos balanços abaixo:

Balanço material referente a S_7:

$$0{,}305(1.000) = 0{,}65 x + 0{,}25(1.000 - x - y).$$

Balanço material referente a S_{10}:

$$0{,}1(1.000) = 0{,}7\,y + 0{,}165\,(1.000 - x - y),$$
$$x = 198{,}6\ \text{g} \quad \text{e} \quad y = 97{,}7\ \text{g}.$$

3.5 DESTILAÇÃO DE UMA MISTURA

Durante a operação de destilação fracionada, há um movimento constante de ascensão de vapores e descida de líquidos. O equilíbrio nunca é atingido, em ponto algum; contudo é possível escolher um trecho de calma onde o vapor, no topo deste, tenha a composição necessária para o equilíbrio com a base do mesmo.

Esse trecho é comparado a um prato teórico, segundo Molyneax (vide bibliografia). A operação completa de separação fracionada é vista como a soma de vários desses trechos, e a medida de eficiência da calma é dada pelo número de pratos teóricos estimado para o caso.

O número de pratos teóricos de uma calma pode ser determinado pelo gráfico que leva em conta a fração molar do componente mais volátil no vapor e a fração molar do mesmo componente no resíduo líquido. Os pontos de composição líquido-vapor estão representados na curva ACB da Fig. 3-9. O sistema particular em estudo é uma mistura azeotrópica binária com menor ponto de ebulição em C, correspondente à composição x_m.

Para determinar o número de pratos teóricos constrói-se a curva ACB com uma inclinação de 45°, como se vê na Fig. 3-9. Quando a composição residual é x_0 e a composição do vapor condensado no topo da coluna é y_n, o número de pratos teóricos é, no mínimo, igual ao número de linhas verticais necessárias para se ir de P a Q, numa série de segmentos paralelos ao eixo vertical, como mostrado na Fig. 3-9.

Aparelhagem e substâncias

Coluna de Vigreaux, manta-de-aquecimento, condensador das cabeças, balão de destilação com entrada lateral, cilindro graduado, refratômetro de Abbé, etanol, metanol, isopropanol, ácido acético, benzeno, tetracloreto de carbono, etc.

Procedimento

Deve-se inicialmente traçar um diagrama, índice de refração versus composição, envolvendo dois componentes em várias proporções. Para tanto, prepara-se uma série de misturas cujas composições sejam conhecidas, com dois líquidos determinados. Obtém-se seus índices de refração por meio de refratômetro, e as composições em porcentagem molar.

Juntar os dois componentes da mistura de tal forma que se tenha uma composição conveniente (por exemplo, 50 mL de etanol e 200 mL de água, ou 273 mL de benzeno e 5 mL de tetracloreto de carbono).

Colocar a mistura no balão de destilação e aquecer por meio de manta-de-aquecimento, aos poucos, até que se verifique uma condição de refluxo total na coluna. Aguardar nessas condições por uns 5 minutos, ou até que a temperatura do termômetro no alto

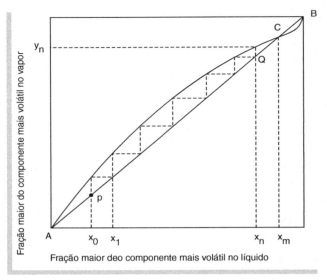

Figura 3-9

fique constante. O condensador interno, então, será restringido e algumas gotas de condensado serão recolhidas na extremidade inferior do condensador externo. Logo em seguida, retornar o condensador interno à condição anterior e determinar o índice de refração da amostra coletada. Retirar uma alíquota do balão e proceder à medida do índice de refração.

Obter em um manual de engenharia os pontos da curva de equilíbrio líquido-vapor do componente mais volátil da mistura e construí-la. Levar os valores dos índices de refração ao gráfico conveniente e obter a composição. Com esses valores, entrar na curva de equilíbrio e determinar, como foi dito anteriormente, o número teórico de pratos.

A eficiência da coluna (n) é dada pela altura equivalente ao prato teórico:

$$n = \frac{H}{P},$$

sendo H a altura da coluna e P o número de pratos determinado graficamente.

A coluna deve ficar, de preferência, envolta por uma camada isolante; por exemplo, lã de vidro ou, como na Fig. 3-10, um espaço com vácuo.

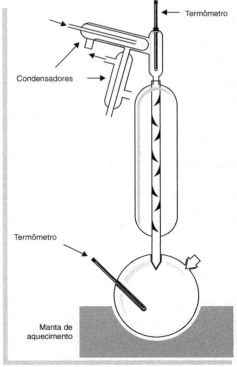

Figura 3-10

Como o dispositivo é de refluxo total e deve estar em equilíbrio para que a determinação tenha valor a retirada no topo deve ser rápida e pequena, pois assim o desequilíbrio relativo será pequeno e até desprezível.

Neste estudo, uma das curvas importantes é aquela onde se descreve o comportamento da temperatura de ebulição em função da composição. Os valores necessários para essa representação gráfica podem ser obtidos com relativa facilidade por meio de uma montagem como a da Fig. 3-11.

Considerando a figura, introduzimos 50 mL de álcool etílico no bulbo inferior e 25 mL de água destilada na bureta, aquecendo o referido bulbo até a ebulição para anotar a respectiva temperatura; em seguida, adicionamos 2,5 mL da água contida na bureta, fazendo nova determinação da temperatura de ebulição. Procede-se dessa maneira dez vezes, por exemplo, o que permite obter um conjunto de valores que, levados ao gráfico, dão dez pontos.

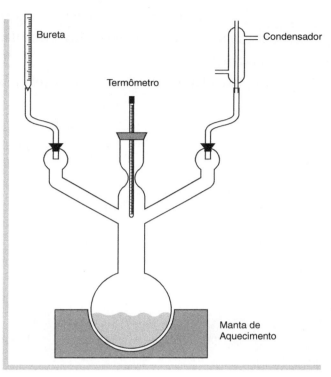

Figura 3-11

Aplicações

Do ponto de vista aplicativo, é muito importante essa operação, pois nos permite separar os componentes de sistemas líquidos, quando necessário. Essa separação é levada a efeito nas chamadas *colunas de destilação*, segundo os esquemas resumidos nas Figs. 3-12 e 3-13.

A coluna tem dispositivos semelhantes a bandejas, onde é estabelecido o equilíbrio líquido-vapor, por meio de aparatos especiais, de tal forma que, no equilíbrio, a massa de líquido que evapora seja igual à massa de vapor que condensa.

Em geral se deseja determinar o número de bandejas, ou pratos, necessários para efetuar uma separação. Nesse caso, são definidos dois elementos importantes, *a relação de refluxo* e a *reta de trabalho*, os quais serão vistos logo a seguir.

Para a determinação do número de pratos utiliza-se muito o método gráfico de McCabe e Thiele, que depende, no caso de sistemas binários, dos seguintes dados:

y_f, que é a fração molar do componente mais volátil no vapor final;
x_f, a fração molar do componente mais volátil no líquido final;
r, a relação de refluxo; e
x_A, a fração molar do componente mais volátil no líquido de alimentação.

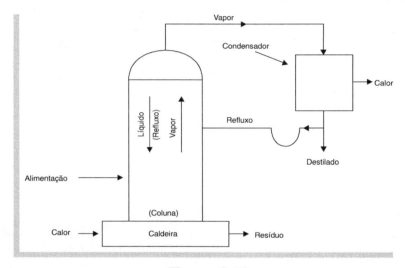

Figura 3-12

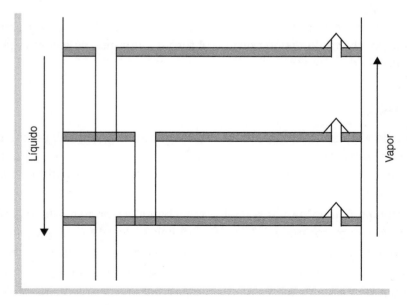

Figura 3-13

No caso em que a alimentação não se dá diretamente na caldeira, têm-se duas relações de refluxo: acima do ponto de alimentação,

$$r_1 = \frac{\text{refluxo}}{\text{destilado}} = \frac{R}{D};$$

e abaixo do ponto de alimentação:

$$r_2 = \frac{R + \text{alimentação}}{D}.$$

Tomemos um diagrama fração molar do componente mais volátil no líquido *versus* fração molar do componente mais volátil no vapor, como o da Fig. 3-14. Considerar $r_1 = 0{,}8$ e $r_2 = 2{,}5$.

Os valores de r_1 e r_2 dão, respectivamente, as declividades das retas de trabalho que passam por E e F. No caso, temos oito pratos teóricos com a alimentação em x_A (segundo prato).

Quando o destilado reflui totalmente, a relação de refluxo tem valor unitário e as retas de trabalho coincidem com a diagonal, porque o sistema é fechado e não admite alimentação durante o aquecimento. Trata-se de uma coluna teórica com finalidade apenas de estudo, e é o caso do experimento visto.

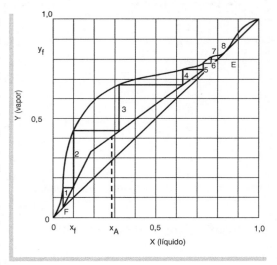

Figura 3-14

Os sistemas de destilação são dois, *contínuo* e *descontínuo*, sendo que qualquer um deles pode ter os seguintes andamentos: destilação de equilíbrio ou destilação diferencial. No primeiro andamento, o vapor permanece em presença do líquido até o equilíbrio e, no segundo, o vapor é recolhido e condensado continuamente.

As equações de balanço material são, respectivamente,

$$L_{x_A} = V_{y_f} + (L - V)x_f$$

e

$$\ln \frac{L_A}{L} = \int_{x_A}^{x_f} \frac{dx}{y - x} \quad \text{(equação de Rayleigh)},$$

em que L é o líquido que reflui e L_A é o líquido que alimenta.

A aplicação numérica que segue visa inclusive a integração gráfica, um método de cálculo bastante importante, em vários casos (Fig. 3-15).

Tem-se uma mistura de álcool etílico e água, contendo 8% em massa de etanol. A massa específica da solução é 1,04 g·cm^{-3}. Carrega-se a caldeira de um separador com 800 L da solução.

Para que o resíduo tenha 2% de álcool, qual será a massa de destilado? Considerar os dados da Tab. 3-4.

x % em massa de álcool no líquido	y % em massa de álcool no vapor	$\frac{1}{y-x}$
1,0	10	0,11
1,5	16,5	0,067
2	20	0,055
3	27,5	0,042
4	34	0,034
5	38	0,030
6	41,5	0,028
7	45	0,026
8	48	0,025
9	50,5	0,024

Tabela 3-4

Valor da área indicada: 0,199. Como

$$\ln \frac{L_A}{L} = \int_{x_A}^{x_f} \frac{dx}{y-x} = 0,199,$$

portanto:

$$\log \frac{L_A}{L} = \frac{0,199}{2,303} = 0,086.$$

Logo:

$$\frac{L_A}{L} = 1,22.$$

A massa da solução é:

$$1,04 \longrightarrow 1 \text{ cm}^3$$
$$x \longrightarrow 800.000 \text{ cm}^3$$

x = 832000 g

(desprezando-se a diferença entre 1 L e 1.000 cm^3)

$$L_A = 832 \text{ kg}.$$

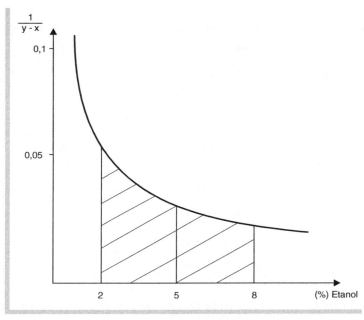

Figura 3-15

Logo:

$$L = \frac{832}{1,22} = 682 \text{ kg}.$$

Destilado:

$$L_A - L = 832 - 682 = 150 \text{ kg}.$$

Azeotrópicos

A separação de azeotrópicos binários pode ser feita basicamente de duas maneiras:

variando-se a pressão de destilação,

adicionando-se um terceiro componente.

Se uma solução BC produz azeotrópico como limite de "cabeça" (a parte extraída no topo da coluna), o limite de "cauda" (a parte residual da caldeira) será B ou C puros, segundo o componente presente em excesso na composição de partida, que permitiu o azeotrópico.

Nesse caso, consideram-se as seguintes condições:

$$x_B = y_B; \quad x_C = y_C; \quad \frac{x_B}{x_B + x_C} = \frac{y_B}{y_B + y_C}, \quad \text{(a)}$$

sendo que x se refere ao líquido e y ao vapor.

E, como

$$\gamma_i = \frac{\gamma_i \alpha}{x_i P_i},$$

em que:

γ_i é o coeficiente de atividade do componente i;
α a constante de proporcionalidade; e
P_i a pressão parcial do componente i,

podemos escrever:

$$\frac{\gamma_B}{\gamma_C} = \frac{P_C}{P_B}.$$

Se o quociente γ_B/γ_C diminui pela adição de um terceiro componente A, o mesmo acontece com as relações (a), condições de azeotropismo.

A destilação fracionada dessa mistura ternária terá como produto limite de cabeça o componente A ou o azeotrópico AC, em vez de BC. Se AC constitui a cabeça, o produto de cauda será B.

Consideremos a Fig. 3-16. Variando as composições de B e C convenientemente, teremos a linha que passa por $x_A = 0,0$. Em seguida, propõem-se valores para x_A maiores que zero e menores que um, determinando-se as linhas x'_A, x''_A, x'''_A

$$\frac{x_B}{x_B + x_C} = \frac{y_B}{y_B + y_C} = 0.$$

A determinação dessas linhas é feita variando-se convenientemente x_B e x_C juntamente com y_B e y_C, desde que garantida a igualdade:

$$x_A + x_B + x_C = 1.$$

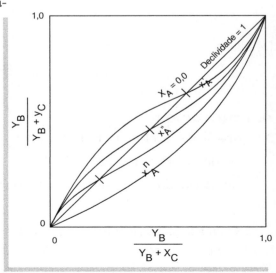

Figura 3-16

Quando o x_A conveniente for atingido, γ_B/γ_C será o mínimo; portanto também ocorrerá esse fato com P_C/P_B, indicativo da máxima pressão de B.

A máxima pressão de vapor de B ocorre quando puro; logo, será a condição de separação da substância B, a partir do sistema ternário.

3.6 PRESSÃO DE VAPOR DE UM LÍQUIDO PURO

Quando a temperatura não estiver muito próxima do estado crítico, pode-se afirmar que o volume do líquido (V_l) será desprezível, em comparação ao volume do vapor (V_v), para uma determinada pressão e temperatura. Essa aproximação foi introduzida quando Clausius (1850) realizou uma revisão ampla na Equação de Clapeyron. Uma outra consideração aproximativa foi o fato de ele passar a considerar o vapor como um gás ideal. Por isso a expressão [3-20] ficou conhecida como *Equação de Clausius-Clapeyron*.

$$\frac{dP}{dT} = \frac{\Delta H_v}{TV_v}. \qquad [3\text{-}20]$$

Nessa equação, ΔH_v é a entalpia de vaporização, V_v o volume do vapor, P a pressão e T é a temperatura absoluta.

A Eq. [3-20] tem grande aplicação, desde que expressa convenientemente, porém uma das formas mais usadas é:

$$\frac{d(\ln P)}{d(1/T)} = \frac{\Delta H_v}{R}, \qquad [3\text{-}21]$$

em que R é a constante dos gases.

Como a pressão de vapor de um sistema líquido-vapor é função da temperatura, pode-se calcular a entalpia de vaporização do líquido pela Eq. [3-21]; é necessário, contudo, ter presente que a grandeza ΔH_v será considerada constante no intervalo de integração, o que com certeza irá acarretar imprecisão. Pela Equação de Kirchhoff, sabe-se como ΔH_v varia em função da temperatura.

A integração da Eq. [3-21] nos permite chegar à igualdade:

$$\ln P = A - \frac{\Delta H_v}{RT}, \qquad [3\text{-}22]$$

sendo A a constante de integração.

Embora tenham surgido várias equações empíricas relacionando pressão de vapor e temperatura, sabe-se que a Eq. [3-22] resolve a maior parte dos casos comuns, principalmente se for introduzido o fator de compressibilidade (Z). Esse fator pode ter sua variação expressa pela função:

$$\Delta Z = \frac{PV_g}{RT} - \frac{PV_l}{RT},\qquad \text{[3-23]}$$

que, aplicada na Eq. [3-21], dá:

$$\frac{d(\ln P)}{d(1/T)} = \frac{\Delta H_v}{R\Delta Z}.\qquad \text{[3-24]}$$

Na integração da Eq. [3-24], considera-se $\Delta H_v/R\Delta Z$ constante no intervalo de temperatura.

Segundo Kireev (*Cours de Chimie Physique*, Moscou, Mir, 1968), a pressão de vapor saturado, isto é, em presença do líquido, pode ser calculada com base nas curvas empíricas da variação da pressão de vapor em função da temperatura. Sabe-se que essas curvas são parecidas, no caso de substâncias com propriedades físico-químicas semelhantes, e em especial quanto à temperatura de ebulição. Sua equação pode ser assim representada:

$$\log P_A = K \log P_B + C,\qquad \text{[3-25]}$$

sendo P_A e P_B as pressões de vapor do líquido em estudo e do líquido padrão, respectivamente, à mesma temperatura; K e C são constantes.

Como:

$$K = \frac{\log P'_A - \log P''_A}{\log P'_B - \log P''_B}$$

e

$$C = \log P'_A - K \log P'_B,$$

substituindo esses valores em [3-25], teremos:

$$\log P_A = \frac{\log P'_A - \log P''_A}{\log P'_B - \log P''_B}(\log P_B - \log P'_B) + \log P'_A,\qquad \text{[3-26]}$$

em que os expoentes 'e "correspondem às temperaturas T'e T".

A partir da Eq. [3-26], conhecendo-se a variação de pressão do vapor saturado com a temperatura para o líquido padrão, e a pressão de vapor nas temperaturas T' e T'' da substância em estudo, pode-se calcular a pressão de vapor saturado em função da temperatura para a substância em estudo.

I. Método do isoteniscópio de Smith – Menzies, ou método estático

Aparelhagem e substâncias

Considerar a Fig. 3-17: agitador elétrico, frasco de 20 litros, isoteniscópio, bico de Bunsen, termômetro de 0 a 110 °C, com precisão de 0,1 °C, manômetro de mercúrio, tripé, tela com amianto e bomba de vácuo ou trompa de água. Tetracloreto de carbono e outros.

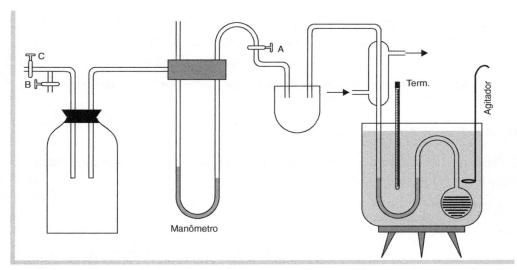

Figura 3-17

Procedimento

Para introduzir de 10 a 15 mL do líquido em estudo no isoteniscópio, aquecer ligeiramente seu bulbo e introduzir a extremidade aberta no líquido considerado, até que, pelo resfriamento do bulbo, a pressão interna diminua, permitindo a entrada do líquido. Preenchidos 2/3 do bulbo, retira-se o isoteniscópio da amostra. Observar que o tubo em U deve conter líquido suficiente para funcionar como manômetro diferencial e selo líquido.

O aparelho é montado como se vê na Fig. 3-17, de maneira que o isoteniscópio fique imerso em água e próximo do bulbo do termômetro. É conveniente colocar o frasco de 20 litros dentro de um saco de estopa e, algumas vezes, dentro de uma caixa de madeira, para evitar o perigo de explosão (ou implosão).

Com os registros A, B e C abertos, aquecer o banho de água até a temperatura mais alta do experimento, agitando continuamente. Fechar o registro B e aplicar, ligeiro, vácuo por C, antes de anotar as leituras, para que o líquido entre em ebulição lentamente. Isso é feito por uns 2 a 3 minutos. Agora, a pressão do sistema deve ser ajustada para que o líquido não permaneça em ebulição, tendo-se cuidado para que não passe ar pelo tubo em U (manômetro).

Anotar a temperatura do banho no momento em que os dois níveis do tubo em U estiverem iguais. Daqui por diante, deve-se ir baixando a temperatura convenientemente e anotando a pressão de vapor; constrói-se uma tabela. A temperatura do banho deve permanecer constante alguns minutos, antes de cada leitura, para que se obtenha o equilíbrio internamente ao isoteniscópio. Executar de 6 a 8 medidas em intervalos regulares, correspondendo a temperatura mais alta a uma pressão ligeiramente inferior à atmosférica e a mais baixa, a poucos milímetros de pressão.

Construir dois gráficos: P versus T e $\ln P$ versus $1/T$. Determina-se a entalpia de vaporização do líquido e compara-se com aquela encontrada na literatura.

II. Método de Ramsay-Young ou método dinâmico

Aparelhagem e substâncias

Considerar um aparelho do tipo esquematizado na Fig. 3-18 e substâncias como água e tetracloreto de carbono.

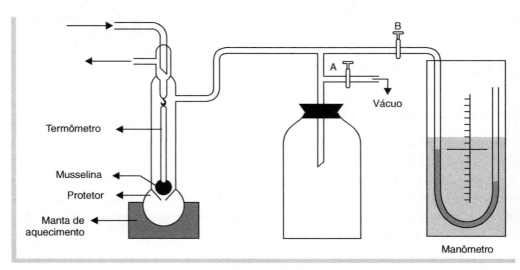

Figura 3-18

Procedimento

Tal como no caso anterior, o garrafão de aproximadamente 20 litros deve ser protegido, devido ao perigo de explosão. O tubo que liga o bulbo de aquecimento ao condensador deve ter, aproximadamente, 65 cm de comprimento, 25 mm de diâmetro e o referido bulbo, uns 200 mL.

A proteção na extremidade inferior do tubo evita que o líquido se projete contra o tecido de musselina que envolve o bulbo do termômetro. O condensador deve ser suficientemente longo para evitar que se perca a substância em estudo. Quanto ao termômetro, deve ter escala de 0 a 100 °C, com precisão de 0,1 °C.

Usando adequadamente o sistema de vácuo e os registros A e B, baixar bastante a pressão de forma que, em temperatura um pouco superior à ambiente, o líquido entre em ebulição; aguardar o equilíbrio e ler a temperatura. Permitir a entrada de um pouco de ar, de tal maneira que seja necessário acrescer uns 5 °C na temperatura. Aguardar o equilíbrio e fazer a leitura. Repetir esse procedimento até a pressão ambiente, obtendo assim uma série de pares temperatura/pressão de vapor.

Constroem-se dois gráficos: P versus T e $\ln P$ versus $1/T$, determinando-se em seguida a entalpia de vaporização do líquido.

Aplicações

No que se refere ao aspecto prático, é importante ter presente um método de cálculo rápido, embora aproximado, para a temperatura de ebulição de uma substância à pressão normal, isto é, a 760 mm Hg. Uma das regras empíricas aplicadas é a de Crafts, ou seja:

$$\Delta T = -c(760 - P)T,$$

sendo:

- P a pressão na qual se encontra a substância (em mm Hg);
- T a temperatura de ebulição normal (em K); e
- c é uma constante, que corresponde a 0,00012 para a maioria das substâncias, porém é 0,00010 para os álcoois, água e ácidos carboxílicos, ao passo que, para substâncias com ponto de ebulição muito baixo (como oxigênio, amônia e nitrogênio) é 0,00014.

Além dessa regra, encontram-se na Bibliografia métodos empíricos para cálculo das propriedades críticas da pressão de vapor de um metal, sem contar os inúmeros procedimentos experimentais.

Uma aplicação interessante refere-se ao cálculo da pressão de vapor de um metal, como, por exemplo, o caso que expomos a seguir.

A pressão de vapor de um metal é dada pela equação

$$\ln P^0 = \frac{-1,83 \times 10^4}{T} + 22,9,$$

obtida por via empírica e em que P^0 tem como unidade Pa, ao passo que T é expressa em kelvin.

Sabe-se que essa equação é aplicável em um intervalo de temperaturas que vai de 1.371 até 1.593 °C. Se as massas específicas do líquido e do vapor são, respectivamente, 0,410 g/cm³ e 1,47 x 10⁻³ g/cm³, a 1.482 °C, calcular a entalpia de vaporização nessa temperatura, (a) pelo método simplificado, (b) pelo método mais rigoroso.

Solução

a) Considerando-se que o volume específico do vapor é muito maior que o do líquido e que o vapor segue a lei ideal expressa em [3-21], reforça-se a aplicação da última equação, que, derivada em relação a T, dá:

$$\frac{d(\ln P^0)}{dT} = \frac{1,83 \times 10^4}{T^2}$$

e:

$$\Delta H_v = R(1,83 \times 10^4)$$
$$\Delta H_v = 8,314(1,83 \times 10^4)$$
$$= 152.063 \quad \text{KJ. Kgmol}^{-1}$$

Sabendo que um átomo-grama tem massa 6,94 g, temos:

$$\Delta H_v = \frac{152.063}{6,94} = 21.911 \quad \text{KJ} \cdot \text{Kg}^{-1}.$$

b) Considerando as massas específicas indicadas obtêm-se valores mais precisos. Logo, pela Eq. [3-20] aplicada aqui:

$$\frac{dP^0}{dT} = \frac{\Delta H_v}{TV_v}$$

e sabendo-se que a pressão de vapor pode ser calculada pela expressão:

$$P^0 = \exp\left(\frac{-1,83 \times 10^4}{T} + 22,9\right),$$

diferenciando-a em relação a T, tem-se que:

$$\frac{dP^0}{dT} = \left[\exp\left(\frac{-1,83 \times 10^4}{T} + 22,9\right)\right]\frac{1,83 \times 10^4}{T^2},$$

ou:

$$\frac{dP^0}{dT} = \frac{P^0}{T^2}(1,83 \times 10^4).$$

Logo:

$$\Delta H_v = \frac{P^0}{T}V_v(1,83 \times 10^4),$$

que, resolvendo-se para

$$T = 1.482 + 273 = 1.755 \text{ K}$$

e

$$P^0 = 269 \times 10^4 \text{ Pa},$$

ou seja:

$$\Delta H_v = \frac{269 \times 10^4 (1,83 \times 10^4)c}{1.755} = \frac{269 \times 10^4 (1,83 \times 10^4)\, 0,678}{1.755}$$

$$c = \left(\frac{1}{1,47 \times 10^{-3}}\right) - \left(\frac{1}{0,410}\right) = 678 \text{ cm}^3\text{ g}^{-1} \text{ ou } 0,678 \text{ m}^3\text{ Kg}^{-1}$$

Logo:

$$\Delta H_v = -18.980 \text{ KJ} \cdot \text{Kg}^{-1}.$$

Sabe-se que a precisão obtida na parte (b) é aparente.

3.7 ENTALPIA DE DISSOLUÇÃO A PARTIR DA SOLUBILIDADE

A variação da solubilidade de uma substância com a temperatura é dada pela equação:

$$\frac{d(\ln c)}{dT} = \frac{dH}{RT^2}, \qquad [3\text{-}27]$$

em que:

    c é a solubilidade de uma substância;

    dH a entalpia de dissolução;

    R a constante dos gases; e

    T a temperatura absoluta.

A expressão [3-27] é conhecida como *Equação de Van't Hoff*. Considerando, a partir dela, o calor específico como constante no intervalo de temperaturas $T_1 - T_2$ e integrando-a entre essas temperaturas, temos:

$$\ln \frac{c_1}{c_2} = \frac{\Delta H}{R}\left(\frac{1}{T_2} - \frac{1}{T_1}\right), \qquad [3\text{-}28]$$

ou:

$$\log \frac{c_1}{c_2} = \frac{\Delta H}{2{,}303\,R}\left(\frac{T_1 - T_2}{T_1 T_2}\right), \qquad [3\text{-}29]$$

sendo:

    c_1 a solubilidade à temperatura T_1; e

    c_2 a solubilidade à temperatura T_2.

Se a solubilidade de uma substância é determinada em duas temperaturas diferentes, a respectiva entalpia de dissolução pode ser calculada pela Eq. [3-29]. No caso de se obterem valores mais precisos, as solubilidades podem ser determinadas em várias temperaturas diferentes, e ΔH pode ser calculada pelo gráfico log c versus $1/T$.

Aparelhagem e substâncias

Banho termostático, quatro erlenmeyers de 500 mL, dois erlenmeyers de 150 mL, balança tipo Marte, uma pipeta de 50 mL e outra de 10 mL, bureta, tubo de látex, algodão, ácido benzóico, fenolftaleína e solução 0,1M de hidróxido de sódio.

Procedimento

Separar dois erlenmeyers de 500 mL e colocar em cada um, aproximadamente, 1 g de ácido benzóico, juntando em seguida 200 mL de água destilada em cada um. Essas misturas são aquecidas até a ebulição por uns 5 a 10 minutos e então resfriadas em água corrente até 30 °C. A partir daí as soluções são colocadas em um banho termostático a 25 °C até que entrem em equilíbrio térmico com ele.

Uma seção de tubo de borracha contendo algodão internamente é adaptada na ponta de uma pipeta de 50 mL; com esta, retira-se uma alíquota de cada solução para ser titulada pelo hidróxido de sódio 0,1M, usando-se como indicador a fenolftaleína. O tubo de borracha com algodão serve para evitar a entrada de partículas sólidas na pipeta. Outras duas alíquotas devem ser retiradas a seguir, uma de cada solução, e tituladas da mesma forma para verificar se efetivamente foi atingido o grau de saturação.

O experimento é repetido usando-se o banho termostático a 40 °C e esfriando-se a solução que esteve em ebulição, até uns 45 °C, antes da imersão no banho. Nessa fase, em que a temperatura é mais elevada, usa-se cerca de 5 g de ácido benzóico para o mesmo volume de água, e faz-se a titulação com alíquotas de 10 mL.

Aplicações

A partir da Eq. [3-28], pode-se derivar para o cálculo da solubilidade ou da entalpia de uma dissolução. No primeiro caso, obtém-se a equação:

$$\frac{c_1}{c_2} = \exp\left[\frac{\Delta H}{R}\left(\frac{1}{T_2} - \frac{1}{T_1}\right)\right], \qquad [3\text{-}30]$$

cuja aplicação é direta, ao passo que, no segundo caso, usa-se de preferência a Eq. [3-29].

Um dos empregos importantes desses cálculos é nas interações polímeros-gases ou vapores, especialmente quando se trata de embalagens. Sabe-se que a passagem de oxigênio, por exemplo, através do invólucro de um alimento pode causar sua deterioração, por ação de bactérias aeróbias. Em outros casos, necessita-se de uma proteção inversa, isto é, certos gases ou vapores precisam atravessar uma membrana que protege os tecidos parcialmente destruídos de um organismo vivo. É o caso do Nobecutane, película polimérica sintética que permite a respiração dos tecidos vivos.

As equações apontadas são de grande utilidade prática, porém, apenas para que o leitor tenha a possibilidade de confirmar esse fato em duas aplicações diversas, no campo dos polímeros, basta consultar a Bibliografia (Leitão/Santos e Coull/Stuart).

Ainda com respeito à Eq. [3-28], convém destacar que, no caso real, torna-se necessário usar a definição de atividade. Para esse tipo de sistema usa-se a Lei de Raoult, como segue:

$$P_1^* = P_1^0 x_1, \qquad [3\text{-}31]$$

cujos significados são:

P_1^* pressão de vapor parcial do componente 1 sólido e puro;

P_1^0 pressão de vapor do componente 1 quando líquido e puro;

x_1, solubilidade ideal do sólido na solução líquida.

O valor de P_1^0 só é obtido quando fundido e à temperatura de fusão.

A composição de equilíbrio pode ser calculada termodinamicamente, em duas condições distintas:

a) quando o sólido puro está em equilíbrio com o solvente líquido;

b) quando uma solução sólida está em equilíbrio com o solvente líquido e se conhece a fração molar do componente 1 na solução sólida.

No primeiro caso pode-se equacionar como segue:

$$\left[\frac{\partial(\ln \gamma_1 x_1)}{\partial T}\right]_P = \left[\frac{\partial\left[\frac{\ln(P_1^0)^*}{P_1^0}\right]}{\partial T}\right]_P, \quad [3\text{-}32]$$

sendo $(P_1^0)^*$ a pressão de vapor do sólido 1, puro.

Por meio de transformações algébricas, chega-se à expressão:

$$-\ln x_1 = \frac{H_{1(f)}}{R}\left(\frac{1}{T} - \frac{1}{T_f}\right), \quad [3\text{-}33]$$

para a qual $H_{1(f)}$ é a entalpia de fusão do componente 1, à temperatura de fusão (T_f).

Aplica-se a Eq. [3-33] quando a solubilidade é igual à unidade, na temperatura de fusão.

3.8 PROPRIEDADES TERMODINÂMICAS DE SOLUÇÕES

O estudo das propriedades termodinâmicas de um sistema pode ser encaminhado por inúmeras vias, como, por exemplo, através de solicitações mecânicas, reações químicas e equilíbrios físicos. No presente trabalho, propõe-se a determinação da variação de propriedades como a energia livre, a entalpia e a entropia, de um sistema constituído por uma solução líquida.

Partindo de considerações termodinâmicas mais genéricas, pode-se afirmar que, a uma temperatura constante, para um sistema constituindo por n_1 mols do líquido 1 e n_2 mols do líquido 2, sendo n_1 um número grande, adicionando-se 1 mol do líquido 1, variam as seguintes propriedades: energia livre de diluição, entalpia de diluição e entropia de diluição, respectivamente:

$$\Delta \overline{G}_1 = \overline{G}_1 - G_1^0, \qquad \Delta \overline{H}_1 = \overline{H}_1 - H_1^0 \qquad [3\text{-}34]$$

e

$$\Delta \overline{S} = \overline{S}_1 - \overline{S}_1^0,$$

sendo:

$\overline{G}_1$ a energia livre molar parcial (de Gibbs);
$\overline{H}_1$ a entalpia (calor sob pressão constante) molar parcial;
$\overline{S}_1$ a entropia molar parcial; e
$G_1^0, H_1^0, S_1^0,$ são respectivamente a energia livre, a entalpia e a entropia de um mol do líquido 1, nas condições padrão.

Sabe-se que:

$$\Delta \overline{G}_1 = \Delta \overline{H}_1 - T \Delta \overline{S}_1. \qquad [3\text{-}35]$$

Fixando-se como índice 1 o solvente e como índice 2 o soluto, pode-se calcular a variação de energia livre de diluição pela expressão:

$$\Delta \overline{G}_1 = RT \ln \frac{P_1}{P_1^0}, \qquad [3\text{-}36]$$

em que P_1 e P_1^0 são as pressões de vapor (tensões de vapor) do líquido 1 na solução e do líquido 1 puro, respectivamente.

Essa variação de energia pode, inclusive, ser calculada por meio das pressões osmóticas (ou de inchamento), nesse caso:

$$\Delta \overline{G}_1 = -\pi \overline{V}_1, \qquad [3\text{-}37]$$

sendo:

π a pressão osmótica da solução; e
$\overline{V}_1$ o volume molar parcial do liquido 1.

No caso do calor de diluição ($\Delta\overline{H}_1$) além da determinação calorimétrica, pode-se calculá-lo a partir da variação da energia livre de diluição com a temperatura, considerando-se a equação:

$$\Delta\overline{H}_1 = \frac{d\left(\dfrac{\overline{G}_1}{T}\right)}{d\left(\dfrac{1}{T}\right)}, \qquad [3\text{-}38]$$

ou seja, variação da pressão osmótica com a temperatura (porque em geral).

Por outro lado, para de líquidos não-polares, o calor de diluição é dado pela expressão:

$$\Delta\overline{H}_1 = (\delta_1 - \delta_2)^2 \times (V_1 \nu_2), \qquad [3\text{-}39]$$

sendo:

δ_1 e δ_2 os parâmetros de solubilidade;

V_1 o volume molar do solvente; e

ν_2 a fração de volume do soluto.

O parâmetro de solubilidade será estudado mais adiante, no Experimento 7.2 ("Polímeros").

Aparelhagem e substâncias

Consideremos inicialmente o equipamento mostrado na Fig. 3-17 e, em seguida, os reagentes benzeno e naftaleno. Quanto ao isoteniscópio, recomenda-se um volume de aproximadamente 500 mL além de contar com um condensador adaptado logo na parte externa ao banho termostático. É aconselhável usar-se um manômetro inclinado, para leituras mais precisas.

Procedimento

Atuando como no método estático, determinar a pressão de vapor do solvente puro a varias temperaturas pré-fixadas e, em seguida, repetir a operação para uma solução que tenha aproximadamente 7 g de naftaleno em 200 mL de benzeno. Repetir a determinação de P_1 em várias temperaturas, no mesmo intervalo anterior.

É conveniente determinar a pressão de vapor do líquido puro, inclusive porque os mesmos fatores de erros experimentais serão considerados nas duas determinações, o que não deverá afetar muito a grandeza em estudo, ou seja, $\Delta\overline{G}$, pela Eq. [3-36].

Em seguida, com os valores calculados de $\Delta \overline{G}$ e as respectivas temperaturas, constrói-se um diagrama $\dfrac{\Delta \overline{G}_1}{T}$ versus $1/T$, a partir do qual obtém-se o valor $\Delta \overline{H}_1$, desde que se considere a Eq. [3-38].

Aplicações

O procedimento apontado neste experimento, desde que adequadamente aperfeiçoado, poderá ser aplicado na determinação normal das propriedades termodinâmicas das soluções. Quando se trata de solutos e solventes com características bem definidas, tudo indica que não existem motivos para pôr em dúvida os resultados obtidos, que devem ser dignos de confiança.

No caso particular dos polímeros, mesmo sabendo que os fatores intervenientes aumentam o grau de dificuldade na obtenção das respostas experimentais, sugere-se aqui uma orientação. Esse tipo de solução torna mais difícil seu estudo, principalmente pelas características intrínsecas do próprio polímero, tais como variações da massa molar, ramificações de cadeias, além das interações do soluto com o solvente, por exemplo, devido à presença constante das ligações hidrogênicas. Mesmo assim, propõe-se a seguir a expressão [3-40], a título de exemplo, para cálculo da energia livre de uma solução diluída, no caso polímero-solvente:

$$\Delta G_m RT (n_1 \ln \phi_1 + n_3 \ln \phi_3 + \chi_{12} n_1 \phi_2 + \chi_{13} n_1 \phi_3 + \chi_{23} n_3 \phi_2), \quad [3\text{-}40]$$

em que:

n_i é o número de mols;

ϕ_i a fração de volume;

χ_{ij} o parâmetro de interação de Flory-Huggins;

R a constante universal dos gases;

T a temperatura (em kelvin).

Lembrar que a fração de volume do segundo componente ϕ_2 numa solução binária é:

$$\phi_2 = \dfrac{n_2 V_2^0}{n_1 V_1 + n_2 V_2},$$

sendo:

n_i o número de mols; e

V_2^0 o volume molar do componente puro.

BIBLIOGRAFIA

Atkins, P. W., Físico-Química, Vol I, 7ª ed., Livros Técnicos e Científicos Editora (2003).

Bailes, Hanson e Hughes, Liquid-Liquid Extraction, Chem. Eng,. 19 de janeiro (1976).

Calvert, D., Smith, M. J., e Falcão, E., Equipment for Low-Cost Study of the Naphthalene-Biphenyl Phase Diagram, J. of Chem. Education, vol. 76, no. 5, maio de 1999, pp. 668-670.

Coull J. e Stuart E. B., Equilibrium Thermodynamics, Wiley International Editions (1964).

Dallacherie/Foucault/Seacchi, Entalpy of Mixing of Water and Ethanol, Education in Chemistry, julho, pp.121-124 (1988).

Davies, Eurof D., Practical Experimental Metallurgy, Elsevier Publishing Co. Ltd. (1966).

Francis, A. E., e Smith, N. O., J. Ch. Education, vol. 46, n. 12, dezembro (1969).

Garland, Nible e Shoemaker, Experiments in Physical Chemistry, 7ª ed. McGraw Hill (2003).

Gerasimov, Ya., e outros, Physical Chemistry, Vol. I, MIR Publishers (1974).

Gold, P. I., Ogle, G. J., Estimating Thermophysical Properties of Liquids, Parte 12, Chemical Engineering, 8 de setembro, p. 141 (1969).

Gomide, R., Estequiometria Industrial, 3a ed. (edição do autor) (1984).

Gorbachev, S. V., Prácticas de Química Física, MIR, Moscou (1977).

Guggenheim, E. A., e Prue, J. E., Physicochemical Calculations, North-Holland Publishing Co. (1955).

Halpern, A. M., Experimental Physical Chemistry, 2ª ed., Prentice Hall, Upper Saddler River, NJ (1997).

Heric, E. L., A Phase Rule Experiment, J. of Chem. Education, vol. 35, n.º 10, outubro (1958).

Hougen, Watson and Ragatz, Chemical Process Principles, Parte 1, 2ª ed., John Wiley & Sons (1962).

J. of Pol. Sci.: Pol. Chem. Ed., Vol. 11, 3.017-3.020 (1973).

Knapp, H., Vapor-Liquid Equilibria for Mixtures of low Bolling Substances, Frankfurt, Dechema (1982).

Kumar e Gupta, Fundamentals of Polymer Science and Engineering, TATA, McGrow Hill Publishing Co. Ltda. (1978).

Kyle, B. G., Chemical and Process Thermodynamics, Prentice Hall (1984).

Leitão, D. M. e Santos, M. L. dos, Estudos de solubilidade e permeabilidade de hidrocarbonetos em membranas poliméricas, publicação n.º 68, Universidade Federal do Rio de Janeiro (sd).

Macedo, H., Físico-Química I, Ed. Guanabara Dois (1981).

Molyneux, F., Ejercicios de Laboratorio de Ingeniería Quimica, Editorial Blume (1969).

O'Connell, Prausnitz and Poling, The Properties of Gases & Liquids, 5ª ed., McGraw-Hill (2000).

Pombeiro, Armando, J. L. O., Técnicas e Operações Unitárias em Química Laboratorial, Fundação Caloute Geulbenkian, Lisboa (1983).

Sandler, S. I., Chemical and Engineering Thermodinamics, 2ª ed., John Wiley & Sons (1989).

Schröder-Müller-Arndt, Polymer Caraterization, 2ª ed. Hanser Publishers (distr. Oxford Univ. Press) (1989)

Smith, Van Ness e Abbott, Introdução à Termodinâmica na Engenharia Química, 5ª ed., Livros Técnicos e Científicos Editora (2000).

Tobey, S. W., Journal of Chemical Education, 35, 352 (1958).

Walas, Stanley M., Phase Equilibria in Chemical Engineering, Butterworth Publishers (1985).

Washburn e colaboradores, J. Am. Chem. Soc. 53, 3.237 (1931) até 68.235 (1946).

Williams, K. R., e Collins, S. E., The Solid-Liquid Phase Diagram Experiment, J. of Chem. Education, vol. 71, no. 7, julho de 1994.

Wilson, Newcombe, Denaro and Rickett, Experiments in Physical Chemistry, Pergamon Press (1962).

Wolfenden, Richards e Richards, Numerical Problems in Advanced Physical Chemistry, Clarendon Press (1964).

CINÉTICA QUÍMICA 4

A Cinética Química é a parte da Físico-Química que se dedica ao estudo das transformações químicas, relacionado com o tempo envolvido no processo. Para tanto, foram definidos índices e propriedades tais como velocidade de reação, constante de velocidade, molecularidade, ordem de reação, grau de conversão e avanço ou extensão.

Uma reação química está sujeita a uma série de fatores internos e externos. Como fatores internos, podemos destacar o estado de agregação, o grau de divisibilidade dos reagentes e dos produtos, a mobilidade das partículas que devem reagir, as dificuldades impostas pelo meio onde deve ocorrer a reação, tais como viscosidade, polaridade, condutividade térmica e outros. E fatores externos são os que agem sobre o sistema de qualquer maneira; para exemplificar, podem-se citar: pressão, radiações, agitação mecânica e calor.

As teorias cinéticas, como quaisquer outras, evoluem, à medida que novas considerações teóricas tanto físicas como químicas são acrescentadas ao dia-a-dia da ciência. Por esse motivo a introdução da Mecânica Quântica trouxe novas luzes à Cinética Química, tanto no aprofundamento do que se conhecia até então, como na abertura de novos horizontes para as reações mais complexas.

A velocidade de uma reação pode ser estudada pela variação de uma grandeza em função do tempo decorrido, como, por exemplo, a concentração de um dos componentes do sistema. Considerando a expressão

$$v = \frac{dC}{dt}, \qquad [4\text{-}1]$$

para a qual

- v é a velocidade;
- dC a variação da concentração; e
- dt o intervalo de tempo decorrido,

teremos a equação básica da velocidade de reação.

À medida que, no curso de uma reação química, variam as quantidades das substâncias presentes, mudam as propriedades físico-químicas do sistema, ao ponto de se alterar a própria velocidade da reação. Por isso, supondo-se o processo mais simples, denominado *por bateladas*, isto é, em que os reagentes são reunidos no local apropriado, dando início à reação que no começo é lenta, acelera-se até um máximo de velocidade, para então cair, tendendo a zero, as propriedades físico-químicas irão variar continuamente, não permitindo muitas vezes que o acompanhamento do processo possa depender de uma única grandeza.

Um outro sistema que permite efetuar as combinações químicas é o *contínuo*, qual seja, aquele em que, injetados os reagentes convenientemente, se as condições favoráveis forem mantidas constantes, os produtos poderão ser obtidos indefinidamente.

Neste segundo sistema, é interessante destacar que as propriedades físico-químicas mantêm-se constantes depois que for atingida a condição de regime permanente.

Nos ensaios de laboratório, normalmente as reações são por bateladas, porque mais econômicas e de maneira geral mais convenientes. Contudo, do ponto de vista industrial, existe uma tendência para os processos contínuos, que embora mais complexos, tornam-se mais econômicos.

Um outro aspecto de importância que merece algumas linhas é a necessidade do conhecimento do mecanismo de uma reação. Em geral, uma reação representada por:

$$A + B \rightleftarrows C + D \qquad [4\text{-}2]$$

não impede que na realidade ocorram simultaneamente outros processos como, por exemplo:

$$A + A \rightleftarrows E + F, \qquad [4\text{-}3]$$

$$B + B \rightleftarrows G \qquad [4\text{-}4]$$

e outras alternativas, porém, no caso, as combinações [4-3] e [4-4] não são desprezíveis.

Outro fato importante a ser notado é que, ao se partir dos reagentes, o sistema permite que se atinja os produtos finais por meio de sucessivas reações intermediárias, onde a velocidade do sistema global será definida pela combinação mais lenta. Torna-se comum, por conseguinte, o emprego de esforços visando primeiramente resolver o "quebra-cabeças", isto é, conhecer o mecanismo global, para então agir sobre as passagens críticas de modo a facilitar a obtenção do intento, ou seja, o produto final. Em geral, quando isso ocorre, empregam-se substâncias denominadas *catalisadores*, que atuam sobre a energia de ativação da parte crítica do mecanismo.

Os dispositivos e equipamentos usados nos processos aqui descritos são em geral conhecidos simplesmente por *reatores*. Pelo que foi dito, pode-se ter uma idéia da importância desse equipamento, tanto nos laboratórios como nas plantas industriais.

Os reatores têm os aspectos mais variados; assim, tanto pode ser reator um balão de vidro, como um tubo de ferro com vários metros de comprimento; ou, ainda, um tacho onde se prepara o sabão comum. O grau de complexidade de um reator dependerá, evidentemente, do produto a ser obtido e da sua pureza.

No que se refere aos detalhes construtivos desse equipamento, é necessário frisar que as propriedades físico-químicas são fundamentais e, por isso, é muito importante conhecê-las da maneira mais completa possível. A avaliação do aumento da viscosidade de uma solução em que se processa certa reação, do calor desprendido, do volume do corpo reagente que diminui, enfim, de elementos como esses, é decisiva para o dimensionamento de um reator.

Só para citar um caso, suponhamos um reator no qual a viscosidade cresce à medida que aumenta o grau de conversão. Se o agitador usado não tiver sido dimensionado para resistir ao aumento de torção, perderá sua finalidade; por outro lado, caso isso não ocorra com o agitador, se o próprio reator não for bem calculado, poderá estar sujeito a uma vibração que causará a ruptura de sua estrutura.

Com esse final, pretende-se mostrar que os aspectos físico-químicos não estão relacionados apenas com a reação em si, mas afetam inclusive os detalhes construtivos do equipamento.

4.1 REAÇÕES DE PRIMEIRA ORDEM

O presente trabalho visa a determinação do coeficiente de velocidade de uma reação de primeira ordem; mais especificamente, trata da hidrólise da sacarose em meio ácido. A presença dos íons de hidrogênio é requerida pelo fato de a reação ser muito lenta e o íon ácido ter a função de catalisar o processo. Como a velocidade da reação é nitidamente proporcional à concentração do íon ácido, pode-se até utilizá-la para determinar a quantidade de H^+ presente numa solução.

As reações de primeira ordem freqüentemente ocorrem em solução, sendo que o solvente é em geral um dos reagentes. Sua equação geral, na forma diferencial, é:

$$\frac{dx}{dt} = k(a - x), \qquad [4\text{-}5]$$

sendo:

- a uma concentração inicial;
- x a quantidade transformada após um tempo t; e
- k o coeficiente de velocidade, também denominado *constante de velocidade*.

Integrando [4-5], teremos:

$$k = \frac{1}{t}\ln\frac{a}{a-x}. \qquad [4\text{-}6]$$

Embora freqüentemente haja coincidência entre a ordem e a molecularidade das reações, como no caso a água estará presente em quantidade predominante (aproximadamente 85 mols de água para 1 de sacarose), a reação bimolecular será traduzida pela expressão de primeira ordem, transformação essa denominada *pseudomolecular*.

A expressão da reação química é

$$C_{12}H_{22}O_{11} + H_2O \xrightarrow{H^+} C_6H_{12}O_6 + C_6H_{12}O_6.$$
(sacarose + água → glucose + frutose)

Durante a transformação, à medida que o tempo passa, a quantidade de sacarose destinada à hidrólise diminui, alterando a velocidade; logo, a reação não pode ser de ordem zero, pois nesse caso a velocidade não dependeria da concentração dos reagentes.

Neste estudo, a grandeza medida, para acompanhar o comportamento cinético da reação, será a rotação do plano de luz polarizada, por meio de um polarímetro. Sabe-se que a sacarose é *destrógira*:

$$\alpha_D^{20^\circ C} = +66{,}53;$$

e também a glucose:

$$\alpha_D^{20^\circ C} = +52{,}7;$$

já a frutose é *levógira*:

$$\alpha_D^{20^\circ C} = -92{,}4.$$

Com esses ângulos de rotação, conclui-se que uma mistura equimolar desses reagentes é levógira:

$$\alpha_D^{20^\circ C} = -19{,}8$$

[do cálculo: (+ 52,7 − 92,4)/2].

Pela equação química precedente conclui-se que o processo vai iniciar destrógiro e terminar levógiro.

Na Eq. [4-6], a representa a concentração inicial e $(a-x)$ a concentração em um tempo qualquer t; por outro lado, como a rotação do plano de luz polarizada depende diretamente das concentrações dos açúcares, pode-se considerar a equação:

$$k = \frac{1}{t}\ln\frac{\alpha_0 - \alpha_\infty}{\alpha_t - \alpha_\infty},\qquad\text{[4-7]}$$

em que:

α_0 é o ângulo observado no instante inicial;

α_t o ângulo lido no tempo t; e

α_∞ o ângulo anotado após um período mínimo de 48 horas.

Um fato importante a ser destacado é que a temperatura deve permanecer rigorosamente constante, para a medida dos ângulos. Após a última leitura que precede α_∞, não é preciso manter constante a temperatura, mas sim apenas durante a leitura de α_∞. Sabe-se que, no caso particular dessa solução de açúcar, a elevação de 10°C causa um aumento no coeficiente de velocidade de aproximadamente 3,5 vezes.

Como é impossível medir α_0, pelas condições experimentais, faz-se uma estimativa a partir dos valores de α_t coletados e da representação gráfica da equação:

$$kt = \ln(\alpha_0 - \alpha_\infty) - \ln(\alpha_t - \alpha_\infty).\qquad\text{[4-8]}$$

Com $-\ln(\alpha_t - \alpha_\infty)$ em abscissas e t em ordenadas, obtém-se uma reta que define $\ln(\alpha_t - \alpha_\infty)$ por intercessão. Como α_∞ foi medida, por cálculo tem-se α_0.

Uma outra maneira usada para se determinar o coeficiente de velocidade é pela medida da rotação do plano de luz polarizada, em três instantes intermediários, de tal forma que os intervalos de tempo sejam constantes.

Considerando os tempos t_1, t_2 e t_3, de maneira que

$$t_2 - t_1 = t_3 - t_2 = \Delta t,$$

aplicando a Eq. [4-5] integrada, temos:

$$k = \frac{1}{t_2 - t_1}\ln\frac{C_1}{C_2}$$

e:

$$k = \frac{1}{t_3 - t_2}\ln\frac{C_2}{C_3},$$

e que C_1, C_2 e C_3 são as respectivas concentrações em t_1, t_2 e t_3.

Logo:

$$k\Delta t = \ln \frac{C_1}{C_2} = \ln \frac{C_2}{C_3},$$

ou ainda:

$$k\Delta t = \ln \frac{C_1 - C_2}{C_2 - C_3}.$$

Assim:

$$k = \frac{1}{\Delta t} \ln \frac{\alpha_1 - \alpha_2}{\alpha_2 - \alpha_3}. \qquad [4\text{-}9]$$

Já que se trata de catálise ácido-base, convém destacar o efeito do pH sobre o coeficiente de velocidade. Sabe-se que a constante em estudo depende da concentração de íons de hidrogênio:

$$k = k_{H^+}(H^+) \qquad [4\text{-}10]$$

(k_H + chama-se *coeficiente catalítico*).

A Fig. 4-1 mostra a dependência entre log k e o pH, na hidrólise em estudo.

Aparelhagem e substâncias

Dois balões aferidos de 100 mL, dois erlenmeyers de 125 mL, um erlenmeyer de 125 a 150 mL com rolha esmerilhada, um polarímetro que funcione sob temperatura constante e um banho termostático, sacarose P.A. e ácido clorídrico.

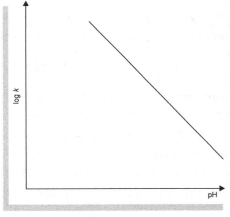

Figura 4-1

Procedimento

Preparar uma solução de açúcar de cana ou sacarose P.A. que tenha 20 g de sólidos em 100 mL de solução aquosa, filtrando-a, se necessário, para que fique perfeitamente límpida.

Preparar 100 mL de solução aquosa 2 M de ácido clorídrico. Transferir 25 mL desse ácido para um erlenmeyer de 125 mL e 25 mL da solução de açúcar para outro erlenmeyer de 125 mL, depositando os dois recipientes num banho termostatizado a 25 ºC.

A temperatura do tubo padrão de observação do polarímetro deve ser mantida constante por meio de uma camisa de água, de tal maneira que não varie mais do que 0,1 ºC. Nesse tubo deve estar adaptado um termômetro, para o devido controle da temperatura.

Encher o tubo padrão com água destilada e ajustar o zero do aparelho a 25 °C. Logo que os dois reagentes estejam à temperatura desejada, deve-se juntá-los rapidamente no erlenmeyer provido de rolha esmerilhada, que deverá estar também a 25 °C. Prosseguindo, deve-se lavar rapidamente o tubo padrão do polarímetro com um pouco dessa solução e enchê-lo com ela, de maneira que não fiquem bolhas de ar. Colocá-lo no polarímetro e proceder às medidas de rotação do plano de luz polarizada.

Como logo no início a rotação é bem maior, deve-se proceder às leituras o mais rapidamente possível. As leituras devem ocupar um período de aproximadamente 2 horas, com intervalos iniciais de 15 minutos, passando depois para 30 e 40 minutos. A leitura final deverá ser realizada após 48 horas.

Com os valores lidos e os respectivos tempos, construir a Tab. 4-1.

Leitura	Tempo (min)	Rotação, α_t (graus)	$\alpha_t - \alpha_0$	$\ln \dfrac{\alpha_0 - \alpha_\infty}{\alpha_t - \alpha_\infty}$
0	t_0	α_0	$\alpha_0 - \alpha_\infty$	Zero

Tabela 4-1

Considerando a equação:

$$kt = \ln \frac{\alpha_0 - \alpha_\infty}{\alpha_t - \alpha_\infty},$$

com a segunda e a última colunas da Tab. 4-1, construir um diagrama e obter o valor de k, cujas unidades serão minuto^{-1}.

Aplicações

Uma das aplicações interessantes é aquela onde se faz a previsão do grau de conversão da sacarose, após um certo tempo de reação, pela medida de poucos valores experimentais. Considerar o exemplo a seguir.

Na reação de hidrólise da sacarose em meio ácido, a partir de uma solução com 20% de açúcar, a 25 °C, calcular a porcentagem de açúcar invertido após 53 minutos do início da reação, tendo presentes os valores medidos, da Tab. 4-2:

t	0	53 min	∞
α	24,09	8,5	-10,74

Tabela 4-2

Solução

Considerando a Eq. [4-7], calcula-se a constante de velocidade.

$$k\frac{1}{t} = \ln\frac{\alpha_0 - \alpha_\infty}{\alpha_t - \alpha_\infty},$$

$$k\frac{1}{t} = \ln\frac{24,09 + 10,74}{8,50 + 10,74},$$

$$k = 1,1198 \times 10^{-2} \text{ min}^{-1}.$$

Cálculo da porcentagem:

$$\ln\frac{C_0}{C} 1,1198 \times 10^2 \times 53 = 0,593,$$

$$\frac{C_0}{C} 1,81 \quad \text{ou} \quad \frac{C}{C_0 - C} = 1,23.$$

Se C_0 corresponde a 100% do açúcar presente, $C_0 - C$ é o convertido, que em porcentagem pode ser calculado assim:

$$100 \times \frac{C_0 - C}{C} = 81,3.$$

Após 53 minutos, 81,3% do açúcar estará hidrolisado.

A essa altura, vale a pena considerar a proposta de Humeres e Quijano relativa aos experimentos em que não se tem o valor da grandeza em observação, à medida que o tempo tende ao infinito. Como por exemplo no caso da sacarose, em que não se consegue medir o valor de α_∞ por algum motivo. Nessas circunstâncias, aqueles autores sugerem uma técnica que permite contornar tal dificuldade. Para maiores detalhes consultar: Método Melhorado para Calcular a Leitura Infinita de Cinéticas de Primeira Ordem, *Química Nova*, 20 (3) (1997), pp. 311-312.

4.2 REAÇÕES DE SEGUNDA ORDEM

O estudo das reações de segunda ordem pode ser efetuado através do acompanhamento de uma reação entre o acetato de etila e o hidróxido de sódio, denominada *saponificação*. Esse processo químico pode ser representado pela equação química:

Reações de segunda ordem | 123

$$CH_3COOC_2H_5 + Na^+ + OH^- \longrightarrow CH_3COO^- + Na^+ + C_2H_5OH.$$

No caso, o objetivo consiste em determinar o coeficiente de velocidade sabendo-se que as concentrações iniciais dos reagentes são iguais e que a reação é equimolar, isto é, um mol de A reage com um mol de B.

Trata-se da ordem de reação mais comum e, inclusive, muito freqüente nas reações orgânicas. A expressão matemática diferencial é:

$$\frac{dx}{dt} = k(a-x)(b-x), \qquad [4\text{-}11]$$

sendo:

x o abaixamento da concentração de A e B quando decorre um tempo t;

a e b, são, respectivamente, as concentrações iniciais dos reagentes A e B; e

k o coeficiente de velocidade ou constante de velocidade.

Integrando a Eq. [4-11] para $a \neq b$, temos:

$$k = \frac{1}{t(a-x)} \ln \frac{b(a-x)}{a(b-x)}. \qquad [4\text{-}12]$$

Caso se trate de $a = b$:

$$\frac{dx}{dt} = k(a-x)^2,$$

que, integrada, resulta:

$$k = \frac{1}{t} \frac{x}{a(a-x)}. \qquad [4\text{-}13]$$

Normalmente as unidades de k na reação de segunda ordem são dadas por L·mol^{-1}·min^{-1}, embora por convenção o tempo deva ser dado em segundos.

Uma das maneiras de se acompanhar o curso da reação consiste em pipetar amostras da mistura reagente a intervalos de tempo determinados, colocar o conteúdo da pipeta em um erlenmeyer contendo um excesso conhecido de solução de HCl, cuja concentração esteja determinada, e titular de volta com solução de NaOH.

Com esse procedimento, evita-se que a reação prossiga após a retirada da amostra, no intervalo de tempo que antecede a titulação com base.

Aparelhagem e substâncias

Uma bureta de 50 mL, seis erlenmeyers de 125 mL, dois erlenmeyers de 500 mL, uma pipeta graduada de 25 mL, uma pipeta volumétrica de 10 mL, uma pipeta graduada de 2 mL, um balão volumétrico de 1.000 mL, um banho termostático, um pesa-filtro de 25 mL, um cronômetro, acetato de etila, hidróxido de sódio, ácido clorídrico e indicador.

Procedimento

Preparar separadamente duas soluções que tenham concentrações 0,02M, uma de acetato de etila e outra de hidróxido de sódio.

Para preparar a solução de acetato de etila, deve-se primeiramente pesar um pesa-filtro com tampa, em seguida pesá-lo com ±5 mL de água destilada e adicionar a quantidade de acetato suficiente para preparar 1 L de solução 0,02M. O pesa-filtro é novamente pesado e seu conteúdo transferido, quantitativamente, para o balão volumétrico de 1.000 mL. Lava-se bem o pesa-filtro com água destilada e completa-se o volume de 1 L com água.

Após aprontar 1 L de solução de NaOH 0,02M e da mesma maneira 1 L de solução 0,02M de HCl, colocar 30 mL dessa solução ácida em cada um dos seis erlenmeyers. Depositar 250 mL da solução de acetato em um dos erlenmeyers de 500 mL e 250 mL da solução de NaOH no outro erlenmeyer de 500 mL, levando-os em seguida ao banho termostático a 25 °C. Estabelecido o equilíbrio térmico, passar a solução de um dos erlenmeyers de 500 mL para o outro, marcando com o auxílio de um cronômetro o instante do início da reação. Agitar bem essa solução, retornando-a ao banho termostático. Retirar amostras de 25 mL a 2, 5, 10, 20, 40 e 60 minutos, passando-as para cada um dos seis erlenmeyers que têm 30 mL de ácido. Esse procedimento deve ser o mais rápido possível, por isso usa-se uma pipeta de escoamento rápido.

A solução restante nesses erlenmeyers de 125 mL será titulada com NaOH 0,02M, usando-se como indicador uma solução de fenolftaleína. O decréscimo de concentração x de NaOH e acetato de etila em qualquer tempo t é calculado subtraindo-se a concentração de NaOH no tempo t da sua concentração inicial na mistura reagente.

O coeficiente de velocidade k é calculado pela Eq. [4-13], através do diagrama $x/a\,(a-x)$ em função de t.

Para maior facilidade nos cálculos, sugere-se a construção de uma tabela (Tab. 4-3).

Tempo (min)	Volume gasto de NaOH	HCl presente no instante da titulação	$a - x$	x	$\dfrac{x}{a(a-x)}$

Tabela 4-3

Aplicações

Procede-se à hidrólise do acetato de metila em presença de ácido clorídrico a 300 K. Sabe-se que o reator foi alimentado com acetato de metila e água na proporção volumétrica de 1:8, respectivamente. Calcular o rendimento da conversão em função do tempo.

Solução

Considerar a equação química:

$$H_2O + CH_3COOCH_3 \rightleftarrows CH_3COOH + CH_3OH$$

em que tanto a reação direta como a inversa são de segunda ordem.

São conhecidos os seguintes dados:

massa específica do acetato de metila: 0,92 g/cm³;

constante de equilíbrio a 300 K: $K_c = 0{,}219$;

constante de velocidade da reação direta: 0,0001482 L/mol·min.

A partir desses dados experimentais torna-se conveniente chegar à equação da velocidade de reação, da seguinte maneira:

$$v = \frac{dC_{\text{éster}}}{dt},$$

$$K_c = \frac{k_1}{k_2} = \frac{C_{\text{ácido}} \cdot C_{\text{álcool}}}{C_{\text{água}} \cdot C_{\text{éster}}}$$

e:

$$k_2(C_{\text{ácido}} \cdot C_{\text{álcool}}) = k_1(C_{\text{água}} \cdot C_{\text{éster}}).$$

no equilíbrio, pode-se afirmar que:

$$v = \frac{dC_{\text{éster}}}{dt} = k_1(C_{\text{éster}} \cdot C_{\text{água}}) - k_1(C_{\text{ácido}} \cdot C_{\text{álcool}}).$$

Indicando com x o grau de transformação do éster, temos:

$$\frac{dx}{dt} = k_1(a-x)(b-x) - \frac{x^2}{K_c},$$

em que a e b são os valores das concentrações molares do éster e da água, respectivamente, no início do processo.

Ao iniciar a reação, temos 11,1% de éster e 88,9% de água, em volume, o que corresponde a:

111 x 0,92 = 102 g de éster e 889 g de água,

o que, em termos de concentração, corresponde a:

$$\frac{102}{74} = 1,39 \text{ mol/L de éster;}$$

$$\frac{889}{18} = 49,4 \text{ mol/L de água.}$$

A equação diferencial a integrar é de variáveis separadas:

$$dt \frac{k_1}{K_c} = \frac{dx}{(1 - K_c)x^2 + K_c(a+b)x - abK_c},$$

da qual resulta:

$$t = -\frac{K_c}{k_1} \int_0^x \frac{dx}{(1 - K_c)x^2 + K_c(a+b)x - abK_c}.$$

Determinar primeiramente as raízes da equação de segundo grau do denominador:

$$(1 - K_c)x^2 + K_c(a+b)x - abK_c = 0$$

$$\sqrt{\Delta} = \sqrt{K_c^2(a+b)^2 + 4abK_c(1 - K_c)},$$

$$\sqrt{\Delta} = \sqrt{219^2(1,39 + 49,4)^2 + 4 \times 1,39 \times 49,4 \times 0,171},$$

$$\sqrt{\Delta} = 13.$$

Logo:

$$x_1 = \frac{-11,1 - 13}{2 \times 0,781} = -15,3,$$

$$x_2 = \frac{-11,1 + 13}{2 \times 0,781} = +1,21.$$

Portanto, deve-se levar o polinômio à forma $(x + 15,3) \cdot (x - 1,21)$ e determinar duas constantes A e B tais que:

$$\frac{1}{(x+15,3)(x-1,21)} = \frac{A}{(x+15,3)} - \frac{B}{(x-1,21)},$$

sendo necessária a condição:

$$1 = A(x-1,21) - B(x-15,3).$$

Substituindo as raízes x_1 e x_2, separadamente, na expressão anterior, conclui-se que:

$$-A = B = \frac{1}{16,51},$$

o que permite usar integrais imediatas:

$$t = \frac{0,219}{0,0001482} \frac{1}{16,51} \left(\int_0^x \frac{d(x+15,3)}{x-15,3} - \int_0^x \frac{d(x-1,21)}{x-1,21} \right).$$

E então:

$$t = 89,5[\ln(15,3+x) - \ln 15,3 - \ln(1,21-x) + \ln 1,21].$$

Atribuindo valores para x desde $x = 0$ até x de equilíbrio, temos os tempos de reação, expressos na Tab. 4-4.

X (mol/L)	0	0,05	0,2	0,4	0,6	0,8	1,0	1,2
t min (decorrido)	0	3,9	17,3	38	64,5	101	162	436
n (conversão)	0	0,041	0,165	0,33	0,495	0,661	0,826	0,992

Tabela 4-4

O rendimento de conversão (η) foi calculado considerando-se o número de mols no equilíbrio igual a 1,21 porque a outra raiz não tem sentido físico. isto é, -15,3.

Observa-se na Fig. 4-2 que, nas primeiras 2 horas e meia, mais de 80% do acetato de metila é hidrolisado e que, daí em diante, torna-se necessário aumentar muito o tempo de reação, para pequenos aumentos no rendimento da conversão, motivo pelo qual, do ponto de vista industrial, tal procedimento resulta antieconômico.

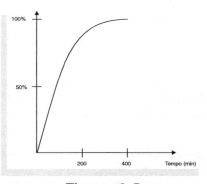

Figura 4-2

4.3 ORDEM DE UMA REAÇÃO

Este experimento tem por objetivo principal o estudo da ordem de uma reação bimolecular por meio da técnica fotocolorimétrica. Os reagentes são espécies iônicas e um deles é fortemente colorido, o cristal-violeta, ao passo que o outro não é colorido, o hidróxido de sódio. Como os produtos da reação são desprovidos de coloração, à medida que o processo transcorre, a intensidade da cor diminui, grandeza que é medida, com o auxílio de um fotocolorímetro, ajustando-se o filtro azul.

A estrutura do cristal-violeta é representada na Fig. 4-3:

Na análise estrutural dos cátions ressonantes verifica-se a contribuição da configuração (I) para a ressonância híbrida, que sugere uma deficiência eletrônica no carbono terciário, ponto de fragilidade suficiente para o ataque da hidroxila, formando um derivado carbinol incolor.

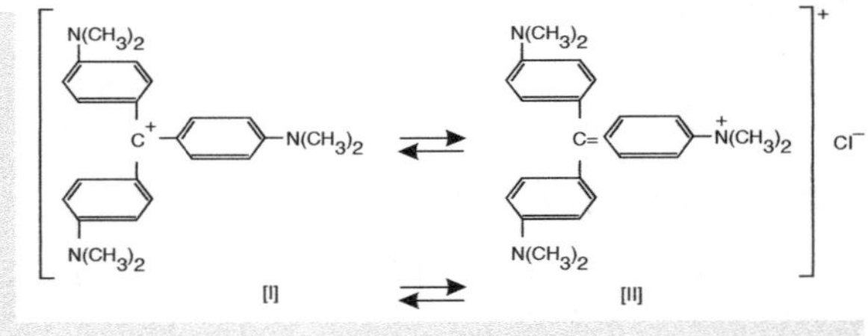

Figura 4-3

A reação principal ocorrerá, portanto, entre dois íons monovalentes de cargas elétricas opostas.

Antes de prosseguir, convém lembrar que a ordem de uma reação pode ser determinada a partir de alguns valores da velocidade previamente obtidos. Para isso, deve-se considerar a expressão:

$$\ln\left(\frac{dC_R}{dt}\right) = N \ln C_R + \ln\left(\frac{1}{k_c}\right), \qquad [4\text{-}14]$$

na qual:

C_R é a concentração do reagente;

N a ordem da reação; e

k_c refere-se à constante de velocidade.

Para se obter o valor de N, constrói-se um diagrama que tem nas ordenadas ln (dC_R/dt) e nas abscissas ln C_R, tal que o intercepto com o eixo de ordenadas será ln $(1/k_c)$ e a declividade N.

Aparelhagem e substâncias

Fotocolorímetro, cronômetro, duas pipetas de 10 mL, cinco balões aferidos de 100 mL, duas provetas de 50 mL, um erlenmeyer de 250 mL, uma proveta de 100 mL, solução de NaOH 0,1M e solução de cristal-violeta a 0,030 g·L^{-1}.

Procedimento

A partir da solução inicial de cristal-violeta, preparar cinco soluções aquosas em balões de 100 mL, com os seguintes volumes de corante: 2, 4, 6, 8 e 10 mL. Medir em seguida a absorvência (densidade óptica) de cada uma dessas soluções. Com os valores da grandeza medida, construir um diagrama com absorvência versus volume de corante usado na preparação de cada solução, que obrigatoriamente deverá passar pela origem.

A declividade dessa reta será a absorvência por unidade de volume da solução corante, após diluição, e antes de começar a reagir com a base. Como serão usados 10 mL da solução corante inicial, basta multiplicar por dez a declividade apontada, para obter a absorvência inicial.

Num balão aferido de 50 mL dilui-se 10 mL de solução corante com água. Em seguida, diluem-se em outro balão semelhante a quantia de 4 mL, de solução $0,1M$ de NaOH, em água. Preparadas essas duas soluções, costuma-se passá-las para provetas ou uma para um erlenmeyer e outra para uma proveta, a fim de que, no momento de misturá-las se possa fazer rapidamente. No instante inicial da mistura, aciona-se um cronômetro. Agitar o sistema para que o meio se torne bem homogêneo e encher uma célula do fotocolorímetro, tomando o cuidado de tampá-la, antes do início das leituras no aparelho referido. O fechamento dessa célula torna-se necessário devido à ação do gás carbônico do ar que se dissolve, reagindo com a soda cáustica. Nessas condições, são realizadas de seis a oito leituras da absorvência em intervalos de 3 a 4 min; $A = \log(I_0/I)$, em que I_0 e I são as intensidades luminosas inicial e em outro instante, respectivamente, após variar a concentração.

Repetir a segunda fase do experimento, ou seja, a reação do corante com a base, duplicando a concentração de NaOH.

Calcular os logaritmos das absorvências medidas, nas duas concentrações de base iniciais e construir dois diagramas $\log A$ versus tempo. A partir destes, obtêm-se os valores de k_{ap} que serão utilizados conforme a demonstração proposta a seguir.

Em termos gerais, pode-se dizer que a velocidade de reação tem seu equacionamento segundo a Eq. [4-15]:

$$\frac{-d\,(\text{corante})}{dt} = k_2 (\text{OH}^-)^m \cdot (\text{corante})^n \qquad [4\text{-}15]$$

Por outro lado, observa-se que a concentração de corante é da ordem de $10^{-5}M$ e a do íon de hidroxila de 4 a 8 $10^{-3}M$, logo, após o término da reação, a concentração de soda cáustica permanece praticamente invariável em relação à inicial.

Figuradamente, essa condição pode ser representada da seguinte maneira:

$$(OH^-)_0 >>> (corante)_0. \quad [4\text{-}16]$$

Tendo em vista esse argumento, a Eq. [4-15] pode ter sua reordenação conduzida para:

$$\frac{-d\,(corante)}{dt} = k_{ap}\,(corante)^n, \quad [4\text{-}17]$$

em que k_{ap} é uma nova constante de velocidade aparente, que pode ser representada por:

$$k_{ap} = k_2 (OH^-)^m. \quad [4\text{-}18]$$

Levando em conta as determinações anteriores e as considerações teóricas apresentadas, verifica-se que devem ser calculados m, n e k_2, porém, sabe-se que $m + n$ é a ordem da reação. Logo, se $n = 1$, a integral da Eq. [4-17] dará:

$$\ln \frac{(corante)_0}{(corante)_t} = k_{ap}\,t, \quad [4\text{-}19]$$

sendo que nessa equação, $(corante)_0$ e $(corante)_t$ indicarão a concentração inicial do corante e a concentração do corante no instante t, respectivamente. Se o gráfico volume de corante versus absorvência for linear, então:

$$\frac{(corante)_0}{(corante)_t} = \frac{A_0}{A_t}, \quad [4\text{-}20]$$

e, pela substituição de [4-20] em [4-19], temos a equação:

$$\ln A_t = \ln A_0 - k_{ap}\,t. \quad [4\text{-}21]$$

Se o diagrama $\ln A_t$ versus t for linear, o coeficiente angular será $-k_{ap}$. Caso não seja linear, então $n \neq 1$ e deve-se considerar $n = 2$ na Eq. [4-17], antes de integrá-la.

Definido o valor de n, deve-se calcular m, a partir da aplicação da Eq. [4-18], nas duas reações onde varia a concentração de NaOH. Logo, pode-se escrever que:

$$k'_{ap} = k_2 (OH^-)'^m, \quad [4\text{-}22]$$

$$k''_{ap} = k_2 (OH^-)''^m, \quad [4\text{-}23]$$

da quais, por um procedimento matemático simples, determinam-se k_2 e m.

Ordem de uma reação **131**

Aplicações

Um outro método de cálculo que se pode aplicar é o que se utiliza no exemplo a seguir.

Conhecendo-se a curva de concentração em função da absorvência do cristal-violeta, fizeram-se reagir, a 20 °C, volumes iguais das seguintes soluções:

a) 8 x $10^{-3}M$ de NaOH.

b) 0,06 g/L de cristal-violeta.

Por meio de um fotocolorímetro determinou-se a variação da absorvência, segundo a Tab. 4-5.

Tempo (s)	160	360	540	720	900	1.080
1.260						
Absorvência (des. óptica)	0,050	0,043	0,035	0,031	0,028	0,025

Tabela 4-5

Determinar a constante de velocidade, a ordem de reação e o tempo necessário para que ocorra 15% da reação.

Solução

Como a variação da absorvência com a concentração é linear, no instante inicial a concentração de cristal-violeta será de 0,03 g·L^{-1}, e a absorvência 0,010; logo, decorrido o tempo de semi-reação, a concentração deverá cair para 0,015 g·L^{-1} e a absorvência a 5 x 10^{-3}.

Sabendo-se que o diagrama log (absorvência) versus tempo é linear, calcula-se diretamente o tempo de semi-reação, ou seja, $t_{1/2}$ = 706 s.

Aplicando-se novamente o critério da semi-reação, a partir da concentração 0,015 g·L^{-1}, sabe-se que, em relação ao instante inicial, a nova semi-reação ocorrerá a 3/4 do tempo total.

A concentração será de 0,0075 g·L^{-1} e a absorvência será 2,5 x 10^{-3}, ao passo que o tempo corresponderá a 870 s, a partir dos 706 s do primeiro tempo de semi-reação.

Pelo uso das equações de diferentes ordens, temos:

Ordem zero

$$k = \frac{a}{2t_{1/2}} \rightarrow k = \frac{0,03}{2 \times 706} = 2,12 \times 10^{-5} \text{ g} \cdot \text{L}^{-1} \cdot \text{s}^{-1},$$

$$t_{3/4} = \frac{a}{2k} = \frac{0,015}{2 \times 2,12 \times 10^{-5}} = 353 \text{ s}.$$

Primeira ordem

$$k = \frac{\ln a}{t_{1/2}} \quad \rightarrow \quad k = \frac{\ln 0{,}030}{706} = -4{,}97 \times 10^{-2} \cdot s^{-1},$$

$$t_{3/4} = \frac{\ln a}{k} = \frac{\ln 0{,}030}{4{,}97 \times 10^{-3}} = 845 \text{ s}.$$

Segunda ordem

$$k = \frac{1}{at_{1/2}} \quad \rightarrow \quad k = \frac{1}{0{,}03 \times 706} = 0{,}047 \times 10^{-5} \text{ g}^{-1} \cdot L$$

$$t_{3/4} = \frac{1}{ak} = \frac{1}{0{,}015 \times 0{,}047} = 1.418 \text{ s}.$$

A partir desses cálculos já se pode concluir que a reação é de primeira ordem e a constante de velocidade é:

$$-4{,}97 \times 10^{-3} \cdot s^{-1}.$$

Cálculo do tempo necessário para que ocorra 15% da reação:

$$kt = \ln \frac{a}{a-x} \quad \rightarrow \quad t_{15\%} = \frac{\ln \dfrac{0{,}03}{0{,}03 - 4{,}5 \times 10^{-3}}}{-4{,}97 \times 10^{-3}} = 32{,}7 \text{ s}.$$

No espírito da precisão e exeqüibilidade deste livro, um estudo perfeitamente realizável é a reação do ácido mandélico com permanganato de potássio, em presença de hidróxido de sódio. Trata-se de uma determinação fotométrica, em que se utiliza, por exemplo, um espectrofotômetro Spectronic 20, para estudar a oxidação de um composto orgânico. Para obter maiores esclarecimentos consulte Cronch, R. D. Photometric Determination of the Rate Expression for Meiated Organic Oxidations, *J. of Chem. Ed.*, vol. 71, no. 7, julho, pp. 597-598 (1994).

4.4 CINÉTICA DA CORROSÃO METÁLICA

Muitos metais, quando expostos à atmosfera oxidam em grande parte, e a extensão da oxidação depende do metal e da temperatura. A camada de óxido formada pode ser estudada quantitativamente por meio da curva: tempo de oxidação versus variação da massa. Como a variação da massa se deve justamente a uma alteração química, decorre daí o interesse em estudar-se esse fenômeno sob o ponto de vista físico-químico. Essa curva mostra que, em geral às temperaturas do meio ambiente, a oxidação é muito rápida na fase inicial, declinando visivelmente à medida que a película de óxido começa a isolar as fases reagentes. A oxidação à temperatura ambiente não produz mudanças sensíveis no aspecto do metal, mas quando se atinge temperaturas elevadas surgem cores e, se o tempo for suficientemente longo ou a temperatura elevada, o filme em geral se tornará espesso e opaco.

Os metais podem ser divididos em dois grupos, dependendo do fato de o óxido formado preencher maior ou menor volume do que aquele então ocupado pelo metal antes da oxidação. Assim, com metais como potássio, cálcio ou magnésio, o óxido formado ocupa um volume menor que o metal destruído, motivo pelo qual a camada de óxido é porosa e não protege. Tais metais, em geral, liberam mais calor quando aquecidos e em presença do ar, de maneira que mantêm sua temperatura, quando a fonte externa de aquecimento é removida.

Os metais pesados não queimam em presença do ar e dão curvas que indicam a diminuição da oxidação com o tempo. Nesse caso, os óxidos produzidos necessitam volumes maiores que os dos metais consumidos na sua produção, de maneira que o filme de óxido produzido é compacto e obstrui o acesso do oxigênio ao metal. Em condições como essas, as leis que relacionam o crescimento da massa por unidade de área e o tempo podem ser parabólicas, logarítmicas ou lineares. Existem outras leis que exprimem a velocidade de oxidação, mas estas são as mais importantes. Estas três leis em geral descrevem o comportamento particular da formação das camadas de óxidos desses tipos de metal.

Em muitos casos, um metal pode obedecer a mais de uma lei em diferentes amplitudes da escala termométrica. Tomando-se como referência a descarbonetação do aço carbono (redução) tal que, num sistema heterogêneo, o oxigênio reage preferencialmente com o carbono, considera-se que somente o carbono é capaz de difundir-se; logo, com base na primeira lei de Fick, pode-se afirmar que:

$$\frac{dx}{dt} = \frac{DC_s}{x}, \qquad [4\text{-}24]$$

sendo:

D o coeficiente de difusão;

x a espessura do metal, que foi reduzida;

C_s a concentração de carbono no aço (na interfase sólido-gás); e

dx/dt o acréscimo de espessura na camada de metal reduzido, por unidade de tempo.

Na integração da Eq. [4-24] temos:

$$\int_0^x x\,dx = \int DC_s\,dt,$$

ou

$$x = \sqrt{2DC_s t}.$$ [4-25]

Caso se trate de oxidação, o metal irá difundir-se através da camada de óxido, especialmente porque o íon metálico é acentuadamente menor que o íon de oxigênio (Fe^{2+} = 0,83 Å; O^{2-} = 1,32 Å), em conseqüência tem maior mobilidade. Se D e C_s forem considerados constantes na Eq. [4-24], então pode-se escrever que:

$$x\,dx = K\,dt;$$ [4-26]

e, por integração:

$$x^2 = 2Kt + K',$$

em que k' é a constante de integração. Supondo-se que o aumento da massa do corpo de ensaio (Δm), devido a oxidação, seja proporcional à espessura, pode-se escrever que:

$$\Delta m^2 = 2Kt,$$ [4-27]

lei verificada no caso do ferro, cobre e outros.

Admite-se que íons positivos do metal e não os átomos migram através da rede cristalina do óxido, pelas *fendas* e *defeitos*.

Se o sistema em estudo for considerado como o indicado (metal/óxido do metal/célula eletrolítica de oxigênio), o aumento na espessura da camada de óxido será dado por:

$$x^2 = \frac{2E_w \phi n_e (n_c + n_a)\Delta G°t}{\rho ZF^2},$$ [4-28]

em que:

E_w é a massa equivalente do óxido;

ϕ_f a condutividade elétrica do óxido;

n_e, n_c, n_a os números de transporte dos elétrons, cátions e ânions;

$\Delta G°$ a energia livre de formação do óxido;

t o tempo;

ρ a massa específica;

Z a valência; e

F a constante de Faraday.

Aparelhagem e substâncias

Forno mufla até 1.200 °C, dez cadinhos de sílica, dez lâminas de cobre ou ferro de alta pureza, com aproximadamente as seguintes dimensões: 5 cm x 2 cm x 1 mm; acetona comum, um béquer de 150 mL, pinça metálica e algodão.

Procedimento

Considerar dez lâminas de cobre com as dimensões apontadas anteriormente. Essas lâminas devem ser polidas e medidas com precisão, sendo daqui por diante movimentadas por pinça, na operação de desengorduramento, feita com acetona, usando algodão para passar nas superfícies metálicas. Não tocar mais com as mãos, para evitar a contaminação da superfície.

As lâminas assim tratadas devem ser colocadas em cadinhos ou pequenas cubas de sílica (dimensões aproximadas: 7 cm x 4 cm), tendo uma parte dessas lâminas apoiadas no bordo do recipiente, para facilitar a oxidação pelos dois lados. Pesam-se todos os corpos.

Os cadinhos ou cubas assim preparados são levados para um forno mufla à temperatura de 800 °C, o mais próximo possível do termopar. Como as amostras são consideradas em duplicata, retiram-se aos pares após decorridos os tempos de 10, 30, 60 e 120 minutos, respectivamente, sendo resfriados em dessecador e pesados com precisão.

Tomar os devidos cuidados, pois sabe-se que o filme de óxido tem um coeficiente de contração diferente do metal, por isso se quebra com o resfriamento do metal. Em geral o recipiente de sílica serve para coletar esse óxido. Dessa maneira, pesam-se novamente os corpos de prova.

Para analisar os resultados, proceder da seguinte forma:

1. Construir um diagrama do incremento de massa w em função do tempo t.
2. Construir um outro diagrama de w^2 em função de t.

A quantidade de cobre convertida em óxido pode ser determinada pela espessura do filme, considerando-se que a massa específica do Cu_2O seja 6,0 g/cm^3.

BIBLIOGRAFIA

Atkins, P. e de Paula, J., Físico-Química, 7ª ed., vol. 3, Livros Técnicos e Científicos Editora (2004).

Atkins, P. Físico-Química – Fundamentos, 3ª ed., Livros Técnicos e Científicos Editora (2003).

Biswas, A. K., e Bashforth, G. R., The Physical Chemistry of Metallurgical Processes, Chapman & Hall (1962).

Corsaro, G., Colorimetric Chemical Kinetics Experiment, J. Chem. Ed., 41, 48 (1964).

Cortés-Figueroa e Moore, D. A., Using a Graphing Calculator to Determine a First Orde Rate Constante..., J. of Chem. Educ., vol 79, no. 12, dezembro, pp. 1.462-1.464 (2002).

Coull J. e Stuart E. B., Equilibrium Thermodynamics, Wiley International Edition (1964).

Davis, D. E., Practical Experimental Metallurgy, Elsevier Publishing Co. (1966).

Ferreroni, Sumodjo e Rangel, Estudo de Reações de Segunda Ordem em Proporções Quase-Estequiométricas, 28a. Reunião Anual, SBPC, Brasília (1976).

Garland. Nibler e Shoemaker, Experiments in Physical Chemistry, 7ª ed., McGraw-Hill (2003).

Gorbachev, S. V., Practicas de Quimica Fisica, Editorial MIR (1977).

Guggenheim, E. A., e Prue, J. E., Physicochemical Calculations, North-Holland Publishing Co. (1955).

Halpern, A. M. L., Experimental Physical Chemistry, 2ª ed. Prentice Hall, Upper Saddle River, NJ (1997).

Levenspiel, O., Engenharia das Reações Químicas, 3ª ed., Editora Edgard Blücher (2000).

Macedo, H., Físico-Química, Editora Guanabara (1988).

Moore, W. J., Físico-Química, 4ª reimpr., Editora Edgard Blücher Ltda (1999).

Mortimer, R. G., Physical Chemistry, The Benjamin/Cummins Publishing Company (1993).

Rao e Golapa Krishnan, New Directions in Solid State Chemistry, 2ª ed., Cambridge University Press (1974).

Sisson, Pitts, Fenômenos de Transporte, Livros Técnicos e Científicos Editora (2001).

Van Vlack, L. H., Princípios de Ciência dos Materiais, 5ª ed., Editora Campus (1984).

FÍSICO-QUÍMICA DAS SUPERFÍCIES 5

Os fenômenos fisico-químicos detectados nas superfícies sólidas e líquidas são particularmente importantes para explicar a tensão superficial e a adsorção química, bem como a física.

A interpretação desses fatos remonta a conhecimentos de estrutura molecular, ordem cristalina, campo elétrico, campo magnético, entre outros. Nesses estudos, são importantes o conhecimento e a aplicação do modelo termodinâmico, tendo em vista a permanente necessidade de se quantificarem as energias envolvidas.

O fenômeno conhecido como *tensão superficial*, notado em certos fatos do quotidiano por observadores mais atentos, exigiu um equacionamento refinado, produzido por mentes privilegiadas. Só então se atingiu a necessária consistência para a compreensão de acontecimentos como a ascensão capilar – fenômeno presente nos vegetais e vital para esses seres – e a ação de um detergente nas gotículas de água que embaçam os vidros de um automóvel, além de sua atuação em uma máquina de lavar louças.

A ação de um tensoativo sobre as bolhas formadas em uma determinada fase da fabricação de cimento por via úmida, ou no processo de lavagem de um tecido que se encontra engordurado, ou ainda no desengraxe de uma superfície que deverá passar por certa eletrodeposição é algo que precisa ser convenientemente interpretado. Observações mais acuradas mostram que, mesmo em um líquido puro, as interações entre suas partículas constituintes diferem quando elas passam de seu corpo para a superfície. Procura-se justificar tal fato por meio do modelo que admite, na superfície, uma composição de forças diferente da interna, no corpo do líquido. Na superfície, a atração é maior, resultando daí algo semelhante a uma película da mesma substância.

Como se vê, vários cálculos de energia podem ser introduzidos, particularmente aqueles que consideram a energia livre, fator decisivo na interpretação e medida das grandezas fisico-químicas.

Quando água impura ou um gás contaminado com mercaptana são passados através de um leito com carvão ativo, retendo as impurezas, trata-se do fenômeno conhecido como *adsorção física*, o qual carece de um entendimento particular.

Quando, ao óleo lubrificante de um motor de combustão interna, se junta um aditivo que garante a lubrificação das partes críticas mesmo quando a temperatura se eleva, tem-se um caso de *adsorção química*. Esse tipo de interação difere da adsorção física, especialmente pela intensidade da ligação estabelecida, a qual apresenta ordem de grandeza semelhante à da ligação química; no caso da física, as energias medidas estão por volta daquelas necessárias para as mudanças de estados. Essas últimas energias são bem menores que as primeiras, isto é, o fenômeno físico movimenta energias da ordem de um décimo das energias acusadas pelo fenômeno químico.

A adsorção física é tida como resultante da simples atração dipolar, que depende das estruturas internas tanto da superfície onde ocorre o fato, como das partículas que aderem a ela. Todavia, quando se trata de adsorção química, no ponto de ataque, tudo se passa como se ocorresse a formação de um novo composto, tal a intensidade da ligação.

A compreensão desses fenômenos contribuiu de maneira decisiva na construção de importantes aparelhos, como os cromatógrafos, por exemplo, praticamente insubstituíveis na análise de misturas complexas de compostos orgânicos, tanto dos encontrados na natureza como dos preparados artificialmente.

Os registros históricos do fenômeno catalítico começaram a adquirir forma principalmente a partir das observações de Spallanzani (1783), pela ação do que se entende hoje por enzimas. Em 1794, Fulhame demonstrou que era necessário contar com traços de água para que ocorressem várias reações, entre elas a oxidação do monóxido de carbono. Um outro ponto alto nesses estudos ocorreu quando Kirchoff (1812) demonstrou que o ácido promove mudanças na rapidez de inversão do açúcar de cana, mantendo-se constante quanto à sua concentração. Após vários estudiosos realizarem observações importantes nessa área do saber, finalmente, em 1822, Dobereiner conseguiu um grande feito, ao combinar hidrogênio e oxigênio à temperatura ambiente, na presença de platina oxidada e finamente dividida.

O mecanismo proposto por Faraday (1833) para explicar a catálise sugere a adesão dos reagentes à superfície do catalisador. Logo em seguida, Berzelius propôs a idéia da *força catalítica*, que foi contraposta por Liebig ao sugerir a presença de *mecanismos de vibração*. Com o tempo, verificou-se que catalisadores e enzimas não dão início às reações nem lhe alteram o equilíbrio, mas apenas atuam sobre a sua velocidade.

A catálise heterogênea é um setor de estudo dos fenômenos da superfície que depende essencialmente do entendimento da adsorção. A redução da energia de ativação nos processos químicos com a presença de catalisador constitui fator importante na economia, por exemplo; daí ser mais um argumento em favor do desenvolvimento desses estudos. Além da constituição química do catalisador, deve-se considerar a chamada *superfície específica*, ou seja, a quantidade de área da superfície por unidade de massa, a qual constitui uma das variáveis de atuação desse agente.

Quando se aborda a cinética eletroquímica, é preciso considerar os mecanismos dos processos de eletrodo, caso a célula seja atravessada por uma corrente elétrica. Sob vários aspectos, a reação de eletrodo se assemelha à reação catalítica heterogênea, daí os eletrodos serem considerados como verdadeiros catalisadores, argumento que mais uma vez implica no estudo dos fenômenos de superfície.

5.1 TENSÃO SUPERFICIAL DE LÍQUIDOS

A tensão superficial de um líquido pode ser medida pelo *estalagmômetro de Traube* (Fig. 5-1) e está relacionada com a massa de uma gota do líquido, quando cai livremente da extremidade desse tubo, pela expressão:

$$\gamma = F \frac{mg}{r}, \qquad [5\text{-}1]$$

em que:

- γ é a tensão superficial;
- m a massa de uma gota;
- g a aceleração da gravidade;
- r o raio da parte final do tubo, de onde se destaca a gota; e
- F o fator que é função de v/r^3 (v=volume de uma gota).

Na medida da tensão superficial pelo estalagmômetro de Traube, deixa-se escoar um volume fixo de líquido na forma de gotas, determinando-se o número correspondente. Essa fase experimental é efetuada com um líquido cuja tensão superficial tenha sido obtida previamente. Se o procedimento é repetido com um outro líquido, de tensão superficial desconhecida, mantendo-se o volume total fixo, pode-se obter a tensão referida por meio da equação:

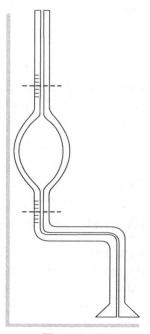

Figura 5-1

$$\frac{\gamma_1}{\gamma_2} = \frac{m_1 F_1}{m_2 F_2} = \frac{v_1 \rho_1 F_1}{v_2 \rho_2 F_2},$$ [5-2]

correspondendo ρ_1 e ρ_2 às massas específicas dos líquidos 1 e 2, respectivamente.

Sabe-se que F varia relativamente pouco para uma quantidade grande de valores v/r^3; tanto que, se o volume das gotas de cada líquido não for muito diferente, pode-se considerar:

$$\frac{\gamma_1}{\gamma_2} = \frac{v_1 \rho_1}{v_2 \rho_2}.$$ [5-3]

Por outro lado, se V é o volume de cada líquido que foi recolhido no pesa-filtro e se n_1 e n_2 são, respectivamente, os números de gotas dos líquidos 1 e 2:

$$v_1 = \frac{V}{n_1},$$ [5-4]

e

$$v_2 = \frac{V}{n_2}.$$ [5-5]

Logo, pode-se escrever:

$$\frac{\gamma_1}{\gamma_2} = \frac{n_2 \rho_1}{n_1 \rho_2}.$$ [5-6]

É interessante notar que por esse método só se pode determinar a tensão superficial de líquidos que molhem a superfície do vidro, pois, é necessário que se forme a gota a partir de certa porção de líquido aderida à coroa de vidro esmerilhado, ortogonal ao capilar.

Esse método tem a vantagem de ser econômico, mas apresenta uma série de problemas que precisam ser contornados, como, por exemplo, a evaporação do líquido.

Aparelhagem e substâncias

Estalagmômetro de Traube, cronômetro, dois pesa-filtros com tampa esmerilhada, banho termostático, sistema que permita regular a abertura superior do estalagmômetro (pode ser um pedaço de tubo de látex e duas pinças, sendo uma de pressão e outra de rosca fina), haste metálica para suporte, garra e mufa. Substâncias: tolueno, tetracloreto de carbono, soluções de álcool ou detergente em água, etc.

Procedimento

Com o estalagmômetro instalado como se vê na Fig. 5-2, inicialmente se determina o número de divisões da escala gravada no instrumento que corresponde a uma gota de líquido formada e destacada do aparelho, pela ação de sua força-peso. Nas várias medidas com distintos líquidos, é necessário começar o escoamento a partir do mesmo traço, no tubo acima do bulbo, sendo que a precisão na medida de cada gota deve estar por volta de 0,05 da sua dimensão. Por outro lado, sabe-se que o bom funcionamento do dispositivo depende muito do seu grau de limpeza.

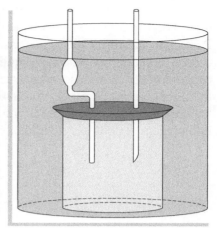

Figura 5-2

Considerando-se um líquido de referência (que pode ser água destilada), deve-se efetuar a sucção pela parte superior, com a inferior imersa no líquido, de tal maneira que o nível desse líquido atinja um pouco mais que o limite máximo da escala superior. Essa sucção não deve ser rápida, para evitar a formação de bolhas junto à superfície interna do tubo. Em seguida, fecha-se rapidamente a pinça de mola e depois a de rosca.

Prosseguindo, abre-se a pinça rápida (de mola) para que, pela regulagem da abertura da pinça de rosca, se consiga o escoamento do líquido limitado entre um menisco superior e outro inferior ao bulbo, com velocidade próxima de 15 gotas por minuto, em média. Normalmente essa velocidade aproxima a gota da forma esférica. Essa velocidade é obtida quando se escoa o referido volume, em gotas, para um pesa-filtro previamente tarado para que se possa obter em uma balança a massa total do líquido coletado. Com o número de gotas contado, pode-se estimar a massa média aproximada de cada gota.

Em continuação, o tubo deve ser lavado e seco, para se proceder como anteriormente, com o líquido em estudo.

Conhecendo-se o número de gotas de cada líquido nas medições efetuadas, ou a massa média das gotas desses fluidos, pode-se pelas Eqs. [5-2] e [5-6], respectivamente, calcular a tensão superficial da substância em estudo. Para tal, torna-se necessário pesquisar em um manual de constantes físicas a tensão superficial do líquido de referência.

Sabe-se que a tensão superficial da água a 20 ºC é de 72,75 mN·m^{-1}, na interface líquido-ar.

Aplicações

A tensão superficial é uma grandeza de real importância prática, já que pelo seu conhecimento pode-se, por exemplo, atuar sobre os banhos galvânicos, dificultando a formação de bolhas de hidrogênio na superfície das peças imersas. Temos condições para agir sobre um sistema floculante, evitando a perda de sólidos, pelo transbordamento dos tanques respectivos. Isso acontece nas fábricas de cimento, por via úmida. Para citar mais uma aplicação, basta considerar o caso do cálculo do volume crítico, o qual depende do *parácoro*, que, por sua vez, só pode ser calculado a partir do conhecimento da tensão superficial. O aumento desta dificulta a ebulição, portanto influi na pressão de vapor e na temperatura de ebulição. Ainda quanto ao parácoro, trata-se de um volume molar, modificado para que algumas forças coesivas não influenciem, e pode ser definido pela expressão:

$$(P) = \frac{M \cdot \gamma^{1/4}}{\rho_l - \rho_g},$$

[5-7]

sendo:

(P) o parácoro;

M a massa molar;

γ a tensão superficial; e

ρ_l e ρ_g, respectivamente, as massas específicas das substâncias líquida e gasosa

[ver O. R. Quayle, Chem. Rev., 53, 439, (1953)].

Exemplo 1

Dois pesquisadores preparam uma substância cuja fórmula bruta é $C_4H_5Cl_3S$ (Mumford e Phillips). Sabe-se que a estrutura é heterocíclica, contendo um anel com cinco, quatro ou três átomos, ou, ainda, que é um derivado vinílico dos seguintes tipos:

$$CH_2Cl \cdot CH_2S \cdot CCl = CHCl$$

ou

$$CH_2Cl \cdot CH_2S \cdot CH = CCl_2.$$

Foram determinadas as seguintes propriedades físicas, a 20°C:
pressão de vapor, $P = 1.653$ Pa;
massa específica, $(\rho_4^{20}) = 1{,}4315$ kg·m^{-3}; e
tensão superficial, $\gamma = 40{,}9$ m N·m^{-1}.

Qual será a estrutura mais provável dessa substância?

Solução

Cálculo do parácoro, com dados experimentais.

$$\rho_g = \frac{PM}{RT} = \frac{1.653 \times \dfrac{0,191}{5}}{8,314 \times 293,2} = 0,1326 \text{ kg m}^{-3}.$$

Logo, pela Eq. [5-7]:

$$(P) = \frac{0,1915\,(40,9)^{1/4}}{1.431,5 - 0,1326} = 0,338 \text{ dm}^3.$$

Cálculo do parácoro a partir de valores tabelados:

1. Com um anel de cinco átomos:

5H	...	5 ×	0,0155	...	0,0775
4C	...	4 ×	0,00090	...	0,0360
3Cl	...	3 ×	0,0552	...	0,1650
1S	...	...		...	0,0491

Parcela constitutiva (anel de cinco átomos), 0,0030.
Logo, $(P) = 0,3312$ dm^3.

2. Com um anel de quatro átomos, 0,3342 dm^3.
3. Com um anel de três átomos, 0,3407 dm^3.
4. Estrutura com ligação dupla, 0,3473 dm^3.

Comparando-se os quatro últimos cálculos com aquele em que se usam valores experimentais, conclui-se que o mais próximo é o que tem um anel com três átomos.

Exemplo 2

Avaliar a tensão superficial do poliisobutileno "sólido" e o ângulo de contato com o iodeto de metileno, cuja tensão superficial é 50,8 mN·m^{-1}.

Solução

A unidade monomérica é:

$$-\overset{\overset{\displaystyle H}{|}}{\underset{\underset{\displaystyle H}{|}}{C}} - \overset{\overset{\displaystyle CH}{|}}{\underset{\underset{\displaystyle CH}{|}}{C}} -$$

A partir de tabelas obtêm-se os seguintes valores de parácoro e volume molar:

		(P)		$\overline{V}$
1 CH	...	40,0	...	15,85
2 CH	...	112,2	...	47,7
1 C	...	9,0	...	4,6
		Σ 161,2 cm³		Σ 68,25 cm³

Logo:

$$\gamma = \left(\frac{(P)}{\overline{V}}\right)^4 = \left(\frac{161,2}{68,3}\right)^4 = 31,0.$$

Sabe-se que:

$$\cos\theta \cong 2\varphi\left(\frac{\gamma_s}{\gamma_l}\right)^{\frac{1}{2}} - 1,$$

$$\varphi = \frac{4(\overline{V}_s \cdot \overline{V}_l)^{\frac{1}{3}}}{(\overline{V}_s^{1/3} + \overline{V}_l^{1/3})^2},$$

em que $\overline{V}_s$ e $\overline{V}_l$ são, respectivamente, o volume molar do sólido e do líquido. Logo:

$$\overline{V}_s = 68,3 \cdot cm^3$$

Como, para o iodeto de metileno, o mol é 267,9 g e a massa específica 3,33 g·cm⁻³, $\overline{V}_l$ será 80,5 cm³.

Calculando-se φ, conclui-se que $\varphi = 1,0$. Assim:

$$\cos\theta \cong 2\left(\frac{\gamma_s}{\gamma_l}\right)^{\frac{1}{2}} - 1 = 2\left(\frac{31,0}{50,8}\right)^{\frac{1}{2}} - 1 = 1,56 - 1,$$

$$\cos\theta \cong 0,56.$$

Logo, o ângulo de contato será:

$$\theta \cong 56^0.$$

5.2 ADSORSÃO DE LÍQUIDO EM SÓLIDO SEGUNDO FREUNDLICH

A adsorsão é um fenômeno físico, como uma mudança de estado, por exemplo, uma liquefação. Ela é bem diferente da quimissorção, que na realidade é um fenômeno químico, isto é, uma verdadeira reação da fase fluida sobre a sólida. A quimissorção é, portanto, um fenômeno altamente seletivo, porque a reação em geral acontece entre uma dada superfície sólida e um certo reagente fluido.

Nos experimentos de adsorsão medem-se volumes de gases ou massas de fluidos por grama de adsorvente sólido, em função da temperatura, sob pressão constante. Assim, são obtidas as isótermas de adsorsão ou, ainda, quando à pressão constante, as isóbaras de adsorsão, o que é raro.

Verifica-se que, na adsorsão, as forças postas em jogo são do tipo intermolecular, como nos líquidos e gases, ou seja, de van der Waals.

As hipóteses fundamentais dão origem a três teorias: de Langmuir, de Brunauer, Emmett e Teller (BET) e de Jura e Harkins:

a teoria de Langmuir tem como hipótese básica a camada monomolecular;

a teoria de Brunauer, Emmett e Teller (BET) tem como hipótese básica a existência simultânea de camadas multimoleculares;

a teoria de Jura e Harkins tem como hipótese básica a dependência da adsorsão em relação aos fenômenos de abaixamento da tensão superficial de um solvente, devido à ação de um soluto.

Observa-se que, com o aumento da temperatura, a adsorsão cai e, a 100 °C, o fenômeno é praticamente nulo.

Segundo Langmuir, as moléculas aderem à superfície do sólido até completar uma camada monomolecular e, quando isso acontece, verifica-se uma descontinuidade no sistema de adsorsão, ou uma tendência assintótica horizontal, ou, ainda, uma fraca inclinação no diagrama volume versus pressão.

A equação de Langmuir pode ser escrita assim:

$$\theta = \frac{\alpha u}{\gamma + \alpha u}, \qquad [5\text{-}8]$$

sendo:

- u o número de moléculas do fluido que se chocam com uma superfície de 1 cm² em 1 segundo;
- a constante de aderência;
- γ a constante que relaciona o fluido e a superfície considerada; e
- θ a fração da superfície útil total que está coberta por moléculas de fluido em qualquer instante.

Método de Brunauer, Emmett e Teller

É o método de cálculo mais usado por ser o que mais concorda com os dados experimentais. A hipótese fundamental é que desde o início da adsorsão se fazem presentes camadas plurimoleculares.

Admite-se que, sob temperatura e pressão constantes, cada camada conserve sua extensão, no equilíbrio.

Considerar, na Fig. 5-3, a seguinte simbologia:

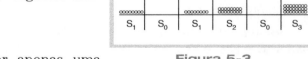

Figura 5-3

S_0, superfície descoberta;

S_1 superfície coberta por apenas uma camada molecular;

S_2 superfície coberta por uma camada bimolecular;

S_i camada constituída por i subcamadas.

Analogamente à teoria de Langmuir, admite-se que a velocidade de adsorsão em uma camada S_{i-1} seja proporcional à pressão, à fração molar e à superfície dessa camada. A velocidade de formação da i-ésima camada é dada por:

$$a_i \, PS_{i-1}. \qquad [5-9]$$

A velocidade com que se destrói a i-ésima camada, isto é, a velocidade de dessorção dessa camada, é considerada proporcional ao número de moléculas contidas na i-ésima camada, ou seja, à superfície ocupada por S_i.

A velocidade de dessorção será, portanto,

$$b_i S_{i-1} \exp\left(\frac{-E_i}{RT}\right). \qquad [5-10]$$

No equilíbrio, teremos:

$$b_i S_{i-1} \exp\left(\frac{-E_i}{RT}\right) = a_i \, PS_{i-1}. \qquad [5\text{-}11]$$

Considerar ainda as seguintes relações:
para a área total do sólido, $S = \Sigma_i S_i$;
para o volume total de gás adsorvido, $V = V_0 \Sigma_i i S_i$.

V_0 é o volume necessário para completar um extrato monomolecular de 1 cm².

Temos:

$$SV_0 = V_m. \qquad [5\text{-}12]$$

Faz-se a hipótese de que:

$$b_2 = b_3 = \dots b_i = b;$$
$$a_2 = a_3 = \dots a_i = a;$$
$$E_2 = E_3 = \dots E_i = E_L.$$

Ou seja, a partir da primeira camada monomolecular, o gás se deposita sobre si mesmo; portanto a energia de adsorsão coincide com o calor de evaporação.

Por outro lado, tratando-se do mesmo tipo de contato, as constantes a_i, b_i, a partir de $i = 2$ em diante, serão iguais. Logo, para $i \geq 2$:

$$S_i = P \frac{a}{b} \exp\left(\frac{E_L}{RT}\right) S_{i-1} = u S_{i-1}, \qquad [5\text{-}13]$$

considerando-se

$$u = \frac{a}{b} \exp\left(\frac{E_L}{RT}\right) P, \qquad [5\text{-}14]$$

(P é a pressão) e, ainda, por questão de homogeneidade, pode-se escrever que:

$$S_i = Cu S_0, \qquad [5\text{-}15]$$

com a concentração C calculada por:

$$C = \frac{a_1 b}{b_1 a} \exp\left(\frac{E_1 - E_L}{RT}\right). \qquad [5\text{-}16]$$

Assim, pode-se escrever:

$$S_1 = CuS_0;$$
$$S_2 = uS_1 = Cu^2 S_0;$$
$$S_i = uS_{i-1} = Cu^i S_0.$$

Deduz-se que:

$$S = \Sigma_i S_i = S_0[1 + C(u + u^2 + u^3 + ... + u^i)]. \qquad [5\text{-}17]$$

O número u será sempre menor que 1, tornando-se igual a 1 somente quando $P = P_0$ (P_0 é a pressão de equilíbrio do vapor à temperatura T do experimento). Isso quer dizer que, quando $P = P_0$, todas as camadas são iguais e a superfície está coberta pelo líquido condensado.

Por outro lado, a partir da equação de Clausius-Clapeyron temos que:

$$P_0 = P^* \exp\left(\frac{-E_L}{RT}\right), \qquad [5\text{-}18]$$

em que P^* é uma pressão de equilíbrio correspondente a uma temperatura suficientemente próxima tal que se possa considerar constante o calor de evaporação.

Por simples considerações dimensionais, pode-se afirmar que a/b tem as dimensões do inverso da pressão. Logo:

$$u = \frac{P}{P^* \exp\left(\dfrac{-E_L}{RT}\right)}, \qquad [5\text{-}19]$$

que deverá ser igual a 1 quando:

$$P = P_0 = P^* \exp\left(\frac{-E_L}{RT}\right), \qquad [5\text{-}20]$$

Deduz-se que $P = P^*$ e, portanto, $u = P/P_0$.

Pode-se supor que i seja suficientemente grande para substituir a somatória por uma série infinita. Isso é aceitável para $u \ll 1$; na realidade, $P \ll P_0$.

Dessa forma:

$$S = S_0\left(1 + \frac{Cu}{1-u}\right). \qquad [5\text{-}21]$$

Para o volume total, tem-se:

$$V = V_0 \Sigma_i S_i = V_0 CuS_0 (1 + 2u + 3u^2 + 4u^3 + ... + iu^{i-1}). \quad [5\text{-}22]$$

ou:

$$V = V_0 S_0 \frac{Cu}{(1-u)^2}. \quad [5\text{-}23]$$

Eliminando S_0 pela divisão de V por S e recordando que $V_m = SV_0$:

$$V = V_m \frac{Cu}{(1-u)[1-(C-1)u]}. \quad [5\text{-}24]$$

Substituindo u por P/P_0:

$$\frac{P}{V(P_0 - P)} = \frac{1}{CV_m}\left[1 + (C-1)\frac{P}{P_0}\right]. \quad [5\text{-}25]$$

Assim, pode-se construir um diagrama retilíneo tendo P/P_0 nas abscissas e $P/V(P - P_0)$ nas ordenadas.

A declividade e a constante são obtidas graficamente segundo a Fig. 5-4. Notar a analogia física desses dois parâmetros com os da isoterma de Langmuir.

As fortes pressões constituem um elemento restritivo desse diagrama, devido ao efeito de condensação capilar:

$$P \leq \frac{1}{2\,Po},$$

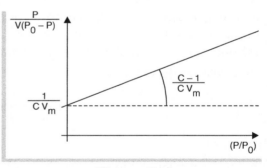

Figura 5-4

O objetivo experimental deste trabalho é estudar as isotermas de adsorção a partir de soluções, com equações do tipo:

$$\frac{x}{m} = KC^{1/n}, \quad [5\text{-}26]$$

conhecidas como *isotermas de Freundlich*, em que:

x é a massa de material adsorvido;

K uma constante;

m a massa de material adsorvente;

$1/n$ uma constante, que varia de 0,1 a 0,5; e

C é a concentração das soluções (em g/L).

Convém lembrar que a Eq. [5-26] é empírica e dá apenas trechos intermediários da curva.

Aparelhagem e substâncias

Seis erlenmeyers de 250 mL, pipetas de 5 mL e 25 mL, duas buretas, dois balões volumétricos de 100 mL, agitador para erlenmeyers com temperatura controlada, solução de ácido acético $0,1M$, solução de hidróxido de sódio $0,1M$ e carvão ativo.

Procedimento

Preparar uma solução de ácido acético $1M$; utilizando uma bureta colocar 20 mL de ácido em um balão de 100 mL e avolumar até o menisco. Passar essa solução para um dos erlenmeyers de 250 mL.

Preparar outras soluções procedendo da mesma forma, usando 16, 12, 8, 6 e 4 mL de ácido $1M$. Essas soluções deverão ser passadas para erlenmeyers separados e todos os seis frascos devem receber 1 g de carvão ativo.

Agitar os seis frascos em temperatura controlada por 1 hora; deixar em repouso até que decante todo o carvão, ou centrifugar. Pipetar 5 mL dos frascos mais concentrados e titular com NaOH $0,1M$. Pipetar 25 mL dos três restantes e titular com NaOH $0,1M$, usando sempre fenolftaleína como indicador. Anotar os volumes gastos para os respectivos cálculos.

Pela Eq. [5-26], temos:

$$\log \frac{x}{m} = \frac{1}{n} \log C + \log K. \qquad [5\text{-}27]$$

Calcular $\log x$ e $\log C$ para cada solução e construir um gráfico $\log x$ versus $\log C$, do qual se obtêm $\log K$ e $1/n$.

Pode-se previamente fazer o seguinte estudo: construir um gráfico C versus x/m e, caso não se obtenha uma curva parabólica, a concentração ou a quantidade de carvão devem ser mudadas.

Aplicações

A adsorsão é um fenômeno básico no desenvolvimento de vários campos científicos e tecnológicos como, por exemplo, no estudo da catálise na separação em sistemas compostos e nas técnicas cromatográficas.

A propósito da separação de sistemas compostos, é comum o caso das usinas de açúcar, onde o branqueamento do produto se faz pela utilização de leitos de carvão ativo, com a finalidade de reter por adsorção as substâncias corantes indesejáveis. Nesses casos, uma das primeiras providências consiste em levantar as isotermas de adsorção.

O uso crescente de herbicidas em lavouras, na busca de melhores colheitas, tem causado uma série de impactos negativos no meio ambiente. Com isso, cresceu a necessidade de estudos, particularmente no que se refere à adsorção e dessorção desses agentes químicos nos solos e no ácido húmico.

O comportamento da trifluralina foi avaliado através das isotermas de Freundlich, com amostras de solo obtidas na região de Pindorama, no Estado de São Paulo, e o ácido húmico obtido do mesmo solo. Esse estudo encontra-se em Tavares, Landgraf, Vieira e Resende, Estudo da Adsorção-Dessorção da Trifluralina em Solo e em Ácido Húmico, *Química Nova* 19 (6), (1996), pp. 605-608.

A adsorção de polímeros de alta massa molar constitui um campo especial no conhecimento da adsorção. Enquanto os valores obtidos parecem concordar com as isotermas de Langmuir, como, por exemplo, nos trabalhos de Jenckel-Rumbach e Hobden-Jellinek, no caso da adsorção de poliestireno sobre carvão a partir de uma solução em metil-etil-cetona, sabe-se que essa concordância é acidental.

Na derivação cinética da equação de Langmuir, considera-se a probabilidade de adsorção proporcional à concentração do adsorvente, tempo e superfície livre. Um polímero pode, portanto, estar adsorvido em um, dois, três ou mais lugares ou, de maneira geral, em um número n de locais, por molécula.

Segundo Frish e Simba, a equação de Langmuir passa a ter a forma:

$$\frac{\theta}{(1-\theta)^n} = KC, \qquad [5\text{-}28]$$

sendo θ a fração da superfície coberta.

Pode-se escrever, analogamente, comparando com a equação de Langmuir:

$$\frac{\theta}{(1-\theta)} \; K'C, \qquad [5\text{-}29]$$

A Eq. [5-28] dá um gráfico de θ versus C mais inclinado que o da Eq. [5-29]. A distinção entre as duas é difícil, principalmente se o campo de variação não for muito grande.

Numa aproximação mais empírica, Jellinek e Nortlrey encontraram que a adsorção de poliestireno em carvão, proveniente de uma solução em metil-etil-cetona, segue a Eq. [5-30]:

$$\left(\frac{x}{m}\right)_{max} = a + \frac{b}{(\eta)}, \qquad [5\text{-}30]$$

em que:

x é a massa de poliestireno;

m a massa de carvão;

a e *b* constantes;

(η) a viscosidade intrínseca da fração.

Outros aspectos da adsorção de polímeros são discutidos juntamente com os fenômenos de interface líquido-ar.

Em vista da finalidade desta publicação, considerar a aplicação numérica que segue, produto de experimento, em que se aproveita para exercitar o método dos mínimos quadrados.

Brunauer e Emmett determinaram experimentalmente a adsorção de argônio em um catalisador ferro-alumina a –183 °C e obtiveram os valores mostrados da Tab. 5-1.

P (kPa)	V (cm³/g)
2,8	70
6,0	93
12	120
23,3	135
32,6	155
44	175
54	200
64,6	220
72	245

Tabela 5-1

P (kPa)	V (cm³/g)	y (10⁻³)	x
2,8	70	0,298	0,0205
6,0	93	0,491	0,0438
12	120	0,801	0,0877
23,3	135	1,522	0,1706
32,6	155	2,009	0,2388
44	175	2,706	0,3216
54	200	3,24	0,3947
64,6	220	4,074	0,4727
72	245	4,482	0,5263

Tabela 5-2

Os volumes indicados na tabela estão nas condições normais de pressão e temperatura. Sabe-se que a –183 °C a pressão de equilíbrio P_0 é 136,8 kPa (ou pressão de vapor). Determinar as constantes V_m e C da equação BET.

Considerar a equação [5-25]:

$$\frac{P}{V(P_0 - P)} = \frac{1}{CV_m}\left[1 + (C-1)\frac{P}{P_0}\right].$$

que corresponde a equação de uma reta:

$$y = b + x \cdot a.$$

Adsorção de líquido em sólido segundo Freundlich

Desprezando os dois últimos pontos, obtemos, a partir da Tabela 5-2:

$$a = 0{,}0077 \text{ e } b = 0{,}00015,$$

o que nos permite chegar aos valores:

$$V_m = 127 \text{ cm}^3/\text{g},$$
$$C = 52{,}3.$$

Aplicando o método dos mínimos quadrados, obtemos os valores (Tab. 5-3):

x^2 (10^{-3})	xy (10^{-3})
0,42	0,061
1,91	0,0214
7,69	0,0702
29,10	0,2597
57,02	0,4797
103,43	0,8702
155,79	1,2788
223,45	1,9257
276,99	2,3588
S = 855,8x10^{-3}	S = 7,271x10^{-3}

Tabela 5-3

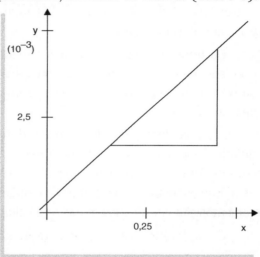

Figura 5-5

$$\sum_{1}^{9} y_i = 19{,}62 \times 10^{-3},$$

$$\sum_{1}^{0} x_i = 2{,}277,$$

$$\sum_{1}^{n} x_i \cdot a + \sum_{1}^{n} x_i \cdot b = \sum_{1}^{n} x_i y_i,$$

$$\sum_{1}^{n} x_i \cdot a + nb = \sum_{1}^{n} y_i.$$

Logo:

$$855{,}8 \times 10^{-3} \cdot a + 2{,}277 \cdot b = 7{,}271 \times 10^{-3},$$
$$2{,}277 \cdot a + 9 \cdot b = 19{,}62 \times 10^{-3}.$$

O que, resolvendo, dá:

$$b = 0{,}000095 \quad \text{e} \quad a = 0{,}0082.$$

5.3 ADSORSÃO DE LÍQUIDO EM SÓLIDO SEGUNDO LANGMUIR

O intento do presente experimento é aplicar a lei de Langmuir, para adsorsão, na determinação da porcentagem de células mortas em uma suspensão microbiana, por via colorimétrica.

Estudos verificaram que a adsorsão de certos corantes por microrganismos obedece a leis físico-químicas, em especial a de Langmuir, fato que permitiu concluir que muito provavelmente o corante é adsorvido em camadas monomoleculares uniformes.

A partir dessas considerações e determinando-se a quantidade de substância química que satura por adsorsão certa massa de células, se a área coberta pelo corante for conhecida, a área específica do microrganismo poderá ser determinada. Se a área específica e o número de células contidas em uma certa massa de microrganismos são conhecidos, pode-se avaliar facilmente a área total da superfície.

Considerando-se a equação de Langmuir, na forma

$$\frac{x}{m} = \frac{aC_f}{1 + bC_f} \qquad [5\text{-}31]$$

tem-se que:

x é a massa de soluto adsorvido;

m a massa de material adsorvente;

C_f a concentração do soluto em solução, no equilíbrio; e

a e b são constantes que dependem das condições experimentais.

A Eq. [5-31] pode ser escrita como segue:

$$\frac{m}{a} = \frac{b}{a} + \frac{1}{a} \times \frac{1}{C_f}, \qquad [5\text{-}32]$$

com a qual se podem determinar os valores de b/a e $1/a$.

Pelo que foi dito anteriormente, podemos considerar as expressões [5-33] e [5-34]:

$$\sigma = \frac{(C_i - C_f)S}{C}, \qquad [5\text{-}33]$$

$$s = \frac{\sigma}{N}, \qquad [5\text{-}34]$$

em que:

C é a concentração de microrganismos;

C_i a concentração inicial do corante;

C_f a concentração final do corante, quando é atingido o equilíbrio de saturação da superfície adsorvente;

S a área coberta pela unidade de massa corante;

N o número de células por unidade de massa do microrganismo;

σ a área específica superficial do microrganismo; e

s a área superficial média de um microrganismo.

As Eqs. [5-33] e [5-34] só podem ser aplicadas quando a superfície das células está saturada, o que ocorre quando são consideradas concentrações de corante bastante altas, ou baixas concentrações de células.

Como é sabido que nessas condições são introduzidos erros elevados, é mais prudente usar concentrações "favoráveis" de células e corante, e extrapolar os resultados segundo Langmuir, como segue:

$$\frac{C_i - C_f}{C} = \frac{aC_f}{1 + bC_f}. \qquad [5\text{-}35]$$

Logo, a Eq. [5-33] pode ser expressa como segue:

$$\frac{\sigma}{S} = \frac{aC_f}{1 + bC_f}, \qquad [5\text{-}36]$$

ou, ainda:

$$\frac{S}{\sigma} = \frac{b}{a} + \frac{1}{a} \cdot \frac{1}{C_f}. \qquad [5\text{-}37]$$

Em concentrações de corante extremamente altas $(C_f \to \infty)$, a equação poderá ser expressa assim:

$$\sigma = \frac{a}{b} \times S. \qquad [5\text{-}38]$$

As determinações fotométricas permitem que se obtenha, através de medidas sucessivas de transmitâncias, a quantidade de substância corante que adsorveu sobre a massa celular. Para esse fim, torna-se necessário conhecer a concentração inicial de solução colorida e a chamada *curva de referência* ou *calibração*. Essa curva pode ser obtida preparando-se várias soluções de diversas concentrações, para medir as transmitâncias respectivas. As concentrações (C) são geralmente expressas em miligramas por litro (mg/L) e as transmitâncias (T) em porcentagem. A representação gráfica será do tipo:

$$C = a - b \log T, \qquad [5\text{-}39]$$

sendo a e b constantes.

O comprimento de onda (λ) mais adequado para cada corante será determinado preparando-se algumas soluções de concentrações variadas, o que permitirá traçar um gráfico T versus λ, onde o comprimento de onda que propiciar a menor transmitância será eleito.

No presente trabalho, constatou-se experimentalmente que o melhor valor de (λ) é 440 nm e que a curva de calibração é aquela fornecida pela equação

$$C = 421{,}9 - 209{,}7 \log T. \qquad [5\text{-}40]$$

Aparelhagem e substâncias

Espectrofotômetro, centrífuga com tubos de 100 mL, agitador para erlenmeyers, dois béqueres de 500 mL, quatro erlenmeyers de 1.000 mL, um balão volumétrico de 2.000 mL, dez erlenmeyers de 250 mL, duas pipetas volumétricas de 100 mL, duas pipetas volumétricas de 50 mL, uma pipeta volumétrica e duas graduadas de 25 mL, uma pipeta volumétrica de 20 mL, três pipetas volumétricas de 10 mL, dois balões volumétricos de 100 mL e três de 50 mL, 100 g de fermento, 100 mL de solução de azul de metileno com a seguinte composição:

Azul de metileno	200 mg/L;
KH_2PO_4	27,2 g/L;
Na_2HPO_4	0,071 g/L.

Procedimento

Este experimento consistirá apenas na construção de uma curva de calibração que dê a porcentagem de células mortas em função da transmitância, e das leituras espectrofotométricas, obtidas de suspensões anteriormente preparadas.

Primeira fase

Preparam-se duas suspensões, uma de células vivas e outra de células-mortas.

a) Pesar 100 g de fermento (Fleischman), evitando as células muito ressecadas. Colocar essa massa num erlenmeyer de 1.000 mL com 500 mL de água destilada. Fechar com uma rolha e agitar vigorosamente por 15 minutos, a fim de desagregar as células.

b) Centrifugar esse material (15 minutos a 3.600 rpm), desprezando o sobrenadante. Preparar uma suspensão em 500 mL de água destilada, com a massa celular depositada, agitando por 15 minutos.

c) Proceder como no item (b) mais duas vezes; contudo, na segunda vez, ao ser obtida a massa de células depositadas (segunda lavagem), desprezar o sobrenadante e pesar com precisão, em um béquer de 50 mL, aproximadamente 80 g de células.

d) Transferir quantitativamente essas células para um erlenmeyer de 1.000 mL usando 500 mL de água destilada. Agitar esse material por 15 minutos para desagregar as células.

e) Passar essa suspensão para um balão de 2.000 mL, quantitativamente, essa suspensão, completando com água destilada até o menisco.

f) Dividir essa suspensão em duas partes iguais, destinadas a dois erlenmeyrs de 2.000 mL cada, e adicionar em cada um 1.000 mL de água destilada. Anotar "V" em um dos recipientes e "M" no outro.

g) O erlenmeyer com a letra M será aquecido até a ebulição e mantido assim por 2 minutos, sendo logo em seguida resfriado até a temperatura ambiente.

Segunda fase

De posse das duas suspensões preparadas como indicado no procedimento da primeira fase, pode-se obter uma série de suspensões cujas concentrações sejam conhecidas, como na Tab. 5-4.

Observação

Convém notar que a porcentagem inicial de células mortas existente no fermento não foi considerada, e que ela poderá ser determinada com facilidade pela adição de corante à solução V, diluída a 1:20, após agitação e contagem ao microscópio.

158 Físico-química das superfícies

Suspensão número	Volume de suspensão V (mL)	Volume de suspensão M (mL)	Porcentagem de células mortas
1	160	40	20
2	140	60	30
3	120	80	40
4	100	100	50
5	80	120	60
6	60	140	70
7	40	160	80

Tabela 5-4

As suspensões preparadas segundo a Tab. 5-4 devem receber, cada uma, 20 mL da solução de corante previamente preparada com azul de metileno, e ser agitadas por 60 minutos. Em seguida, centrifugam-se essas suspensões, retirando-se de cada uma certa alíquota de sobrenadante para determinar a transmitância.

Conhecido o diagrama de porcentagem de células mortas versus transmitância, pode-se determinar a porcentagem P de células mortas para qualquer outra suspensão, em que se tenha o mesmo tipo de célula e corante.

Terceira fase

Determinar a porcentagem P de microrganismos mortos em uma suspensão qualquer.

Considerar um volume razoável dessa suspensão, aplicar centrifugações e lavagens sucessivas até obter uma suspensão em água límpida, do microrganismo em estudo. Dividir esse volume em duas partes iguais, A e B. Por aquecimento, garantir que todas as células de A estejam mortas; B terá, então, a porcentagem P de células mortas; A e B podem ter, respectivamente, volumes de 100 mL.

Adicionar a cada suspensão volumes conhecidos do corante preparado, por exemplo, 10 mL. Agitar por uns 60 minutos, centrifugar e medir as transmitâncias dos sobrenadantes. Pela Eq. [5-39], podem-se obter as concentrações de corante. Conhecendo as concentrações de corante inicial e final, podemos determinar a quantidade dessa substância química que adsorveu nas células.

Admitindo que C_i seja a concentração de soluto no início (mg/L) e ainda a expressão de Langmuir, segundo a Eq. [5-31], com:

$$x = C_i - C_f \quad \text{e} \quad m = \frac{P'}{100} \cdot C.$$

podemos escrever que:

$$\frac{C_i - C_f}{\dfrac{P \cdot C}{100}} = \frac{aC_f}{1 + bC_f}.$$ [5-41]

A partir do diagrama porcentagem de células mortas versus transmitância, e da Eq. [5-39], pode-se construir a curva porcentagem de células mortas versus concentração do corante, obtendo-se então as constantes a e b.

Deve-se trabalhar com $bC_f > 1$ para que se possa considerar:

$$\frac{C_i - C_f}{\dfrac{P \cdot C}{100}} = \frac{a}{b} = K,$$ [5-42]

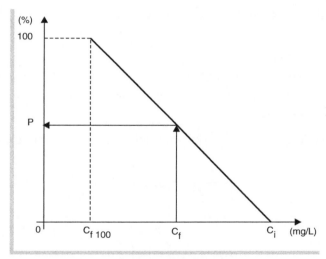

Figura 5-6

da qual obtemos:

$$P = \frac{100}{CK}(C_i - C_f).$$ [5-43]

A Eq. [5-43] está representada na Fig. 5-6 ou, ainda:

$$P = 100 \times \frac{C_f - C_i}{C_{f\,100} - C_i},$$ [5-44]

sendo $C_{f\,100}$ a concentração de corante na suspensão que apresenta 100% de células mortas.

Em termos de transmitância (T):

$$P = 100 \times \frac{\log T_i - \log T_f}{\log T_i - \log T_{f\,100}},\qquad [5\text{-}45]$$

pelo fato de a transmitância ser inversamente proporcional à concentração.

Aplicações

Nas transformações em que ocorre fermentação, um dos fatores mais importantes consiste em conhecer a quantidade de células efetivamente ativas. Sabe-se que a área específica é provavelmente a responsável por muitos fenômenos biológicos e de especial relevo na cinética desses processos.

Um outro método utilizado nessa determinação é o da observação direta, com microscópio e assumindo-se formas geométricas para medida direta.

Aplicação numérica

A Tab. 5-5 fornece os valores obtidos quando uma suspensão de células de *Saccharomyces cerevisiae* é mantida em ebulição durante 10 minutos e logo após tratada com azul de metileno.

Os valores dessa tabela obedecem à lei de Langmuir, segundo a expressão:

$$\frac{C}{C_i - C_f} = 0{,}136 + 0{,}56\,\frac{1}{C_f}.$$

C (g de mat. seca/L)	C_f (mg/L)
0,266	89,0
0,532	77,0
0,798	66,0
1,065	57,9
1,331	48,2
1,597	42,3
1,863	37,3
2,129	33,0

Tabela 5-5

Concentração inicial, $C_i = 102{,}6$ mg/L. Calcular a área específica (σ) e a área superficial média (S) de um microrganismo.

Sabe-se que $s = 10^4$ cm²/mg para o azul de metileno. Logo:

$$\sigma = \frac{1}{0{,}0136} \times 10^4 = 74 \times 10^4 \text{ cm}^2/\text{g de matéria seca.}$$

Sabe-se também que, pela contagem direta do número de células,

$$N = 3{,}4 \times 10^{10} \text{ células por grama de matéria seca.}$$

Então:

$$s = \frac{74 \times 10^4}{3{,}4 \times 10^{10}} = 22 \times 10^{-6} \text{ cm}^2 = 2{,}2 \times 10^3 \, \mu^2.$$

Pela medida direta, 160 células de *Saccharomyces cerevisiae* (forma elipsoidal) dão 110 µ², valor vinte vezes menor que o obtido via adsorsão.

BIBLIOGRAFIA

Adanson, A. W. e Gast, A. P., Physical Chemistry of Surfaces, 6. ed., John Wiley and Sons (1997).

Becher, P., Emulsions Theory and Practice, ACS Monograph n.° 162, Reinhold (1966).

Borzani, W., Journal of Biochemical and Microbiologic Technology and Engineering, vol. III, n° 3, pp. 235-240 (1961).

Borzani, W., Vairo, M. L. R., Adsorption of Methylene Blue as a Means of Determining all Concentration of Dead Bacteria in Suspensions, Stain Technology, vol. 35, n° 2, março (1960).

Borzani, W.,Vairo, M. L. R., e Brown, R. B., Modified Adsorption Method for Measuring the Specific Areas of Microbial Cells, Journal of Fermentation Technology, vol. 52, n° 6, Japão (1974).

Gold, P. I., Ogle, G. J., Estimating Thermophysical Properties of Liquids, Part 8 and ll, Chemical Engineering, 19 de maio e 11 de agosto (1969).

Halpern, A. M., Experimental Physical Chemistry of Surface, 2ª ed., Prentice Hall, Upper Saddle River, N.J. (1997).

Hiemenz, P. L., e Rajagopalan, R., Principles of Colloid and Surface Chemistry, 3ª Marcel Dekker Inc. (1997).

Myers, D., Surface, Interface and Colloids - Principles and Applications, 2ª ed., John Wiley – VCH (1999).

Paul, C. H., Principles of Colloid and Surface Chemistry, Marcel Deckker, Inc. (1986).

Sime, R. J., Physical-Chemistry – Methods, Technics and Experiments, Saunders Colege Publishing (1990).

Tager, A., Physical Chemistry of Polymers, 2ª ed., Mir, Moscou (1978).

Van Krevelen, D. W., Properties of Polymers, Elsevier (1972).

ELETROQUÍMICA 6

Como o próprio nome indica, a Eletroquímica consiste no estudo simultâneo de argumentos físicos por parte dos fenômenos elétricos e químicos devidos às interpretações advindas dessa outra área do conhecimento. Numa visão mais detalhada, costuma-se dividir essa parte da Físico-Química em: *iônica*, ou estudo desses fenômenos nas soluções líquidas ou ainda sistemas resultantes da fusão; e *eletródica*, ou seja, estudo dos fenômenos elétricos nas interfases sólido-líquido e nos sistemas com interfases sólido-líquido-gás.

Como se percebe, essa parte de Físico-Química depende de vários conhecimentos, como estrutura física, ligações químicas e fenômenos de transporte.

Vários tópicos da Química têm suas origens na Eletroquímica; note-se, por exemplo, que a. Terceira Lei da Termodinâmica resultou da observação da variação de temperatura e do potencial eletroquímico de reações que ocorrem nas células. Por outro lado, a cinética das reações iônicas em solução é expressa segundo a teoria eletroquímica, desenvolvida para esclarecer a *atividade* dos íons em solução. Acrescente-se que a eletrólise, a deposição de metais, a síntese de elétrodos e mais da metade dos modernos métodos de análise em solução dependem dos fenômenos eletroquímicos. Muitas biomoléculas dos sistemas vivos existem no estado coloidal, e a estabilidade dos colóides é função de fatores eletroquímicos e sua interação com a solução.

Na Metalurgia, a extração de metais de seus compostos dissolvidos em muitos sais e a proteção de metais contra a corrosão, estão entre as muitas aplicações da Eletroquímica. A Engenharia Eletroquímica constitui a base da indústria de metais não-ferrosos, particularmente na produção de alumínio, pela eletrólise de sais contendo óxidos de alumínio.

Uma outra aplicação que vem se firmando é quanto à energia motora dos automóveis, que deverá contribuir acentuadamente para a despoluição do meio ambiente. Nesse sentido e a esta altura dos acontecimentos, são conhecidos vários procedimentos eletroquímicos voltados para a diminuição da concentração do dióxido de carbono na atmosfera por redução química. Sabe-se que, em pH 7 e de acordo com a escala de potenciais elétricos, relativa ao elétrodo normal de hidrogênio, são conhecidas reações como estas:

$$CO_{2(g)} + 8H^+ + 8e \rightarrow CH_{4(g)} + 2H_2O \quad E° = -0,24 \text{ V};$$

$$CO_{2(g)} + 6H^+ + 8e \rightarrow CH_3OH_{(aq)} + H_2O \quad E° = -0,38 \text{ V};$$

$$CO_{2(g)} + 2H^+ + 2e \rightarrow HCOOH_{(aq)} \quad E° = -0,61 \text{ V}.$$

Sabe-se que em solução aquosa a redução do dióxido de carbono torna-se difícil, devido à competição com o hidrogênio. As soluções não-aquosas são mais apropriadas por causa da maior solubilidade do dióxido de carbono e ausência da competição com o hidrogênio.

A sociedade em que vivemos é movida a energia, em grande parte proveniente da combustão dos combustíveis fósseis, o que vem causando efeitos danosos, tais como o câncer provocado pela inalação dos vapores de derivados de petróleo, conforme comprovado em laboratório, com animais. Outro grave efeito é o aquecimento global, devido ao lançamento de dióxido de carbono na atmosfera, conhecido como *efeito estufa*. A tecnologia eletroquímica vem se firmando como alternativa viável, para evitar o uso de gasolina, diesel e óleos combustíveis, além da energia nuclear.

Sob o aspecto biológico, tem-se conhecimento de que as reações eletroquímicas que ocorrem com a interferência das mitocôndrias são altamente eficientes no tocante à conversão de energia. Por outro lado, a transmissão de impulsos elétricos através dos nervos, bem como a estabilidade do sangue e o funcionamento de muitas macromoléculas envolvidas nos processos biológicos, dependem de aspectos eletroquímicos relativos ao transporte de cargas elétricas e da repulsão entre corpos carregados com a mesma carga elétrica.

Das muitas aplicações eletroquímicas, podem ser destacadas com mais propriedade algumas, como as que ressaltamos a seguir.

Fontes químicas de corrente elétrica

São dispositivos que permitem transformar diretamente energia química em elétrica. A máxima força eletromotriz (fem) conseguida em soluções aquosas de eletrólitos está por volta de 2,2 V, devido a limitações experimentais. Nesse caso, as correntes de intercâmbio são baixas numa série de elétrodos, ou melhor, os processos ocorrem com alta sobretensão.

Para aumentar a tensão empregam-se artifícios como, por exemplo, diminuir a polarização do cátodo e do ânodo, criando condições para que os fenômenos eletroquímicos ocorram com mais rapidez. Procura-se diminuir o máximo possível a resistência interior à fonte de corrente, alterando sua composição, reduzindo a distância entre os elétrodos, usando eletrólitos de alta condutividade, e assim por diante. Um outro fator importante nesses casos é a maior superfície específica do elétrodo. É comum o uso de elétrodos esponjosos ou porosos; assim, pode-se diminuir a polarização dos elétrodos, pois cai bastante a densidade de corrente para uma dada intensidade de corrente.

Um outro fator importante nesse caso é a autodescarga, principalmente em conseqüência da formação de elementos locais devidos a impurezas.

Corrosão metálica e métodos de proteção

A corrosão principia sempre pela superfície, sendo conseqüência da ação química propriamente dita, ou da formação de pilhas, devidas, por exemplo, às heterogeneidades do metal e a eventual meio úmido em que o mesmo se encontre.

Com freqüência são utilizadas substâncias denominadas inibidores, cujo objetivo é diminuir a velocidade de "dissolução" anódica do metal e a velocidade de desprendimento do hidrogênio. Por outro lado, a proteção dos metais contra a corrosão pode se basear na apassivação, que corresponde a uma brusca diminuição na velocidade de "dissolução" anódica do metal, quando este atinge determinado potencial.

Quimiotrônica

É o estudo e aplicações dos transformadores eletroquímicos de informação, denominados *quimitrons*. Podem ser usados como diodos retificadores de corrente; dependem das dimensões dos elétrodos e das concentrações dos eletrólitos oxidante e redutor. Estes diodos são usados para retificar correntes de freqüências muito baixas.

Eletrometalurgia

Importante ramo da Metalurgia de metais não-ferrosos, tais como cobre, bismuto, antimônio e zinco.

Utiliza-se a eletroextração, aplicada a metais provindos de minérios solubilizados, e soluções purificadas. Outros processos também são empregados, tais como refinação eletrolítica e cementação.

Análise química

Vários métodos são aplicados, quando se trata da análise química:
a) condutométrico;
b) potenciométrico;
c) cronopotenciométrico;
d) polarográfico;
e) amperométrico.

6.1 POTENCIAL DE ELÉTRODOS

Uma pilha ou célula galvânica é o dispositivo no qual o decréscimo de energia livre do sistema num processo químico pode ser usado como fonte de trabalho elétrico. Os processos envolvidos podem ser uma reação ordinária ou, então, a transferência de um constituinte, comum a duas concentrações diferentes, de uma para a outra, além de outros mecanismos. É essencial que o referido processo seja conduzido por um estágio de oxidação e outro de redução, ocorrendo cada um separadamente, em compartimentos ou ambientes apropriados.

A força eletromotriz (fem) da pilha – ou tensão elétrica, ou ainda, impropriamente, potencial elétrico da pilha – depende da variação de estado do sistema e da maior ou menor aproximação em relação à reversibilidade, devido às características intrínsecas dos próprios processos de elétrodos e também à maneira pela qual a pilha é usada.

No caso presente, trata-se de pilhas consideradas capazes de manifestação reversível. Admitir que as medidas de fem sejam feitas por um método potenciométrico, o qual permite que a corrente obtida da célula na medida da diferença de potencial, seja tão pequena que se aproxime das condições de reversibilidade. Admite-se que o sentido da reação do elemento de pilha e o fluxo da corrente possam ser alterados à vontade.

Para uma dada reação de célula, a pilha correspondente é esquematizada indicando-se à esquerda o elétrodo no qual ocorre a oxidação, e à direita o elétrodo em que ocorre a redução.

Quanto à medida de potencial, pode-se dizer resumidamente que, em 1841, J. G. Poggendorff descreveu o chamado Método de Compensação para medida da fem de uma pilha primária, sem consumir apreciável corrente; em 1862, E. Du Bois-Reymond aperfeiçoou esse método; em 1873, Latimer Clark adicionou ao método um conjunto de reostatos; em 1893, a firma Crampton & Co. Ltd., da Inglaterra, melhorou o sistema; e, em 1906, N. E. Leeds e E. F. Northrup descreveram um potenciômetro aperfeiçoado, conhecido como "tipo K", por meio do qual se obteve maior precisão, além de ser mais compacto, pelo uso de um fio enrolado em espiral, juntamente com as bobinas.

Consideremos o circuito potenciométrico da Fig. 6-1: liga-se uma pilha de fem conhecida (pilha padrão) em oposição à célula de fem desconhecida, em conseqüência o galvanômetro (G) rece-

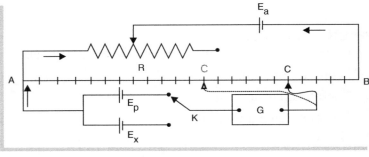

Figura 6-1

berá somente a diferença de potencial entre as duas células citadas. Quando esses dois potenciais forem iguais, o galvanômetro não acusará deflexão. O circuito da Fig. 6-1 resume o que normalmente se faz nesse processo de medida.

Na Fig. 6-1 E_a, E_p e E_x são, respectivamente, as fem auxiliar, padrão e desconhecida.

Inicialmente, com a chave K voltada para E_p e C coincidindo com o valor correspondente a zero, ajusta-se R para que G não acuse deflexão. Em seguida, gira-se a chave K para E_x correndo C por AB, até que G se estabilize no zero. Normalmente a própria escala de C dá a fem de E_x.

A diferença de potencial entre A e um ponto qualquer (S_1) da resistência AB será diretamente proporcional à distância AS_1 e igual à fração:

$$\frac{AS_1}{AB}$$

da queda total de potencial ao longo da resistência.

A pilha padrão mais utilizada é a de Weston, que pode ser apresentada segundo dois tipos: a pilha padrão não-saturada e a saturada. Sua descrição encontra-se em qualquer livro texto de Físico-Química e baseia-se na reação:

$$Cd_{(s)} + Hg_2SO_{4(s)} \rightleftarrows CdSO_{4(s)} + 2Hg_{(l)}.$$

A pilha-padrão não-saturada só é usada como padrão secundário; dá-se preferência sempre à saturada.

Deve-se tomar o máximo cuidado para não colocar a pilha-padrão em curto-circuito, pois isso produzirá uma despolarização e ela levará semanas ou meses para recuperar sua fem normal.

A pilha-padrão deve ser usada em tempos muito curtos. Seu potencial varia em função da temperatura (°C) segundo a expressão:

$$E_p = 1{,}01830 - 4{,}06 \times 10^{-5}(t-20) - 9{,}5 \times 10^{-7}(t-20)^2 + 1 \times 10^{-9}(t-20)^3 \quad [6\text{-}1]$$

O elétrodo de calomelano, ainda em uso como elétrodo de referência, não preenche completamente as especificações do estado-padrão convencional. O mercúrio e o cloreto de mercúrio estão presentes como líquido e sólido puros, respectivamente, e portanto com atividade unitária de acordo com a escolha comum de estados padrão.

A atividade dos íons-cloreto não é unitária; contudo varia em função da concentração da solução de cloreto de potássio empregada. Essa variação é responsável pelos diferentes potenciais de elétrodo de referência, consignados para o elétrodo de calomelano com diferentes concentrações de cloreto de potássio.

A crescente preocupação com o meio ambiente tem levado à opção por outros elétrodos de referência como, por exemplo, o de prata (Ag/AgCl$_{(s)}$; KCl$_{(aq.)}$), sendo que também neste a fem do elétrodo depende da atividade do ânion comum, que se encontra na solução.

O potencial do elétrodo varia com as atividades dos íons. A equação fundamental que rege o efeito da atividade dos íons sobre a fem é:

$$E = E^0 - \frac{RT}{nF} \ln Q, \qquad [6\text{-}2]$$

em que:

R é a constante dos gases (8,314 J·K^{-1}·mol^{-1});

F Faraday (96.490 C·mol^{-1});

n o número de Faradays para a relação, tal como escrita; e

Q o quociente de atividade,

sendo

$$Q = \frac{a_G^g \, a_H^h}{a_A^a \, a_B^b} \qquad [6\text{-}3]$$

para a equação geral, $aA + bB \leftrightarrow hH + gG$.

O tipo de célula usada no laboratório pode ser escrito como segue, para um íon metálico n-valente:

$$M \, ; M_{(a)}^{n+} /\!/ \text{AgCl}_{(s)} \, ; \text{Ag} \, (\text{KCl}_{(aq)}) \qquad [6\text{-}4]$$

ou

$$M \, / \, M_{(a)}^{n+} /\!/ \text{AgCl}_{(s)} \, / \, \text{Ag} \, (\text{KCl}_{(aq)}). \qquad [6\text{-}4]$$

A fem dessa pilha é dada por:

$$E = -E^0_{M^{n+},M} - \frac{RT}{nF} \ln a_{M^{n+}} + E^0_{\text{Ag Cl}_{(s)}\,;\,\text{Ag(KCl (aq))}} + E_j, \qquad [6\text{-}5]$$

sendo:

$E^0_{M^{n+},M}$ é a fem padrão do elétrodo metálico;

$E^0_{\text{Ag Cl}_{(s)}\,;\,\text{Ag(KCl (aq))}}$ é a fem padrão do elétrodo de prata; e

E_j a fem da junção líquida, a qual é minimizada pela utilização da ponte salina que liga o elétrodo de prata à solução em que está imerso o elétrodo metálico.

Independentemente da precisão das medidas de fem, o valor exato do potencial de elétrodo de uma meia-célula não pode ser calculado a partir de medidas com uma pilha do tipo anotado em [6-4], porque a ponte salina não elimina completamente o potencial de junção líquida.

Na Eq. [6-5], a atividade pode ser expressa em termos do coeficiente de atividade e da molalidade, pelo uso da relação:

$$a_i = \gamma_i M_i,$$

tal que:

a_i é a atividade da espécie i;

γ_i o coeficiente de atividade da espécie i; e

M_i a molalidade da espécie i.

Para um típico eletrólito forte $A_{v+}B_{v-}$, o qual se dissocia em v_+ íons positivos A e v_- íons negativos B, o coeficiente de atividade iônica médio ($\gamma_\pm$) é definido por:

$$\gamma_\pm = (\gamma_A^{v_+} \times \gamma_B^{v_-})^{1/v},$$

sendo, $v = v_+ + v_-$.

Desses coeficientes de atividade iônica, o médio é mensurável. Por outro lado, os coeficientes de atividade iônica individuais γ_A e γ_B não podem ser determinados separadamente, a partir de experimentos termodinâmicos. Na Eq. [6-5], é usual substituir-se γ_+ por $\gamma_\pm$; isso é verdade apenas em primeira aproximação.

Aparelhagem e substâncias

Pode-se usar um potenciômetro portátil, divisor de tensão, elétrodos de cádmio, cobre, zinco e de prata. Soluções 0,100M de cloreto de cádmio, sulfato de cobre e sulfato de zinco, dois frascos volumétricos de 100 mL, pipeta de 100 mL, seis tubos especiais para ponte salina, como na Fig. 6-2.

Procedimento

As fem dos elétrodos de cádmio, cobre e zinco são determinadas usando-se soluções $0,1M$, $0,01M$ e $0,001M$ de seus respectivos sais.

Preparam-se 100 mL de solução $0,1M$ de cada um dos sais: cloreto de cádmio, sulfato de cobre e sulfato de zinco. As soluções $0,01M$ podem ser preparadas transferindo-se 10 mL de solução $0,1M$ para um balão de 100 mL e completando-se o volume com água destilada; de maneira semelhante preparam-se as soluções de $0,001M$.

A disposição experimental está indicada na Fig. 6-2. As hastes metálicas são montadas em rolhas de borracha e dispostas nos tubos especiais para a ponte salina; estes dispõem de ramificação lateral para contato líquido com um elétrodo de referência. Esse ramo lateral contém um obturante de ágar-ágar saturado de KCl ou NH_4NO_3, que evita a saída da solução de dentro do tubo especial. Um elétrodo de prata é usado como semi-elemento de referência. A fem da pilha, formada pelo elétrodo de prata juntamente com o elétrodo em estudo, é determinada por meio de potenciômetro. É importante registrar qual o elétrodo positivo, isto é, o elétrodo conectado ao terminal positivo do potenciômetro na situação em que o balanceamento do circuito é possível. Verifica-se, como é fácil observar durante as medidas, que apenas uma das polaridades conduz ao balanço nulo.

A expressão apropriada da fem é escrita de acordo com a Eq. [6-5]. A fem medida na pilha é dada com seu sinal adequado, determinado como o sinal do elétrodo à direita, na notação de célula empregada. Os dados dos coeficientes de atividade iônica médios, são obtidos da Tab. 6-1. A fem do semi-elemento metálico é então calculada atribuindo-se o valor 0,222 V para o elétrodo de referência nas três concentrações referentes a cada sal.

Esses últimos valores devem ser levados ao diagrama E versus $\sqrt{M}$, a temperatura constante, para se obter a fem do metal. Lembrar que, em um experimento bem conduzido, os valores da fem variam linearmente com a temperatura segundo a equação:

$$E = E^0 + \frac{\Delta s}{nF}(t - 25) \quad (E^0 \text{ a } 25°C).$$

A propósito das atualizações, vale lembrar que, por recomendação da Iupac, a pressão do gás no elétrodo padrão de hidrogênio passou a ser considerada de 1 bar ou 10^5 Pa, em vez de 1 atm ou 101.325 Pa, como fora até 1983. No caso do elétrodo de prata, por exemplo, $E^0_{atm} - E^0_{bar} = +0,169$ mv, o que corresponde a uma variação na energia livre de 16,4 J mol^{-1}. Felizmente, as alterações são relativamente pequenas. (Segundo Garland, Nibler e Schoemaker, *Experiments in Physical Chemistry*, 7ª ed., Boston, McGraw Hill, 2003.)

Aplicações

O conteúdo de epóxi em uma resina desse material é determinado pela titulação do HBr, tendo como detetor do ponto final um elétrodo que se baseia na atividade do íon brometo.

Comparando os resultados com aqueles obtidos segundo o método ASTM-D 1562-67, percebemos variações máximas de 0,5%. O procedimento consiste em dissolver uma amostra de resina epóxi num solvente apropriado e em seguida titular com uma solução de HBr padronizada, usando o elétrodo de brometo como detetor do ponto final. (V.: *Applications Bulletin* nº. 10, Orion.)

Potencial de elétrodos

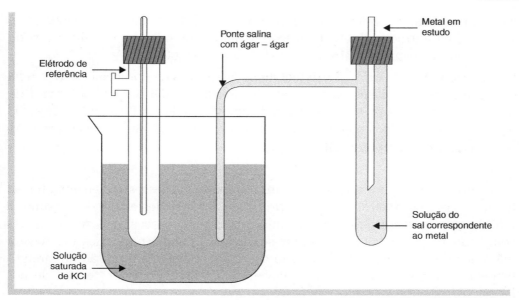

Figura 6-2

Eletrólito	Concentração		
	0,001M	0,01M	0,1M
Cloreto de cádmio	0,819	0,524	0,228
Sulfato de cobre	0,69	0,40	0,16
Nitrato de chumbo	0,89	0,69	0,37
Nitrato de prata	0,95	0,90	0,731
Sulfeto de zinco	0,700	0,387	0,150
Cloreto de sódio	...	0,9032	0,7784
Ácido clorídrico	0,9656	0,9048	0,7964

Tabela 6-1

Coeficientes de atividade de eletrólitos a 25°C

Uma outra aplicação semelhante consiste no uso de dois elétrodos iguais aos anteriores, ligados a um peagâmetro com escala expandida, para determinar a cura de uma resina epóxi bisfenol A/epicloridrina, por exemplo, a Araldite. Esse par de resinas compõe uma suspensão em p-dioxano e reage durante 30 minutos com excesso de brometo de hidrogênio gerado no próprio sistema. O excesso de haleto é titulado potenciometricamente com perclorato de mercúrio. (Ver: *Z. Anal. Chem.* 253, 279-293 (1971).).

Com relação ao estudo do potencial de elétrodo, é muito importante sua aplicação nos fenômenos de corrosão eletroquímica. Para tanto, considerar os dois casos a seguir apresentados.

a) Em um tanque onde a água circula por uma serpentina (a temperatura de 15ºC na entrada e 75 ºC na saída), resulta uma pilha, pois a diferença de potencial calculada entre esses extremos é de 0,004 V.

b) Em sistemas de irrigação, detectam-se diferenças de potencial elétrico, seja com tubos metálicos ou não, entre os extremos; daí o nome *potencial de extremos*. Esse potencial é atribuído ao esforço de cisalhamento próprio da água. No caso dos metais, o processo corrosivo é acelerado pela formação da diferença de potencial.

Outro aspecto importante é quanto à aplicação desses conhecimentos às baterias e reações eletroquímicas. A propósito, deve-se destacar nesse assunto a real função da haste de carvão no núcleo das pilhas secas, que serve apenas como suporte de corrente. Destaque-se, inclusive, que a polarização se deve à diferença de potencial entre a tensão do circuito aberto e a tensão do circuito fechado e que, segundo Kozawa e Powers (vide bibliografia), o termo "despolarizar" não deve ser usado.

6.2 CONDUTIVIDADE DAS SOLUÇÕES

Neste experimento estudaremos a condutividade elétrica das soluções aquosas, tendo presente que a água é um mau condutor elétrico e que suas soluções têm a capacidade de transportar eletricidade, dependendo da concentração e natureza dos íons presentes. Serão estudados os eletrólitos fortes e os eletrólitos fracos, pela observação do comportamento de várias soluções diluídas.

Inicialmente são ressaltadas algumas informações importantes, por isso torna-se conveniente salientar que condutância de um meio é o inverso de sua resistência elétrica e, se a resistência desse meio for expressa por R, a condutância L será:

$$L = \frac{1}{R}, \qquad [6\text{-}6]$$

tendo como unidade o siemens (S), que corresponde a ohm^{-1}.

Normalmente, a determinação da condutância não é realizada por via direta, e sim por um processo que consiste na medida da grandeza que lhe é inversa, ou seja, a resistência elétrica da solução, detectada entre dois elétrodos, sob determinadas condições.

O método consiste basicamente na determinação de algo semelhante à resistência elétrica de um condutor eletrônico, o mesmo que determina as resistências por comparação, usando-se o circuito em forma de ponte, proposto por Christie (1853), e conhecido como *ponte de Wheatstone* (1843), no qual procura-se estabelecer o equilíbrio entre as resistências conhecidas.

Como se sabe, a resistência de um condutor pode ser calculada pela equação:

$$R = \rho \frac{l}{A}, \qquad [6\text{-}7]$$

em que:

ρ é a resistência específica, ou resistividade;
l o comprimento do condutor; e
A a área da seção transversal do condutor.

A resistividade é aquela oferecida por um cilindro do material em questão, com 1 m de comprimento e seção de 1 m². Pelas Eqs. [6-6] e [6-7], a condutância de um material condutor é igual a:

$$L = \frac{1}{R} = \frac{A}{\rho l}; \qquad [6\text{-}8]$$

o recíproco da resistividade chama-se *condutância específica* ou *condutividade* e é expresso por:

$$\kappa = \frac{1}{\rho}, \qquad [6\text{-}9]$$

de unidades mS m⁻¹.

Considerando as Eqs. [6-8] e [6-9], podemos escrever que:

$$L = \frac{kA_C}{l} \quad \text{ou} \quad \kappa = \frac{1}{R} \cdot \frac{l}{A} = \frac{K}{R} \cdot \qquad [6\text{-}10]$$

A condutividade κ depende da concentração molar e da mobilidade dos íons presentes. Para um único eletrólito que fornece os íons A⁺ e B⁻ e que tem um grau de dissociação α, e a concentração (C) de soluto em mol por litro, obtém-se:

$$\kappa = \frac{\alpha CF}{10^{-3}}(U^+ + U^-), \qquad [6\text{-}11]$$

em que U^+ e U^- são as mobilidades iônicas e F é a constante de Faraday. Torna-se, portanto, conveniente definir uma nova grandeza, a condutividade molar (Λ), através da seguinte equação:

$$\Lambda = 10^{-3} \frac{\kappa}{C}, \qquad [6\text{-}12]$$

com unidades mS m²·mol⁻¹.

Faz-se oportuno lembrar que a mobilidade é inversamente proporcional à viscosidade do meio, e que algumas vezes prefere-se usar a condutividade equivalente, contrariamente à recomendação da Iupac.

Comparando as Eqs. [6-11] e [6-12], obtemos:

$$\Lambda = \alpha F (U^+ + U^-). \qquad [6\text{-}13]$$

Essa grandeza eletroquímica por vezes é descrita como o valor da condutividade de um certo volume de solução que contém 1 kg mol de soluto, quando colocado entre elétrodos planos e paralelos, distanciados entre si por 1 m, com um campo elétrico uniforme aplicado entre eles.

Para um eletrólito forte, o grau de dissociação é 1 em qualquer concentração; portanto é, grosso modo, constante, variando devido às mudanças das mobilidades com a concentração, mas aproximando-se de um valor finito quando a diluição é infinita. A partir da influência da atração iônica sobre as mobilidades, pode-se mostrar teoricamente que, para eletrólitos fortes em soluções diluídas, é válida a relação:

$$\Lambda = \Lambda_\infty (1 - a\sqrt{C}). \qquad [6\text{-}14]$$

Em muitos casos, considera-se a igualdade:

$$\Lambda = \Lambda_\infty - b\sqrt[3]{C}; \qquad [6\text{-}15]$$

a e b são duas constantes.

Pela Eq. [6-14] pode-se determinar a condutividade molar de soluções infinitamente diluídas (Λ_∞) a partir do diagrama que tem Λ em função de $\sqrt{C}$, quando C tende a zero.

Quando se trata de diluição infinita, segundo Kohlrausch, os íons contribuem, independentemente, para a condutividade equivalente Λ_∞ do eletrólito. Pode-se, portanto, expressar essa condutividade-limite como:

$$\Lambda_\infty = \lambda_\infty^+ + \lambda_\infty^-, \qquad [6\text{-}16]$$

sendo λ_∞^+ e λ_∞^- as condutividades-limite molares de cátions e ânions, respectivamente. Alguns valores encontram-se na Tab. 6-2.

Cátions	λ_+	Ânions	λ_-
H⁺	34,98	OH⁻	19,80
Na⁺	5,01	Cl⁻	7,63
K⁺	7,35	NO_3^-	7,14
NH_4^+	7,34	CH_3COO^-	4,09
Ca^{2+}	11,90	SO_4^{2-}	16,00
Ba^{2+}	12,72	$Fe(CN)_6^{4-}$	44,20

Tabela 6-2
Condutividades molares em diluição infinita a 25 °C (mS m² mol⁻¹)

Em um eletrólito fraco, Λ varia marcantemente com a concentração, pelo fato de o grau de dissociação α variar fortemente com a concentração. A condutividade molar, contudo, deve tender a um valor finito Λ_∞, que é constante para o eletrólito considerado e que, de novo, é igual à soma das condutividades molares-limite das espécies iônicas. É impossível obter-se com razoável precisão o valor de Λ_∞ por extrapolação, nesse caso, já que o gráfico não será uma reta, como no caso dos eletrólitos fortes. O valor de Λ_∞ para os eletrólitos fortes pode ser obtido por meio do princípio da migração independente dos íons, devido a Kohlrausch, utilizando-se os valores de Λ_∞ dos eletrólitos fortes, como na Eq. [6-16].

Para eletrólitos suficientemente fracos, a concentração iônica é baixa e o efeito da atração iônica sobre as mobilidades é pequeno; portanto pode-se admitir que as mobilidades independem da concentração, com o que se obtém a expressão aproximada:

$$\alpha = \frac{\Lambda}{\Lambda_\infty}, \qquad [6\text{-}17]$$

No caso, por exemplo, de um ácido fraco como o acético, a constante de equilíbrio K_c pode ser expressa por:

$$K_c = \frac{(H^+)(A_c^-)}{(HA_c)} = C \frac{\alpha^2}{1-\alpha}. \qquad [6\text{-}18]$$

Para eletrólitos fracos, $\alpha \ll 1$. Logo:

$$K_c = \alpha^2 C \quad \text{e} \quad \alpha = \sqrt{\frac{K_c}{C}}.$$

Considerando a Eq. [6-17], temos

$$\Lambda = \Lambda_\infty \sqrt{\frac{K_c}{C}}. \qquad [6\text{-}19]$$

A constante de equilíbrio K_c difere do valor de K_a (devida às atividades) pela omissão dos coeficientes de atividade e pelas aproximações inerentes ao cálculo de α da Eq. [6-17]. Tomando-se a força iônica como , um gráfico de log K_c em função de , extrapolado para $C = 0$, fornece K_a com razoável aproximação.

É importante notar que a condutividade molar varia em função da temperatura segundo a equação:

$$\Lambda_{t^0} = \Lambda_{25^0}[1 + x(t - 25)],$$

sendo t é a temperatura em graus Celsius e x um parâmetro que varia de 0,019 a 0,021 para os sais e de 0,016 a 0,018 para os ácidos e bases.

Aparelhagem e substâncias

Condutivímetro, célula de condutância, balão volumétrico de 1.000 mL, três balões volumétricos de 100 mL, uma pipeta graduada de 25 mL, cloreto de potássio P.A., ácido acético 1M, água isenta de CO_2.

Procedimento

Preparam-se 100 mL de solução 0,02M de KCl; coloca-se no béquer, que contém a célula, uma quantidade de solução suficiente para cobri-la e lê-se a condutância.

Efetuam-se nove medidas de condutância com soluções de concentrações 0,02M, 0,01M, 0,005M, etc., por meio de um condutivímetro alimentado por corrente elétrica alternada, para evitar deposição nos elétrodos.

Na Fig. 6-3, vê-se um dispositivo que pode substituir o condutivímetro e cujas partes são: bateria (1); célula de condutância (2); caixa de resistências (3); galvanômetro (4); e bobina de Runkford (5); potenciômetro (6).

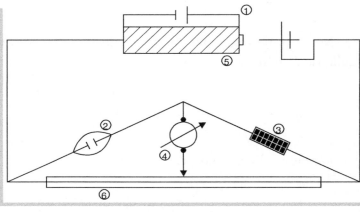

Figura 6-3

Caso se use o circuito da Fig. 6-3, efetuam-se as medidas de resistências das soluções de KCl e, em seguida, medem-se as resistências do ácido acético nas concentrações de 0,05*M*, 0,025I, 0,0125*M* e assim por diante, em um total de 9 soluções.

Determina-se por meio das Eqs. [6-10] e [6-11] a constante da célula, utilizando-se a resistência ou condutância da solução 0,02*M* de KCl.

Calculam-se as condutâncias específicas das nove soluções, para obter suas condutividades molares, a partir das Eqs. [6-10] e [6-12].

Traçar o gráfico de Λ em função de $\sqrt{C}$ e determinar, por extrapolação, Λ_∞, no caso do eletrólito forte. Comparar o valor obtido com o que é encontrado nas tabelas de condutividades molares das espécies iônicas.

Para os eletrólitos fracos, determina-se a constante da célula como no item anterior. Calculam-se as condutâncias das nove soluções e com elas suas condutividades molares. Traça-se o gráfico Λ em função de $\sqrt{C}$, constatando-se o comportamento não-linear do eletrólito fraco. Calcular o grau de dissociação para cada uma das concentrações, utilizando-se como dado a condutividade molar à diluição infinita do ácido acético, que é 39,07 mS·m²·mol⁻¹, a 25 °C.

Calcular a constante K_c para cada concentração. Pela teoria simplificada dos eletrólitos, K_c deveria ser constante, o que não ocorre, contudo. Procurar usar a Eq. [6-19] para estimar α por essa via. Construir um gráfico log K_c em função de $\sqrt{\alpha C}$ e, através da extrapolação para $C = 0$, determinar um valor aproximado para K_a, que pode ser comparado com os valores tabelados da constante de ionização. Para isso, deve-se anotar a temperatura de realização do experimento.

Quanto à água isenta de CO_2, ver recomendações no Experimento 6.4 ("Solubilidade de sais pouco solúveis").

6.3 COEFICIENTE DE ATIVIDADE E CONCENTRAÇÃO

Este experimento tem por objetivo o estudo da variação do coeficiente de atividade de um eletrólito, a partir da medida da força eletromotriz (fem).

Encontra-se facilmente a aparelhagem necessária para este trabalho, e as técnicas de laboratório são simples, mesmo não se obtendo resultados ótimos logo no início. Pretende-se mostrar os efeitos da concentração na atividade e, ainda, verificar a equação de Debye-Hückel.

A variação do coeficiente de atividade será acompanhada por duas vias, uma dita teórica e outra experimental, motivo pelo qual é importante considerar logo no início a referida equação, ou seja:

$$\ln \gamma_i = \frac{e^3 Z_i^2}{(\varepsilon KT)^{1/2}} \left(\frac{2\pi N\mu}{1.000} \right)^{1/2}, \qquad [6\text{-}20]$$

em que:

- γ_i é o coeficiente de atividade da espécie i;
- e a carga do elétron;
- Z o número de cargas unitárias da espécie i;
- K a constante dos gases, por molécula;
- T a temperatura absoluta;
- N o número de Avogadro;
- μ a força iônica da solução; e
- ε a permissividade do meio.

Adotando a temperatura de 25 °C e os valores:

- $e = 4{,}803 \times 10^{-3}$ coulombs;
- $K = 1{,}3805 \times 10^{-16}$ erg·K^{-1} (a constante de Boltzmann);
- $N = 6{,}023 \times 10^{23}$ íons ou moléculas;
- $\varepsilon = 78{,}56$ para a água a 25°C; e
- $\pi = 3{,}1416$,

pela Eq. [6-20], concluímos que:

$$-\log \gamma_i = 0{,}509\, Z_i^2 \sqrt{\mu}. \qquad [6\text{-}21]$$

Por outro lado, sabe-se que a expressão da força iônica é dada por:

$$\mu = \frac{1}{2}\Sigma_i C_i Z_i^2, \qquad [6\text{-}22]$$

sendo C_i a concentração de cada íon presente na solução, em mols por litro.

Convém lembrar que a denominação *potencial elétrico* se refere à haste metálica do elétrodo, ao passo que *força eletromotriz* (fem) diz respeito à célula, embora tal recomendação nem sempre seja observada rigorosamente. Quanto ao sinal que precede o potencial de um elétrodo, por convenção, é menos (–) para o elétrodo que sofre oxidação espontânea, e mais (+) para o que sofre redução espontânea.

Quando o elétrodo em estudo (E_x) sofre oxidação espontânea:

$$\text{fem} = E_{ref} - E_x; \qquad [6\text{-}23]$$

e, quando sofre redução espontânea:

$$\text{fem} = E_x - E_{ref}; \qquad [6\text{-}24]$$

Uma vez que pequenas variações na medida da tensão implicam alterações apreciáveis no coeficiente de atividade, devemos tomar todos os cuidados na realização das medidas. Por outro lado, é preciso considerar pelo menos as correções relativas à temperatura, caso não se levem em conta os potenciais de junção. Assim, a correção relativa ao quociente RT/nF para $n = 1$ é dada pela equação empírica:

$$\frac{RT}{nF} = 0{,}0591 + 0{,}0002\,(t - 25) \text{ entre } 0 \text{ e } 50\,^\circ\text{C}.$$

Caso se use um elétrodo de calomelano saturado, a correção de potencial devida à variação de temperatura pode ser efetuada pela expressão empírica:

$$E_{cal} = 0{,}2538 - 0{,}00065\,(25 - t)\,\text{V}.$$

Por exemplo, para um elétrodo que sofre oxidação espontânea:

$$\text{fem} - E_{ref} = -E_x,$$

ou:

$$\text{fem} - E_{ref} = \frac{RT}{NF}\ln(C\gamma_\pm), \qquad [6\text{-}25]$$

em que:

C é a concentração da solução; e

$\gamma_\pm$ o coeficiente de atividade iônico médio.

Aparelhagem e substâncias

Uma haste de prata, ou de cobre, ou de alumínio, ou de cádmio; sais que tenham cátions da haste escolhida; um elétrodo de referência; um potenciômetro ou peagâmetro; balões volumétricos de 100 mL; balança analítica; no mínimo três tubos especiais para ponte salina, iguais aos usados no Experimento 6.1 ("Potencial de elétrodos"); gel de ágar-ágar com KCl, ou NH_4NO_3 para a haste de prata.

Procedimento

Preparar o gel de ágar-ágar, com KCl, ou NH_4NO_3 para a haste de prata, efetuando a montagem da ponte salina nos três tubos especiais. Escolher um elétrodo e o sal conveniente, preparando em seguida 100 mL de solução 0,1000M. A partir dessa solução, preparar mais três soluções, nas concentrações: 0,0100M; 0,0010M; 0,0001M.

Para cada uma das concentrações, proceder da seguinte maneira: colocar a solução salina no ramo mais dilatado do tubo especial para ponte salina, imergindo nele a haste de metal escolhida. O outro ramo do tubo especial contendo ágar-ágar é imerso numa solução de KCl saturada, onde também deve ficar mergulhado o elétrodo de referência. Da haste metálica e do elétrodo de referência devem sair fios que fazem a ligação com o aparelho de medida. Observar que, dependendo do valor da fem medida e da amplitude de escala do aparelho, deve-se interpor um divisor de tensão. Este, sempre que possível, deve ser evitado, pois introduz novas junções e mais perda de sensibilidade no circuito. A decisão quanto à utilização do divisor depende da consulta a manuais, para se saber, diante das especificações do potenciômetro, se a fem pode ser medida diretamente. Calcular, em seguida, o coeficiente de atividade usando a Eq. [6-25].

Aplicações

A determinação da constante de dissociação de ácidos fracos – especialmente orgânicos e que apresentam cor – pode seguir o procedimento dado em continuação.

Considerando-se a atividade:

$$K_a = \frac{a_{H^+} a_{A^-}}{a_{HA}},$$

logo:

$$K_a = \frac{a_{H^+} a_{A^-} \gamma_\pm}{C_{HA}},$$

sendo $\gamma_\pm$ o coeficiente iônico de atividade médio. Substituindo a relação $\frac{a_{A^-}}{C_{HA}}$ por $\frac{\alpha}{1-\alpha}$ em que α é o grau de dissociação, temos que:

$$\log K_a = \log a_{H^+} + \log \frac{\alpha}{1-\alpha} + \log \gamma_\pm.$$

A substituição de $\log K_a$ por $-pK_a$ dá:

$$pK_a = pH - \log \frac{\alpha}{1-\alpha} - \log \gamma_\pm.$$

Sabe-se que $\gamma_\pm$ pode ser calculado pela equação de Debye-Hückel, ou a partir da Eq. [6-21] modificada para:

$$-\log \gamma_\pm = \frac{0{,}509 \sqrt{\mu}}{1 - \sqrt{\mu}}.$$

O termo α pode ser obtido pela expressão:

$$\alpha = \frac{D_1 - D}{D_1 - D_2},$$

sendo D_1 e D_2, respectivamente, as densidades ópticas-limite a baixo e alto pH, obtidas por meio de um fotocolorímetro.

Caso se trate de um eletrólito fraco em grande diluição, pode-se considerar $\gamma_\pm = 1$, e a equação geral passa a ser:

$$pK = \text{pH} - \log\frac{\alpha}{1-\alpha}.$$

Convém lembrar ainda que:

$$K_a = \frac{(\text{H}^+)(\text{A}^-)}{(\text{HA})} \quad \text{ou} \quad pK_a = -\log\frac{(\text{H}^+)(\text{A}^-)}{(\text{HA})},$$

tal que:

$$pK_a = \text{pH} - \log\frac{(\text{A}^-)}{(\text{HA})},$$

ou, ainda:

$$\text{pH} = pK_a + \log\frac{(\text{A}^-)}{(\text{HA})}.$$

6.4 SOLUBILIDADE DE SAIS POUCO SOLÚVEIS

Conforme vimos no Experimento 6.2 ("Condutividade das soluções"), para eletrólitos fortes e fracos, a condutividade molar pode ser definida pela expressão:

$$\Lambda = \frac{\kappa}{C}. \qquad [6\text{-}26]$$

Neste experimento, vamos considerar a concentração de um sal pouco solúvel como sendo sua própria solubilidade (S). Em tais condições, uma solução muito diluída, como no caso, permite admitir que $\Lambda = \Lambda_\infty$, sendo Λ_∞ a condutividade molar quando a diluição é infinita.

Sabe-se que a condutividade molar para diluições infinitas pode ser obtida a partir da soma das respectivas condutividades iônicas, também conhecidas como condutividades molares-limite, ou seja:

$$\Lambda_\infty = \lambda_\infty^+ + \lambda_\infty^-, \qquad [6\text{-}27]$$

Conhecendo-se a condutância específica da solução saturada do sal (κ_{sal}) e a condutância específica do solvente, no caso a água ($\kappa_{água}$), a condutividade devida aos íons do sal é calculada pela equação:

$$\kappa_{sal} = \kappa_{sol} - \kappa_{água}. \qquad [6\text{-}28]$$

Os valores de κ_{sal}, e $\kappa_{água}$ podem ser calculados pela expressão:

$$\kappa = \frac{K}{R}, \qquad [6\text{-}29]$$

sendo K a constante da célula (em m^{-1}) e R a resistência (em ohms).

Uma vez obtidos os valores de Λ e κ_{sal}, pode-se calcular a solubilidade pela Eq. [6-26], porque esta nada mais é que uma expressão da concentração, quando reordenada.

A título de ilustração, considerar o caso em que se tem uma solução de AgCl, com a condutância específica de 189,3 × 10^{-3}mS·m^{-1}, a 25 °C, e sabendo-se que a essa temperatura a água apresenta condutância específica de 61,6 × 10^{-5}mS·m^{-1}. Em tais condições, κ_{sal} será:

$$\kappa_{AgCl} = 189{,}3 \times 10^{-3} - 0{,}616 \times 10^{-3},$$
$$\kappa_{AgCl} = 188{,}7 \times 10^{-3}\ S\cdot m^{-1}.$$

A partir de tabelas encontradas em manuais, a 25 °C, temos:

$$\lambda_\infty^+ = 6{,}19\ mS\cdot m^2 \cdot mol^{-1},$$
$$\lambda_\infty^- = 7{,}63\ mS\cdot m^2 \cdot mol^{-1}.$$

Aplicando esses valores na Eq. [6-26], calcula-se a solubilidade:

$$\text{Solubilidade} = \frac{\kappa_{AgCl}}{\Lambda_\infty} = 0{,}0136\ mol\ m^{-3}.$$

A imprecisão notada deve ser, provavelmente, conseqüência dos valores numéricos obtidos como condutância específica, considerando que a solubilidade desse sal varia muito pouco, com a temperatura.

Considerar também uma solução de eletrólito pouco solúvel, por exemplo, o sulfato de bário, que a 25 °C apresenta uma condutividade de 2,97 × 10^{-3}·S·m^{-2} mol^{-1} e κ_{sal} = 1,37 × 10^{-3}·S·m^{-1}; logo, a partir das condutividades molares-limite tabeladas, calcula-se Λ_∞. Aplicando esses valores na Eq. [6-26], calcula-se a solubilidade do sal, que será dada por 4 × 10^{-5} mol m^{-3}.

Aparelhagem e substâncias

Banho termostático, condutivímetro, célula de condutância, dois béqueres de 50 mL, dois erlenmeyers de 250 mL, uma pipeta de 20 mL, solução de KCl 0,100M, fluoreto de cálcio, iodeto de prata, sulfato de chumbo e água destilada isenta de CO_2.

Nota importante

A água destilada isenta de CO_2, na realidade, deveria ter apenas os íons H^+ e OH^- provenientes da sua ionização natural, mas normalmente se encontram presentes outros íons, embora em pequena quantidade. A água denominada *ultra-pura* apresenta uma condutância específica de 5 a 6 $\times 10^{-5}$· S·m^{-1}, a 18 °C.

Pode-se obter em laboratório uma boa água para condutância a partir da destilação da água destilada comum, adicionando-se no balão de destilação uma pequena quantidade de permanganato de potássio. Os vapores devem ser condensados em um condensador de estanho ou de vidro resistente, tendo-se o cuidado de, no caso de se usarem rolhas, cobri-las com uma lâmina de estanho, evitando assim seu contato direto com a água líquida ou o vapor.

O armazenamento pode ser feito em vidro "envelhecido" pela ação de vapor de água, ou em vidro de solubilidade muito reduzida.

Procedimento

Lavar a célula de condutância com água destilada; colocar nela água destilada e em seguida depositá-la num banho termostático, para efetuar a medida da condutância após o equilíbrio térmico. Tomam-se três ou quatro medidas, de 2 em 2 minutos, até o valor constante.

Lavar um erlenmeyer com água destilada e logo após, com solução 0,100M de cloreto de potássio; em seguida, passar 200 mL dessa solução de KCl para o erlenmeyer, mergulhando-o no banho termostático. Quando for obtido o equilíbrio térmico, mede-se a condutância da solução.

Paralelamente, no outro erlenmeyer, depositar aproximadamente 1,0 g de sal pouco solúvel, juntando logo depois 200 mL de água destilada. Colocar esse erlenmeyer no referido banho, agitando-o de vez em quando, para garantir que se estabeleça o equilíbrio de saturação. Retirar amostras de 15 em 15 minutos e medir a condutância, até que se encontrem dois valores consecutivos idênticos.

Para calcular a solubilidade, usar a Eq. [6-26] e, caso a condutância específica da água seja maior que 2×10^{-5}·S·m^{-1}, subtrair esse valor daquele obtido na medida da condutância específica de qualquer solução.

O cálculo de κ_{sal} e de $\kappa_{água}$ é feito a partir das medidas, do conhecimento de K e da Eq. [6-29]. Caso a constante da célula não seja conhecida, deve-se usar a condutância específica da solução 0,100*M* de KCl, a 25 °C, que é 12,9 S·m⁻¹. Considerando-se a resistência medida anteriormente e a mesma Eq. [6-29], obtém-se a constante da célula (K).

Conforme visto anteriormente, o cálculo da condutividade molar para diluição infinita (Λ_∞), no caso de eletrólitos pouco solúveis, deverá ser feito a partir de valores tabelados.

Um fato importante a se notar é que:

condutividade equivalente = mobilidade x constante de Faraday.

Lembrar que as unidades de mobilidade são as indicadas abaixo, porém elas podem ser convertidas conforme a seguinte a demonstração:

$$\frac{m \cdot s^{-1}}{volt \cdot m^{-1}} = \frac{siemens \cdot m^2}{coulomb}.$$

Logo, as unidades da condutividade são:

$$\text{condutividade equivalente} = \frac{siemens \cdot cm^2}{coulomb} \times coulomb \; mol^{-1}.$$

Se a mobilidade de um certo cátion em diluição infinita e a 25°C é

$$U_\infty^+ = 3{,}11 \times 10^{-10} \; m^2 \cdot s^{-1} \cdot volt^{-1}.$$

pela demonstração de unidades acima:

$$U_\infty^+ = 3{,}11 \times 10^{-10} \; S \cdot m^2 \; coulomb.^{-1}$$

Sabe-se que o Faraday vale aproximadamente 96.490 C·mol⁻¹. Assim, a condutividade equivalente limite será:

$$\lambda_\infty^+ = 3{,}11 \times 10^{-10} \cdot 96{.}490 = 30 \times 10^{-6} \; S \cdot m^2 \cdot mol^{-1}.$$

6.5 DETERMINAÇÃO DA CONSTANTE DO PRODUTO DE SOLUBILIDADE

O presente experimento tem por objetivos a medida da força eletromotriz (fem) de um elemento de pilha e o cálculo da atividade do eletrólito no qual está imersa uma haste de prata, para então obter o produto de solubilidade do respectivo haleto de prata, conforme os sais que serão empregados.

Neste trabalho, o procedimento é idêntico ao do Experimento 6.1 ("Potencial de elétrodos"), com a execução de medidas à semelhança daquele. Provavelmente será necessário um empenho maior, para que se consigam valores medidos e calculados mais consistentes. Com esse objetivo, seria conveniente buscar na literatura equações que se aproximem mais da realidade, ou seja, transpor as barreiras deste livro, mais voltado para as primeiras equações teóricas, como a obtida por Debye-Hückel.

Aparelhagem e substâncias

Potenciômetro, elétrodo de calomelano ou de prata, pedaço de fio de prata com uns 20 cm de comprimento (pode ser com bitola 16), pontes com ágar-ágar, cloreto de prata, nitrato de potássio, nitrato de prata, cloreto de sódio, iodeto de potássio e brometo de potássio.

Procedimento

Para compor o equilíbrio $Ag^+_{(aq)}/Ag_{(s)}$, usar um fio de prata ou uma placa; no caso do fio citado, dar a ele o formato de espiral, enrolando metade ao redor de um lápis. Em seguida, à semelhança do que se realizou no Experimento 6.1 ("Potencial de elétrodos"), preparar várias pontes salinas com gel de ágar-ágar e KNO_3. Continuando, dissolver em um balão volumétrico de 100 mL o $AgNO_3$ necessário para se ter uma solução aquosa 0,100M desse sal; fazer duas diluições seguidas em balões de 100 mL, de onde resultarão as soluções 0,010M e 0,001M. Cada uma dessas soluções deve ter o seu coeficiente de atividade iônico médio calculado pela equação de Debye-Hückel.

Continuando, medir a fem entre o elétrodo indicador de prata e o de referência, para cada uma das soluções de $AgNO_3$.

Calcular a fem segundo a Eq. [6-30], na qual E_{ind} é a fem do elétrodo em estudo; E^0 é tabelada e corresponde a + 0,7991 V, para Ag^+/Ag; $[Ag^+]$ é a concentração do cátion Ag^+, em mol L^{-1}; γ_{Ag^+} refere-se ao coeficiente de atividade calculado (no caso, igual tanto para o cátion como para o eletrólito):

$$E_{ind} = +0,7991 + 0,0591 \log [Ag^+]\gamma_{Ag^+}. \qquad [6\text{-}30]$$

A fem do elétrodo de referência é estabelecida pela identidade:

$$E_{obs} = E_{ind} - E_{ref}, \qquad [6\text{-}31]$$

sendo:

E_{obs} a fem da célula;

E_{ind} a fem calculada para o elétrodo de prata em estudo; e

E_{ref} a fem do elétrodo de referência.

São obtidos três valores independentes do E_{ref}, um para cada solução de $AgNO_3$. Eles em geral envolvem poucas dezenas de milivolts; quando as diluições não são grandes, essas variações mostram-se pequenas.

Preparar soluções $0,100M$ de NaCl, KI e KBr a partir dos respectivos cristais. Cada solução será saturada com o respectivo haleto de prata pela adição de uma ou duas gotas de $AgNO_3$ $0,100M$. Em seguida, mede-se a fem considerando-se esse elétrodo indicador e o de referência, para cada solução de haleto. Calcular a fem da prata em cada solução usando o E_{ref} determinado com as soluções de $AgNO_3$ e a fem medida, usando a Eq. [6-31]. A Eq. [6-30] será empregada para o cálculo da atividade do Ag^+, ou seja, $[Ag^+]\gamma_{Ag}^+$, relativo a cada solução.

O produto de solubilidade no caso do NaCl deve ser calculado pela equação:

$$K_{PS} = [Ag^+]\gamma_{Ag^+} \times 0,100 \times 0,76, \qquad [6\text{-}32]$$

na qual os termos literais da direita resultam da Eq. [6-30]; 0,100 é a concetração do NaCl; 0,76 é o coeficiente de atividade do íon cloreto.

Os valores de K_{PS} para o AgBr e o AgI são determinados de maneira semelhante, tal que as constantes obtidas são os produtos de solubilidade.

A Tab. 6-3 fornece alguns resultados típicos. Observa-se que a fem do elétrodo de referência, registrada na última coluna, é uma verificação da teoria da atividade e da equação de Debye-Hückel.

$AgNO_3$ conc. (M)	Ag^+ coef de atividade	Potencial calculado (V)	E_{obs} (V)	E_{ref} (V)
0,100	0,76	0,7330	0,4933	0,2397
0,010	0,90	0,6782	0,4400	0,2382
0,001	0,97	0,6210	0,3805	0,2405

Tabela 6-3
Potenciais das soluções de $AgNO_3$ com indicador de Ag e elétrodo de referência de calomelano, saturado (SCE)

Quando os mesmos elétrodos forem usados para medir a fem de cada haleto, deverão ser obtidos os valores que se encontram na Tab. 6-4, de maneira que os números resultantes do experimento concordem com aqueles encontrados na literatura.

Solução (0,1M)	E_{obs} (volts x SCE)	Atividade do Ag^+ (M)	K_{PS} (calculado)	K_{PS} (literatura)
NaCl	0,0484	$2,20 \times 10^{-9}$	$1,70 \times 10^{-10}$	$1,8 \times 10^{-10}$
KBr	−0,1035	$5,03 \times 10^{-12}$	$4,58 \times 10^{-13}$	$4,9 \times 10^{-13}$
KI	−0,3256	$1,05 \times 10^{-15}$	$7,98 \times 10^{-17}$	$8,3 \times 10^{-17}$

Tabela 6-4
Valores de K_{PS} obtidos a partir de potenciais dados

BIBLIOGRAFIA

Atkins, P. e de Paula, J., Físico-Química, 7ª ed., vol 1, Livros Técnicos e Científicos Editora (2003).

Berry, Rice, Ross, Guenther, Physical Chemistry, 2ª ed., Oxford University Press (2000).

Bockris e Khan, Surface Electrochemistry – A Molecular Level Approach, Plenum Press (1993).

Bockris e Reddy, Modern Electrochemistry, 2ª ed., 2A e 2B, Plenum Press (1998).

Bockris e Reddy, Modern Eletrochemistry 1 – Ionics, 2ª ed., Plenum Press (1998).

Brett e Brett, Eletroquímica – Princípios, Métodos e Aplicações, Livraria Almedina, Coimbra (1996).

Colton, R., Sketchley, G. J., e Ritchie, I. M., The Measurements of the Condutance of Eletrolyte Solutions, J. of Chem. Ed., Vol. 53, n.º 2, fevereiro (1976).

Crow, D. R., Principles and Applications of Electrochemistry, 4ª ed., Blackie Academic & Professional (1996).

Garland, Nibler e Shoemaker, Experiments in Physical Chemistry, 7ª ed., McGraw-Hill (2003).

Gorbachev, S. V., Práticas de Química Física, Ed. MIR, Moscow (1977).

Gurney, Ronald W., Ionic Process in Solution, Dover Publications (1962).

Halpern, A. M., Experimental Physical Chemistry, 2ª ed., Prentice Hall, Upper Saddle River (1997).

Kozawa, A., e Powers, R. A., Eletrochemical Reactions in Batteries, J. of Chem. Ed., Vol. 49, n. 9 (1972).

Mortimer, R. G., Physical Chemistry, The Benjamin Cummins Publishing Co. Inc. (1993).

Ramette, R. W., Silver Equilibria Via Cell Measurements, J. of Chem. Ed., Vol. 49, junho (1972).

Sime, Rodney J., Physical Chemistry, Saunders College Publishing (1990).

Slabaugh, W. H., Corrosion, J. of Chem. Ed., vol. 51, n. 4 (1974).

Tackett, S. L., J. of Chem. Ed., Vol. 46, n.º 12, dezembro (1969).

Tackett, S. L., Potenciometric Determination of Solubility Produt Constants, J. Chem Ed., Vol. 46, dezembro, pp. 857-858 (1969).

Vassos, B. H., e Ewin, G. W., Electroquímica Analítica, Editorial Limusa S. A. (1987).

POLÍMEROS 7

Os polímeros são constituídos por macromoléculas de diversos tamanhos, o que lhes confere características particulares, de maneira a criar uma nova área de estudo. Os conhecimentos nesse setor têm se expandido vigorosamente, de início objetivando produzir materiais aplicáveis ao maior número possível de utilidades, porém, nos dias atuais, cresce a preocupação e pesquisa relacionada à reciclagem e despoluição do meio ambiente, visto que as primeiras vantagens começam a ser questionadas por causa da deterioração ambiental. Esse fator, aliás, vem alertando para os efeitos de toda a química de síntese em especial, basta considerar as notícias sobre o BHC, o DDT, defensivos agrícolas em geral, preservativos de alimentos industrializados, fármacos e assim por diante. É preciso deixar claro que não se trata de um movimento de contra-revolução, mas sim da percepção da necessidade de mais cautela e de normas mais rígidas no tocante à produção e utilização dessas inovações.

Na realidade, a humanidade sempre conviveu com os polímeros naturais, tais como a celulose da madeira e do algodão, os polímeros de queratina existente nos pêlos, unhas e chifres dos animais, por exemplo, sem falar das resinas coaguladas extraídas de vegetais.

A presença dos polímeros sintéticos no nosso quotidiano passou a ser marcante, especialmente após a Segunda Guerra Mundial, tanto que nos dias atuais não se consegue mais imaginar uma sociedade moderna sem a concorrência desses materiais.

Esse setor do conhecimento físico e químico se desenvolveu tanto que se chega a utilizar o termo *plasturgia* para denominar o correspondente à metalurgia, no que se refere aos polímeros. São estudados, por exemplo, polímeros com diversos graus de cristalinidade e de polimerização, além dos copolímeros, estes últimos resultantes da polimerização de monômeros diferentes, corpos estes que conferem propriedades marcantes aos diversos materiais assim obtidos.

Atualmente são conhecidos polímeros capazes de conduzir corrente elétrica, como a poliamida dopada, contrariando sua aplicação normal como isolantes – existem polímeros dopados com a capacidade de conduzir a luz –, resinas epóxi ou fenólicas, como nas fibras ópticas; o nobecutane, por exemplo, pode ser aplicado sobre a pele para proteger ferimentos, porque estabelece uma película aderente e porosa que permite a respiração da pele, além do efeito protetor. No que se refere aos polímeros em solução, existe um campo muito vasto no qual cabem desde os conhecimentos científicos até os tecnológicos.

Vários procedimentos têm sido desenvolvidos no sentido de tornar esses materiais menos agressivos ou, quando possível, inócuos ao meio ambiente. Para citar um caso, vale a pena considerar os hidrogéis com ligações cruzadas – *cross linked* – constituídos por uma estrutura tridimensional, na qual predominam grupos hidrofílicos, que levam ao aumento de volume do gel, quando disperso em água, mantendo sua forma. Esses géis "inteligentes" podem ter os seus volumes alterados pela variação da energia livre da rede estrutural, sendo o meio em que se encontram o responsável pelo estímulo externo. São agentes estimulantes: o pH, a temperatura, a força iônica, a composição do solvente ou, ainda, o campo elétrico. A variação de volume é tão grande que costuma ser denominada por *colapso volumétrico* ou *transição*, e esse fenômeno tem sido útil em áreas como a farmacêutica e a biotecnológica.

A propósito, o polímero com ligações cruzadas denominado poli-*n*-isopropilacrilamida (PIPAM) é um hidrogel termossensível, e apresenta seu "colapso de volume" devido às interações hidrofóbicas em água pura. Quando a temperatura é aumentada, por volta dos 32°C ocorre essa variação brusca de volume; ou seja, diminuem acentuadamente as dimensões das partículas do hidrogel. Essas variações de volume e de temperatura são dois parâmetros importantes na aplicação desse gel, e podem ser controladas pela incorporação de outros componentes ao PIPAM, por copolimerização. [ver: Schueneman e Chen, Environinental Responsive Hydrogels, *J. of Chem. Educ.*, Vol. 79, n. 7, julho, pp 860-861 (2002)].

Fenômenos como esses podem ser úteis no tratamento de efluentes, visando a garantia da qualidade do meio ambiente.

No que se refere à interação polímero-solvente, inúmeras interpretações teóricas permitem que várias grandezas sejam definidas, tais como viscosidade intrínseca, parâmetro de solubilidade e viscosidade específica.

A massa molar média do polímero é um dos índices mais importantes para sua caracterização, podendo ser definida segundo três critérios, como no Experimento 7.1. Cumpre destacar que tal determinação pode ser feita por vários métodos, porém, nesta abordagem, apresenta-se apenas o procedimento mais econômico.

Sob o ponto de vista essencialmente químico, existem inúmeras denominações específicas nessa área da Físico-Química, como, por exemplo: iniciadores de polimerização, promotores, terminadores e catalisadores estereoespecíficos.

7.1 MASSA MOLAR DE POLÍMEROS

Um procedimento muito usado para determinação da massa molar de polímeros, embora semi-empírico, é aquele em que se medem viscosidades de soluções diluídas. A expressão matemática [7-1] relaciona os valores experimentais obtidos e as constantes que dependem do polímero e do solvente, além da massa molar pesquisada ($\bar{M}_v$), definida em [7-7]:

$$\frac{\left(\frac{\eta}{\eta_0}\right)-1}{C} = K\bar{M}_v^\alpha, \qquad [7\text{-}1]$$

em que:

η é a viscosidade da solução;

η_0 a viscosidade do solvente;

C a concentração da solução, expressa em gramas de soluto por 100 mL de solução;

K a constante característica do polímero, solvente e temperatura;

α a constante da geometria da molécula do polímero; e

$\bar{M}_v$ a massa molar média viscosimétrica.

Essa equação é válida para soluções em que a concentração não excede 1 g de soluto por 100 mL de solução. O termo $(\eta/\eta_0)-1$ chama-se *viscosidade específica* (η_{esp}), por isso a Eq. [7-1] pode ser escrita assim:

$$\frac{\eta_{esp}}{C} = K\bar{M}_v^\alpha. \qquad [7\text{-}2]$$

Define-se também um outro índice interessante, a *viscosidade intrínseca* [η], obtida pela extrapolação do gráfico η_{esp}/C versus C, quando a concentração tende a zero:

$$[\eta] = \lim_{c \to 0} \frac{\eta_{esp}}{C}. \qquad [7\text{-}3]$$

Desenvolvendo-se em série infinita a função logarítmica $\ln(\eta/\eta^0)$, a partir do segundo termo, todos poderão ser desprezados, porque a concentração tende a zero.

Logo:

$$\lim_{c \to 0} \frac{\eta_{esp}}{C} = \lim_{c \to 0} \frac{1}{C} \ln \frac{\eta}{\eta_0}, \qquad [7\text{-}4]$$

ou, ainda, considerando a Eq. [7-3]:

$$[\eta] = \lim_{c \to 0} \frac{1}{C} \ln \frac{\eta}{\eta_0}. \qquad [7\text{-}5]$$

Portanto a viscosidade intrínseca será dada pela interseção no gráfico, que tem η_{esp}/C ou $(1/C) \ln (\eta/\eta_0)$ em função de C. Dessa forma, pode-se calcular $\bar{M}_v$:

$$[\eta] = K\bar{M}_v^{\alpha}. \qquad [7\text{-}6]$$

Sabe-se que a *massa molar média viscosimétrica* ($\bar{M}_v$) é dada por:

$$\bar{M}_v = \left\{ \Sigma \left(\frac{W_x}{W} \right) M_x^{\alpha} \right\}^{1/\alpha}, \qquad [7\text{-}7]$$

sendo:

W_x a massa do monômero x na amostra igual a $n_x M_x$;

W a massa total da amostra (igual a: $\sum_{x=1}^{\infty} n_x M_x$);

M_x a massa molar do monômero x;

n_x o número de mols do monômero x; e

α a constante característica do par polímero-solvente.

Por outro lado, são conhecidas ainda a massa molar média numérica ($\bar{M}_n$) e a massa molar média ponderal ($\bar{M}_p$), dadas respectivamente pelas expressões:

$$\bar{M}_n = \frac{\sum_{x=1}^{\infty} n_x M_x}{\sum_{x=1}^{\infty} n_x}$$

e:

$$\bar{M}_p = \frac{\sum_{x=1}^{\infty} n_x M_x^2}{\sum_{x=1}^{\infty} n_x M_x}.$$

Aparelhagem e substâncias

Viscosímetro de Ubbelohde ou Ostwald, pipetador para sucção, cronômetro, banho termostático, pipetas de 5 e 10 mL, poliestireno, benzeno ou tolueno, três balões volumétricos de 100 mL.

Procedimento

Dá-se preferência ao uso do viscosímetro de Ubbelohde (Fig. 7-1), evitando-se assim o trabalho de esvaziamento e limpeza do aparelho toda vez que é feita uma das duas diluições, a partir da primeira solução com menos de 1 g de soluto em 100 mL de solução. Essa dificuldade não pode ser contornada quando se utiliza o viscosímetro de Ostwald.

Inicialmente se mede t_0: coloca-se certa quantidade de solvente no bulbo A, obstruindo C e succionando por B até que o nível de líquido chegue acima de x. Desobstruindo B e C, mede-se o tempo de escoamento do volume contido entre x e y, através do capilar D. Repete-se esse procedimento algumas vezes à temperatura constante, para obter um valor médio mais representativo. Adiciona-se certa massa de polímero a A, agita-se até obter solução perfeita e se faz a medida do tempo de escoamento, como já indicado. Preparam-se soluções de concentrações diferentes, apenas pela adição de solvente no bulbo A, determinando-se em seguida os tempos de escoamento. Procede-se assim para três concentrações. Conhecendo-se a viscosidade do solvente, obtida em manuais, aplica-se a Eq. [7-8] para calcular as viscosidades:

$$\frac{\eta}{\eta_0} = \frac{t}{t_0}, \qquad [7\text{-}8]$$

em que:

t, t_0 são os tempos de escoamento; e

ρ, ρ_0 as correspondentes massas específicas.

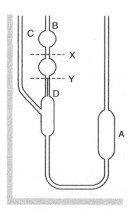

Cabe aqui uma aproximação, devido ao fato de as massas específicas serem praticamente iguais, por tratar-se de soluções muito diluídas. Logo:

$$\frac{\eta}{\eta_0} = \frac{t}{t_0}, \qquad [7\text{-}9]$$

Figura 7-1

Cada diluição é feita pela adição de 5 mL de solvente.

O viscosímetro deve ser lavado, previamente, com mistura sulfocrômica, depois com água e finalmente seco. Para facilitar os cálculos, sugere-se a construção da Tab. 7-1:

C	t	$\frac{\eta}{\eta_0} = \frac{t}{t_0}$	η_{esp}	η	$\frac{1}{C}\ln\frac{\eta}{\eta_0}$

Tabela 7-1

Aplicações

Um dos aspectos mais importantes é o efeito da massa molar sobre a viscosidade de polímeros amolecidos. Diante desse fato, é conveniente notar que, como a viscosidade depende da massa molar e da temperatura, o campo de variação da viscosidade pode incluir valores desde 10^{-1} até 10^{12} poises, motivo pelo qual um único método experimental não pode cobrir essa amplitude de valores.

Sabe-se que, das variáveis estruturais mais importantes na determinação da viscosidade, destacam-se a massa molar e o comprimento de cadeia. No caso de altas massas molares e viscosidades de polímeros, a temperatura constante, pode ser aplicada a expressão:

$$\log \eta = 3,4 \log \overline{M}_p + A, \qquad [7\text{-}10]$$

sendo que A é uma constante empírica característica do polímero e independente de .

Para polímeros de baixas massas molares, pode-se adotar a equação que segue:

$$\log \eta = n \log \overline{M}_p + B, \qquad [7\text{-}11]$$

sendo $n \cong 1$ e B uma constante.

A *massa molar crítica* (M_{cr}) é definida para os valores intermediários àqueles em que são aplicadas as Eqs. [7-10] e [7-11]. Para Fox e Allen, M_{cr} é dada por:

$$M_{cr} = \frac{R_{G^0}}{M \cdot v}, \qquad [7\text{-}12]$$

sendo:

$R_G o$ o raio de giração sem perturbações;

v é o volume específico; e

M é a massa molar por unidade estrutural.

Considerando-se a viscosidade para a massa molar crítica como η_{cr}, pode-se dar nova forma às Eqs. [7-10] e [7-11]:

$$\log \eta = \log \eta_{cr} + 3,4 \log \left(\frac{\overline{M}_p}{M_{cr}} \right), \text{ se } \overline{M}_p > M_{cr} \qquad [7\text{-}13]$$

e, para a segunda:

$$\log \eta = \log \eta_{cr} - \log \left(\frac{M_{cr}}{\overline{M}_p} \right), \text{ se } \overline{M}_p < M_{cr}. \qquad [7\text{-}14]$$

Massa molar de polímeros **195**

A dependência da viscosidade em relação à temperatura, no caso de polímeros que estejam a temperaturas muito superiores à de amolecimento, é dada pela expressão:

$$\eta = A \exp\left(\frac{-E_\eta}{RT}\right), \qquad [7\text{-}15]$$

em que:

E_η é a energia de ativação de um fluxo viscoso; e

A é uma constante, segundo o Experimento 1.2 ("Viscosidade de líquidos").

A Eq. [7-16] é outra expressão que permite o cálculo da viscosidade de polímeros em função da temperatura:

$$\ln \eta = 3{,}4 \log \bar{M}_p - \frac{17{,}44(T - T_g)}{51{,}6 + (T - T_g)} + K', \qquad [7\text{-}16]$$

sendo:

K' uma constante que depende do polímero; e

T_g a temperatura de transição vítrea.

Essa equação pode ser aplicada desde T_g até $T_g + 100$ K.

Merece destaque o fato de que os métodos de obtenção da massa molar baseados em propriedades coligativas dão a *massa molar média numérica*.

É cada vez maior a necessidade e a possibilidade de se projetar um polímero particular satisfazendo a certas condições. Como a massa molar é um fator preponderante – e, em muitas situações, difícil de ser controlado através da cinética de polimerização –, pode vir a ser necessário preparar por outra via. Com esse intuito, apresentamos a seguir uma aplicação particular.

Consideradas duas amostras de polimetacrilato de metila essencialmente monodispersas, cujas massas molares são 15.000 e 40.000, calcular $\bar{M}_p$ de uma mistura que tenha uma parte em massa da primeira amostra para duas partes em massa da segunda, tudo dissolvido em acetona e a 30°C.

Comparar com $\bar{M}_p$ e $\bar{M}_n$.

Solução

$$\bar{M}_v = \left[\Sigma\left(\frac{w_x}{W}\right) M_x^\alpha\right]^{1/\alpha},$$

$$\overline{M}_v = \left[\left(\frac{1}{3}\right)(1{,}5\times10^4)^{0{,}72} + \left(\frac{2}{3}\right)(4\times10^4)^{0{,}72}\right]^{1/0{,}72},$$

$$\overline{M}_v = 31.538 \text{ g}; \quad \overline{M}_p = 31.660 \text{ g}; \quad \overline{M}_n = 25.729 \text{ g}.$$

Uma outra aplicação interessante seria a seguinte: deseja-se estimar a viscosidade do poliestireno, para fins de projeto relacionado a uma máquina injetora, na região próxima ao bocal, quando a temperatura atinge os 450 K.

Dados:

$$\overline{M}_p = 86.000 \text{ g}; \quad M_{cr} = 40.000 \text{ g}; \quad \eta_{cr} = 1.023 \text{ poise}.$$

Solução

Observar que na obtenção de η_{cr} deve-se conhecer T. E que T_g, A e B, são valores que, pelo diagrama log η^* versus T/T^g, permitem avaliar ln η e, a partir daí, pela equação:

$$\log\eta^* = \frac{\log\eta_{cr}}{A} + B,$$

obter η_{cr}, desde que:

$$\frac{T}{T_g} = \frac{450}{373} = 1{,}2;$$

e, pelo referido diagrama, temos:

$$\log\eta^* = 6{,}3.$$

De tabelas, obtêm-se: $A = 07$ e $B = 2,0$; logo:

$$\log\eta_{cr} = 0{,}7(6{,}3 - 2{,}0),$$

$$\eta_{cr} = 1.023 \text{ poise}.$$

Para calcular a viscosidade pedida, considerar a Eq. [7-13]:

$$\log\eta = \log\eta_{cr} + 3{,}4\log\left(\frac{\overline{M}_p}{M_{cr}}\right);$$

logo:

$$\log\eta = \log 1023 + 3{,}4\log\left(\frac{86.000}{40.000}\right),$$

de onde:

$$\eta = 1{,}38 \times 10^4 \text{ poise.}$$

7.2 PARÂMETRO DE SOLUBILIDADE

O *parâmetro de solubilidade* (δ) é uma grandeza que pode ser obtida a partir da *densidade de energia coesiva* (DEC); isto é, levando-se em conta a energia de vaporização de uma substância pura por centímetro cúbico. Hildebrand propôs seu cálculo pela expressão:

$$\delta = \left(\frac{\Delta E_{vap}}{V}\right)^{\frac{1}{2}}, \qquad [7\text{-}17]$$

em que:

ΔE_{vap} é a energia de vaporização; e
V o volume considerado.

Esse parâmetro é muito importante e de fácil obtenção para moléculas pequenas, porém torna-se de acesso complicado quando se trata de polímeros. O parâmetro de solubilidade dos polímeros não pode ser obtido por vaporização, porque eles perdem as propriedades, por exemplo, decompondo-se. Pode-se determinar esse valor por meio do parâmetro de interação de Flory-Huggins (χ_1), obtido através de medidas osmóticas, contudo o grau de certeza é muito pequeno, devido ao número de coordenação (Z) que pode ser usado para os polímeros em solução. Sabe-se que 1/Z é comumente 0,35 ± 0,1.

$$\chi_1 = \frac{1}{Z} + \frac{V_1(\delta_1 - \delta)^2}{RT}, \qquad [7\text{-}18]$$

sendo:

V_1 o volume molar do solvente;
δ e δ_1 parâmetros de solubilidade;
R a constante dos gases; e
T a temperatura (em K).

Uma alternativa para se determinar o parâmetro de solubilidade de polímero, e portanto a DEC, é usar um sistema líquido ternário em que, considerando-se o polímero, o solvente e o não-solvente, será desconhecido apenas o parâmetro do polímero. O não-solvente deverá ter aproximadamente a mesma massa molar do solvente, para que os números de coordenação de ambos sejam próximos. -

Nesse caso, o significado físico de bom ou mau solvente estará ligado ao fato de se verificar a presença de uma fase separada, "precipitado do polímero", pela adição do não-solvente. As partículas formadas difundem a luz e a solução torna-se turva. Quanto ao experimento, dever-se-á pesquisar o chamado *ponto de névoa*, pela titulação da solução polimérica com um não-solvente.

No ponto de névoa, o parâmetro de interação (χ_n) deverá ser igual para o não-solvente e para o solvente, cujos parâmetros de solubilidade serão, respectivamente, δ_b e δ_a.

No ponto de névoa pode-se afirmar que:

$$\chi_{nb} = \left(\frac{1}{Z}\right)_{nb} + \frac{V_{mb}(\delta - \delta_{mb})^2_{nb}}{RT}, \qquad [7\text{-}19]$$

$$\chi_{na} = \left(\frac{1}{Z}\right)_{na} + \frac{V_{ma}(\delta_{ma} - \delta)^2_{na}}{RT}; \qquad [7\text{-}20]$$

χ_{nb} será obtido pela adição de um não-solvente, com baixo parâmetro de solubilidade, até atingir o ponto de névoa;

χ_{na} será obtido pela adição de um não-solvente com alto parâmetro de solubilidade;

V_{mb} e V_{ma} serão os volumes molares das misturas de solvente com não-solvente, contendo não-solvente com baixo e alto parâmetro de solubilidade, respectivamente.

De acordo com a natureza do solvente considerar que, nas soluções diluídas, o numero Z será o mesmo:

$$\chi_{nb} = \chi_{na}. \qquad [7\text{-}21]$$

Combinando as Eqs. [7-19] e [7-20], obtemos:

$$(V_{mb})^{\frac{1}{2}}(\delta - \delta_{mb})_{nb} = (V_{ma})^{\frac{1}{2}}(\delta_{ma} - \delta)_{na}. \qquad [7\text{-}22]$$

Nessa equação, os volumes molares das misturas serão calculados por:

$$V_m = \frac{V_1 V_2}{\phi_1 V_2 + \phi_2 V_1}, \qquad [7\text{-}23]$$

tal que:

V_1 e V_2 são volumes molares;

ϕ_1 e ϕ_2 são frações de volume, respectivamente, do solvente e do não-solvente.

O parâmetro de solubilidade da mistura será calculado pela expressão:
$$\delta_m = \delta_1\phi_1 + \delta_2\phi_2. \qquad [7\text{-}24]$$

Considerando as Eqs. [7-23] e [7-24], podemos escrever a [7-22] da seguinte forma:

$$\delta = \left(\frac{\delta_{mb}(V_{mb})^{\frac{1}{2}} + \delta_{ma}(V_{ma})^{\frac{1}{2}}}{(V_{mb})^{\frac{1}{2}} + (V_{ma})^{\frac{1}{2}}} \right). \qquad [7\text{-}25]$$

O conhecimento do parâmetro de solubilidade de um polímero (δ) é importante porque, por exemplo, através dele se podem prever propriedades termodinâmicas.

Aparelhagem e substâncias

Dez erlenmeyers de 100 mL, dez erlenmeyers de 250 mL, duas buretas de 50 mL, seis pipetas de 25 mL, seis pipetas de 10 mL, termômetro, poliestireno atático e sindiotático, m-xileno, benzeno, tolueno, clorobenzeno, bromobenzeno, acetona e n-hexano, todos P.A.

Procedimento

Preparar soluções que tenham 0,3% em massa de soluto em 100 mL de solvente, com poliestireno atático ou sindiotático, nos solventes; m-xileno, tolueno e benzeno. O polímero deve estar finamente dividido para facilitar a dissolução.

Pipetar duas alíquotas de 25 mL de cada solução de poliestireno e titular com n-hexano até o ponto de névoa. Anotar a temperatura, mesmo que esta influa muito pouco no parâmetro de solubilidade. Observa-se que, entre 23 e 26 °C, os parâmetros de solubilidade não variam muito.

Pipetar duas alíquotas de 10 mL de cada solução de poliestireno e titular até o ponto de névoa com acetona. Com esses valores e os tabelados, calcular o parâmetro de solubilidade do poliestireno, usando as Eqs. [7-23], [7-24] e [7-25]. Os valores de titulação obtidos para o n-hexano serão indicados por b e, para a acetona, por a.

Construir um gráfico de δ, obtido para os diferentes solventes, em função de δ_1.

Aplicações

Previsão de solubilidade
Mesmo conhecendo-se o parâmetro (δ) não foi possível elucidar completamente todos os problemas de solubilidade de polímeros. Sabe-se que, no caso de

Solventes

	m-Xileno	Tolueno	Benzeno	Clorobenzeno	Bromobenzeno
δ_1	8,80	8,90	9,15	9,50	10,0
V_1	123,5	106,9	89,4	102,3	105,5

Não-solventes

	n-Hexano	Acetona
δ_2	7,29	9,81
V_2	131,6	74,0

Tabela 7-2
Parâmetros de solubilidade de solventes e não-solventes a 25°C

moléculas polares, restringe-se o campo de aplicação do parâmetro, embora seja válida a regra geral que afirma serem solúveis em todas as proporções os componentes de uma solução que têm parâmetros de solubilidade com valores muito próximos.

Convém destacar o fato de que a probabilidade de dissolução aumenta muito à medida que os parâmetros se aproximam, porque está constatada a influência da polaridade dos componentes da solução, principalmente através da formação das ligações de hidrogênio. Por isso Burrell propôs a classificação dos solventes em três categorias: solventes fracamente, moderadamente e fortemente ligados por ligações de hidrogênio. Lieberman determinou numericamente o efeito das ligações de hidrogênio e outras forças devidas à polaridade.

Sabe-se que os solventes orgânicos têm o parâmetro de solubilidade compreendido entre 8 e 10, e que os líquidos fortemente polares e associados têm parâmetros com valores superiores. Por outro lado, o alongamento da cadeia carbônica dos hidrocarbonetos está relacionado com o abaixamento do parâmetro, ao passo que a presença de ciclos e particularmente os aromáticos, na cadeia carbônica, aumenta o valor do parâmetro.

Um outro aspecto importante é o caráter latente da solvência, isto é, determinadas substâncias inicialmente não consideradas solventes, quando misturadas em certas proporções com um solvente verdadeiro, podem tornar-se solventes. Em muitos casos, por exemplo, o fator econômico pode ser o determinante dessa necessidade quanto ao uso de um diluente, inicialmente não-solvente.

O parâmetro de solubilidade de misturas é calculado pela expressão [7-24].

Considerar a aplicação: calcular os valores do parâmetro e da ligação de hidrogênio para uma solução que tem 50% de xileno e 50% de metiletilcetona, em volume. Considerar os valores das ligações de hidrogênio iguais a 0,3 para o xileno e 1,0 para a metiletilcetona (o primeiro é fracamente ligado; o segundo é moderadamente ligado).

Resolvendo: $\delta = 0{,}50(8{,}8) + 0{,}50\,(9{,}3) = 9{,}05$.

Força relativa da ligação de hidrogênio $= 0{,}50 \times 0{,}3 + 0{,}50 \times 1{,}0 = 0{,}65$.

Determinação do parâmetro de solubilidade

De certa forma, podem-se divisar quatro métodos para determinar esse parâmetro. O primeiro seria experimental e função de um parâmetro denominado de *interação* (χ), já visto anteriormente.

O segundo, conforme um critério estabelecido por Small, estima a partir das constantes de atração molares dos grupos químicos que constituem a substância:

$$\delta = \frac{\rho \sum_{1}^{\eta} B_i}{M},$$

sendo:

$\sum_{1}^{n} Bi$ a somatória das constantes de atração molares dos grupos que constituem a unidade básica do polímero; e

ρ a massa específica; e

M a massa molar da unidade básica.

Um terceiro método leva em conta a noção de *pressão interna* de uma solução:

$$P = \left(\frac{\partial U}{\partial V}\right)_T,$$

quantidade essa obtida a partir do coeficiente de expansão molar α e do coeficiente de compressibilidade β, sendo (U) a variação do conteúdo de energia.

O quarto método foi empregado por Gee no estudo dos géis reticulados. O autor estudou o inchamento crescente de um gel em solventes em que o parâmetro δ cresce, verificando que o parâmetro do polímero é igual ao do solvente em determinadas circunstâncias.

Ponto de névoa ou teta-mistura

Soluções poliméricas de concentrações diferentes são tituladas com um não-solvente até o primeiro sinal de turvação.

O logaritmo da concentração de não-solvente no ponto de névoa é levado em gráfico versus o logaritmo da concentração do polímero no ponto de névoa e extrapolado para 100% de polímero. A mistura solvente/não-solvente, nesse ponto, corresponde à *teta-mistura*. Não é necessário conhecer a massa molar do polímero.

Do ponto de vista aplicativo, são feitos alguns ensaios padronizados; por exemplo, pela ASTM, obtendo-se valores significativos no âmbito industrial. É o caso do valor de Kauri-Butanol (ASTM-D1133) ou, ainda, a determinação do ponto de anilina (ASTM-D10 2 l). No primeiro caso, o valor de Kauri-Butanol é definido pelo número de mililitros de solvente necessário para causar, a 25°C, um certo grau de turbidez em 20 g de uma solução-padrão de resina Kauri em *n*-butanol (3,33 g Kauri para 20,6 mL de *n*-butanol).

7.3 TEMPERATURA DE TRANSIÇÃO VÍTREA

Existe uma propriedade dos polímeros denominada *temperatura de transição vítrea*, ou *transição de fase de segunda ordem* (T_g). Esse é um daqueles índices importantes para se caracterizar e estudar um polímero. Como se sabe, esses materiais não têm uma temperatura de fusão definida, a exemplo dos corpos sólidos verdadeiros. A temperatura de transição vítrea é determinada com o auxílio de outras propriedades, e caracteriza uma transformação interna associada à mudança na ordem da estrutura. Não é brusca; daí a dificuldade em se determiná-la.

Os métodos mais comuns para sua obtenção se baseiam na variação das seguintes propriedades:

- volume específico
- capacidade calorífica
- módulo de elasticidade
- deformação

Considera-se aqui um método que, embora não seja o mais comum, segue o espírito deste trabalho, proporcionando ao estudante certa familiarização com esses fenômenos. Trata-se do processo que envolve medidas do índice de refração com o refratômetro de Abbé.

Os valores da Tab. 7-3 e a relação entre T_g e a massa M, para o poliestireno, encontram-se em Fox e Flory (vide Bibliografia):

$$T_g \text{(em K)} = 373 - \frac{1,0 \times 10^5}{\overline{M}}. \qquad [7\text{-}26]$$

Viscosidade intrínseca ($[\eta]$)	Massa molar ($\overline{M}$)	Temp. de transição vítrea, t_g (°C)
0,430	85.000	100
0,156	19.300	89
0,124	13.300	86
0,082	6.650	77
0,0689	4.890	78
0,0409	2.085	53
0,035	1.675	40

Tabela 7-3

Aparelhagem e substâncias

Refratômetro de Abbé, banho termostático, poliestireno, acetato de polivinila, benzeno e acetona.

Procedimento

Preparar uma lâmina de polímero, colocá-la entre os prismas do refratômetro e efetuar leituras do índice de refração à medida que a temperatura vai sendo aumentada.

O aparelho deve ser mantido a uma certa temperatura por tempo suficiente para que se possa ler o índice de refração com exatidão. A película polimérica poderá ser preparada partindo-se de uma solução concentrada do polímero em um solvente volátil.

Sobre uma superfície lisa – por exemplo, um pedaço de vidro –, a solução espessa é derramada e espalhada pela rolagem de uma bagueta de vidro. Após alguns dias tem-se uma lâmina seca, que deve ser retirada evitando-se esforços de tração.

Um pedaço dessa lâmina é colocado entre os prismas do refratômetro, procedendo-se às leituras a temperaturas crescentes. Com os valores obtidos, constroem-se gráficos do tipo da Fig. 7-2, possibilitando a determinação de T_g.

Aplicações

Sabe-se que os vidros apresentam as propriedades características dos líquidos e dos sólidos. Constituem sistemas que, a rigor, não estão em equilíbrio termodinâmico, mas que, devido às mudanças muito lentas, são considerados em equilíbrio. São um caso interessante de metaestabilidade e, acima de tudo, representam uma forma distinta da matéria. O termo *vidro* é comumente usado para materiais inorgânicos, produto de fusão, opticamente transparentes, que foram resfriados até se tornarem rígidos, sem contudo cristalizar-se.

Do ponto de vista termodinâmico, líquido e vidro diferem na transição vítrea pela derivada de segunda ordem da energia livre (G), em relação à temperatura e pressão, mas não na energia livre em si ou na sua derivada primeira. Tanto é que expressões como:

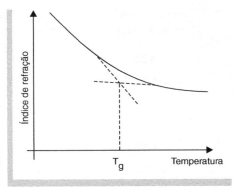

Figura 7-2

$$V = \left(\frac{\partial G}{\partial P}\right)_T, \qquad [7\text{-}27]$$

e

$$H = G - T\left(\frac{\partial G}{\partial T}\right)_P \qquad [7\text{-}28]$$

não sofrem descontinuidade ao ser atingida a temperatura de transição vítrea, o que não ocorre com as equações referentes à expansividade térmica:

$$\alpha = \frac{1}{V}\left(\frac{\partial^2 G}{\partial P \partial T}\right); \qquad [7\text{-}29]$$

compressibilidade:

$$\beta = -\frac{1}{V}\left(\frac{\partial^2 G}{\partial P^2}\right)_T; \qquad [7\text{-}30]$$

e capacidade calorífica:

$$c_p = -T\left(\frac{\partial^2 G}{\partial T^2}\right)_P; \qquad [7\text{-}31]$$

que variam na transição.

No caso dos polímeros, essa temperatura é muito importante, porque, abaixo dela esses materiais adquirem propriedades de sólido, ao passo que, acima de T_g, as ligações cruzadas intermoleculares se rompem, aumentando a mobilidade – além da flexibilidade – das cadeias carbônicas, e o polímero passa para o estado altamente elástico.

Os polímeros costumam apresentar a chamada *curva termomecânica* (Fig. 7-3), em que, medindo-se a deformação em função da temperatura, distinguem-se as regiões: vítrea, altamente elástica e fluida.

O efeito dos plastificantes, *fíllers* e outros ingredientes nas propriedades tecnológicas dos elastômeros curados ou não, e plásticos,

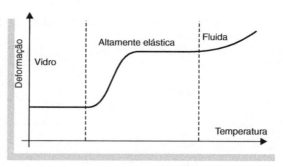

Figura 7-3

pode ser estudado da mesma maneira, isto é, pelo método termomecânico. As siliconas, por exemplo, irradiadas com raios γ, não cristalizam, mesmo a –45ºC, mantendo a sua elasticidade.

Vários autores têm proposto correlações entre a estrutura química e a temperatura de transição vítrea dos polímeros. Esses métodos levam em conta geralmente a contribuição dos grupos funcionais que constituem a unidade repetitiva, os quais participam aditivamente do cálculo de T_g.

A equação geral das correlações citadas é:

$$T_g \sum_i S_i = \sum_i S_i T_{gi}, \qquad [7\text{-}32]$$

sendo:

S_i a fração de contribuição atribuída a um dado grupo funcional; e

T_{gi} a contribuição específica do mesmo grupo funcional.

Para um cálculo efetivo [ver van Krevelen], tomou-se S_i como igual ao número de distâncias atômicas na cadeia principal, ou um coeficiente Z_i que depende da posição dos átomos da unidade monomérica, na cadeia principal. A quantidade aditiva

$$\sum_i S_i T_{gi}$$

passa a se chamar *função de transição vítrea molar* (Y_g).

Para polímeros não-ramificados, pode-se usar a expressão:

$$T_g = \frac{Y_g}{Z} = \frac{\sum_i Y_{gi}}{\sum_i Z_i}. \qquad [7\text{-}33]$$

Exemplo: estimar a temperatura de transição vítrea do polipropileno:

$$(-CH_2 - CH_2 - CH_2-)_n$$

Os valores de Z_i e Y_{gi}, pesquisados em manuais, encontram-se na Tab. 7-4:

	Z_i	Y_{gi}
3CH$_2$	2	3 × 170

Tabela 7-4

$$Z = 2; \quad Y_g = 510 \rightarrow T_g = \frac{510}{2} = 253 \text{ K}$$

O valor experimental é 253 K.

Um outro fato interessante é a relação existente entre os quocientes c_p/c_v (calor específico sob pressão constante/calor específico sob volume constante) e T/T_g, sendo T a temperatura de trabalho, em kelvins.

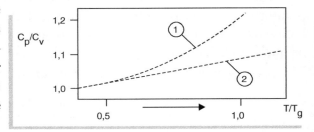

Figura 7-4

Na Fig. 7-4, a curva (1) refere-se aos polímeros amorfos e a curva (2) refere-se aos polímeros cristalinos e semicristalinos.

A temperatura T_g também é importante no cálculo das propriedades mecânicas (viscoelásticas), por exemplo, no módulo de rigidez (r) e no módulo de relaxação à ruptura (a_T).

Para polímeros amorfos, $a_T < T_g$:

$$r_g = 10^{10} \frac{\frac{3}{2}T_g}{T + \frac{1}{2}T_g} \cong 3 \times 10^{10} \frac{\frac{T_g}{T}}{\frac{T_g}{T} + 2} \qquad [7\text{-}34]$$

e também:

$$a_T = \frac{\eta T_g \rho_{(T_g)}}{\eta_{(T_g)} T \rho_{(T)}} = \frac{\eta}{\eta_{(T_g)}}, \qquad [7\text{-}35]$$

sendo η a viscosidade e ρ a massa específica.

7.4 PROPRIEDADES POLIMÉRICAS E O INICIADOR

A polimerização em massa do poliestireno, iniciada pela adição de pequenas quantidades de substâncias que dão radicais, pode ser representada por um mecanismo [ver Collins, Bares e Billmeyer], equacionado por:

$$\overline{GP} = \frac{K_p}{(K_i K_t)^{1/2}} \cdot \frac{(C_M)}{(C_I)^{1/2}}, \qquad [7\text{-}36]$$

em que:

- $\overline{GP}$ é o grau de polimerização do polímero;
- K_i a constante de velocidade de iniciação;
- K_p a constante de velocidade de propagação;
- K_t a constante de velocidade de terminação;
- (C_M) a concentração do monômero;
- (C_I) a concentração do iniciador.

A Eq. [7-36] afirma que, em uma série de polimerizações do estireno, mantendo-se constantes a concentração de monômero e a temperatura, caso se altere a concentração do iniciador, a massa molar do polímero será inversamente proporcional à raiz quadrada da concentração do iniciador. Neste experimento, pretende-se demonstrar a validade da Eq. [7-36].

Com relação às massas molares das amostras de poliestireno obtidas, será aplicado o método das medidas viscosimétricas de soluções e a equação de Mark-Houwink, uma expressão importante que relaciona a viscosidade intrínseca ($[\eta]$) de uma solução polimérica com a massa molar média do polímero:

$$[\eta] = K\overline{M}_v^\alpha, \qquad [7\text{-}37]$$

sendo K e α constantes características para o sistema polímero-solvente considerado. Ver o Experimento 7.1 ("Massa molar de polímeros").

Uma outra relação empírica que ajuda na medida dos números de viscosidade necessários, para determinar a viscosidade intrínseca, é dada pela equação de Huggin's:

$$\frac{\eta_{esp}}{C} = [\eta] + K'[\eta]^2 C; \qquad [7\text{-}38]$$

K' é a constante de Huggin's, característica de um determinado sistema polímero-solvente.

A constante K' pode ser obtida no caso de uma certa solução polímero-solvente, pela determinação de $[\eta]$ e redução a uma simples medida de η_{esp} em uma solução de concentração conhecida, já que todos os termos da Eq. [7-38] são dados, exceto $[\eta]$.

A Eq. [7-39] é empírica e semelhante à [7-38]:

$$\frac{\ln \eta_{rel}}{C} = [\eta] + K''[\eta]^2 C, \qquad [7\text{-}39]$$

sendo:

K'' a constante do sistema poliestireno-solvente; e

η_{rel} o quociente entre o tempo de escoamento da solução e o escoamento do solvente.

As Eqs. [7-38] e [7-39], juntamente com a viscosidade relativa, mostram que:

$$K' - K'' = 0,5. \qquad [7\text{-}40]$$

Cabe uma pergunta: como pode ser usada graficamente com vantagem a Eq. [7-40] para determinar o valor de $[\eta]$ das Eqs. [7-38] e [7-39]? (Veja a resposta adiante.)

Aparelhagem e substâncias

Cinco tubos de ensaio de 2 por 15 cm, pipeta volumétrica de 20 mL, banho termostático, béqueres de 300 mL, vidros de relógio, bureta, funil de Büchner, dessecador, viscosímetro de Ostwald, seis balões aferidos de 50 mL, peróxido de benzoíla, gelo seco, estireno destilado recentemente, benzeno, metanol, metil-etil-cetona e éter etílico.

Procedimento

Colocar em cinco tubos de ensaio (2 por 15 cm) aproximadamente 0,009, 0,020, 0,050, 0,120 e 0,200 g de peróxido de benzoíla. Pipetar 20 mL de estireno recentemente destilado para cada um dos tubos, tendo o cuidado de não molhar a parte superior deles com o monômero. Esfriar os tubos em um béquer contendo gelo seco e cobrir com uma lâmina de vidro, enquanto não são usados. Polimerizar o estireno em um banho de água durante 36 a 40 horas, a 70°C. Remover os tubos, deixando-os em repouso por vários dias, antes das operações posteriores, isto é, a separação e a secagem.

O conteúdo de cada um dos cinco tubos irá variar de um líquido viscoso até um material quase sólido, dependendo da quantidade de iniciador adicionada.

Para separar o polímero (que ainda contém iniciador) do monômero que não reagiu, dissolver aproximadamente a metade do conteúdo de cada tubo em béqueres de 300 mL, contendo 100 mL de benzeno e cobrir com um vidro de relógio. Algumas amostras de massa molar mais elevada necessitam de vários dias para a completa dissolução.

"Precipita-se" o poliestireno que está dissolvido no benzeno adicionando-se metanol com uma bureta, gota a gota, agitando manualmente, até que o líquido acima do "precipitado" se torne leitoso, pela adição de mais algumas gotas de metanol. Recolhe-se a massa esponjosa de poliestireno para secar parcialmente por 1 hora em um funil de Büchner. Pesam-se aproximadamente 2 g de polímero seco para dissolver em um béquer contendo 75 mL de metil-etil-cetona. "Precipita-se" o poliestireno juntando-se, gota a gota, a solução polimérica em um béquer contendo 300 mL de metanol. Para isso, usa-se uma bureta. Durante essa operação deve-se agitar mecanicamente o álcool. Recolhido o "precipitado", que tem aspecto filamentoso, seca-se em um funil Büchner por 1 hora. No início dessa operação, lava-se o precipitado com 20 mL de éter etílico por três vezes. Seca-se o polímero até massa constante, em um dispositivo que tenha vácuo, a 50 °C.

A última secagem pode necessitar de uma noite ou vários dias, dependendo do tamanho dos aglomerados poliméricos. Todas as cinco preparações serão tratadas da mesma forma acima.

Para iniciar propriamente a resposta à pergunta anterior, deve-se tomar separadamente cada uma das cinco amostras de poliestireno seco, pesar com precisão, aproximadamente 0,500 g e colocar em um balão aferido de 50 mL, com tampa. Adicionar benzeno puro em cada balão (até a metade do frasco) e deixar o tempo suficiente para dissolver o polímero. Agita-se freqüentemente e, após a dissolução, completa-se o volume até a marca com benzeno, agitando novamente.

Determina-se a viscosidade específica de cada solução, a 25°C, usando-se um viscosímetro de Ostwald ou Ubbelohde, tendo um tempo de fluxo maior que 100 segundos para o benzeno. Somente no caso da segunda amostra de poliestireno, determinar η_{esp} nas concentrações de 0,25, 0,50 e 0,75 g para 100 mL de solução, a partir da primeira solução preparada (1,0 g/100 mL).

Com referência aos cálculos, determinar $[\eta]$ da segunda amostra de poliestireno colocando ln η_{rel}/C versus C no mesmo diagrama, para facilitar a extrapolação.

Usando os valores constantes das Eqs. [7-37] e [7-38] para o sistema poliestireno-benzeno, a massa molar de cada amostra de poliestireno será calculada aplicando-se as mesmas Eqs. [7-37] e [7-38]. Os melhores valores dessas constantes são:

K = 1,12 x 10^{-4};

α = 0,73;

K' = 0,38.

Comparando os dois valores de [η] obtidos com a segunda amostra de poliestireno, no caso por extrapolação das curvas η_{esp}/C versus C e ln η_{rel}/C versus C, para concentração zero e em outro caso, com a ajuda da Eq. [7-38], os dois valores deverão estar próximos em ±3%.

Com os valores obtidos, construir um gráfico em papel logarítmico tendo por coordenadas massa molar versus concentração de iniciador (mol/litro de estireno).

O coeficiente angular da linha resultante será tanto melhor quanto mais se aproximar de 0,5, valor conveniente para a Eq. [7-36].

BIBLIOGRAFIA

Ander, P., Dependence of Molecular Weight of Polistyrene on Initiator Concetration, J. of. Chem. Ed., Vol. 47, n.º 43, p. 233, março (1970).

Bettelheim, F. A., Experimental Physical Chemistry, Saunders Company, Philadelphia (1971).

Collins, Bares e Billmeyer, Experiments in Polymer Science, John Wiley (1973).

Derenzo, Ferreroni, Rangel, Comentários sobre a Determinação do Parâmetro de Solubilidade por Turbidimetria, XXVIII Reunião da SBPC, Brasília (1976).

Fox, T. G., e Flory, P. L., The Glass Temperature and Related Properties of Polyestirene Influence of Weight Molecular, J. of Pol. Sc., Vol. 14, p. 315 (1954).

Fried, J. R., Polymer Science and Technology, Prentice Hall, PTR, NJ (1995).

Halpern, A. M., Experimental Physical Chemistry, 2ª ed., Prentice Hall, Upper Saddle River, N. J. (1997).

Hansen, C. M., The Three Dimensional Solubility Parameter, Journal of Paint Technology, Vol. 39, n.º 505, fevereiro (1967).

Platzer, Norbert A. J. (ed.), Polimerization Kinetics and Technology, Advances in Chemistry, Series 128, American Chem. Soc. (1973).

Schröder/Müller/Arndt, Polymer Characterization, 2ª ed., Hanser Publishers (distribuído nos EUA pela Oxford University Press), (1989).

Seymour e Carraher's, Polymer Chemistry, 6ª ed., Marcel Dekker, Inc. (2003).

Smith, D. R., Raymonda, J. W., Polymer Molecular Weight Distribution, J. of Chem.Educ., Vol. 49, n.º 8, agosto (1972).

Sorënsen, W. R., e Campbell, T. W., Preparative Methods of Polymer Chemistry, John Wiley (1981).

Tager, A., Physical Chemistry of Polymers, 2ª ed., MIR, Moscou (1978).

Tillaev, Khasankhanova, Tashmuchamedov e Usmanov, Determination of Solubility Parameters of Clorinated Poly Vinyl Cloride by Turbidimetry and Viscosimetry, J. Pol. Sci., Parte C, n.º 39 (1972).

Van Krevelen, D. W., Properties of Polymers – Correlation with Chemical Structure, Elsevier (1972).

Wilei, R. H., Refratometric determination of Tg, J. of P. Sc., Vol. II, pp. 10–11 (1947).

ESTRUTURA MOLECULAR

Como se notará logo a seguir, a denominação "estrutura molécular" pode soar um tanto ficcional, por não se entrar em detalhes da constituição molecular que impliquem nas interações intramoleculares – ou seja, nas ligações químicas. Todavia as relações interativas das moléculas de um dado corpo (entre si e com o meio de dispersão em que se encontram) não deixam de ser função da estrutura molecular. Por exemplo, as características de um corpo líquido, puro ou não, com certeza dependem da estrutura das partículas que o compõe. Assim, propriedades como viscosidade, polaridade, tensão superficial, índice de refração, difusão, entre outras, são obrigatoriamente dependentes da forma como se constituem as moléculas.

Mesmo sabendo-se que os modelos moleculares são concepções imaginárias e racionais, não há dúvidas quanto à utilidade deles. A propósito, vale lembrar certas figuras teóricas há algum tempo abandonadas, como, por exemplo, o calórico, o flogístico (princípio inflamável), o geocentrismo e outras. Em sua época, elas tiveram importância, e em alguns casos criaram as pré-condições para outras teorias mais ajustadas às novas circunstâncias. Segundo Poincaré [*O Valor da Ciência*, Contraponto Editora, pp., 167-168 (1995)]:

> Não se deve crer, pois, que as teorias antiquadas foram estéreis e vãs.
>
> Quando, pois, uma teoria científica pretende nos ensinar o que é calor, a eletricidade ou a vida, está condenada de antemão; tudo o que pode nos dar é apenas uma imagem grosseira. Portanto é provisória e caduca.

A exploração de novas teorias trouxe, cada vez mais, recursos para a interpretação dos fenômenos macroscópicos. Como o fenômeno luminoso será utilizado com certa freqüência nas próximas páginas, não nos parece sem propósito tecer alguns comentários sobre sua interpretação à luz da história.

Newton não acreditava que a luz fosse um fenômeno ondulatório, ao contrário de Huygens, mas sim que era um fenômeno corpuscular, capaz de provocar efeito ondulatório ao se deslocar no meio material, onde se encontrava o éter. Essas ondas se deslocariam adiante dos raios de luz, em propagação retilínea,

Segundo Huygens (*Tratado Sobre a Luz*, 1690), a luz se difunde da mesma maneira que o som, ou seja, produzindo superfícies esféricas, ou ondas. Assim ele as denominou, por semelhança com o que se observa na água, quando uma pedra toca suas superfície.

Entre as várias observações de Newton, cabe destacar aquelas correspondentes ao uso de uma lente curva, que se aproxima bastante a uma superfície plana, sujeita aos raios de luz, pelo lado da lente oposto ao da superfície plana.

Em seus experimentos, Newton observou que, aplicando luz nesse dispositivo pelo lado da lente, na superfície plana oposta distinguiam-se círculos iluminados e círculos escuros. Isso indicava que, a determinadas distâncias em relação ao ponto de contato, passava luz, e a outras distâncias não. À medida que cresce a distância entre o ponto de contato lente-superfície plana, aumenta a distância entre as duas superfícies e, portanto, a quantidade de meio material a ser atravessado pela luz.

Como Newton não podia negar a presença do aspecto ondulatório, propôs um mecanismo de propagação na forma de *nós e ventres* para as ondas associadas à luz. Afirmou que a qualidade luminosa só seria percebida quando a superfície fosse atingida por alguma fase do ventre; quando a superfície fosse atingida por um nó, o brilho luminoso não se manifestaria. Estabeleceu inclusive relações de proporcionalidade aritmética dos quadrados dos diâmetros das projeções circulares luminosas, com os números 1, 3, 5, 7, 9, 11, e das ondas intermediárias, projetadas com os números 2, 4, 6, 8, 10, 12.

Atualmente o fenômeno denominado *interferência* corresponde ao encontro das fases da radiação luminosa: quando as fases são concordantes, a intensidade luminosa aumenta; quando não são concordantes, a iluminação diminui, propiciando uma sombra escura.

A partir da concepção de Newton, em que o "nó" pode corresponder a luz – causa da iluminação – e o "ventre" ao efeito luminoso, foi possível justificar as cores presentes nos *anéis de Newton*, considerando os conhecimentos anteriores sobre refração e reflexão luminosa.

Modernamente interpretam-se as franjas de luz ou de sombra como resultantes de interferências não-destrutivas e destrutivas, respectivamente. Dependendo das posições da lente, da superfície plana e da fonte luminosa, as franjas aparecem nitidamente brancas e escuras, intercaladas a partir da central, que é escura, e observadas na superfície plana.

Newton notou também que, as cores observadas na superfície plana dependiam das cores projetadas na lente e que, em determinadas distâncias do ponto de contato, para a mesma cor projetada, repetia-se a cor de luz observada na superfície plana. À medida que, por ajustes convenientes, surgiam as cores, a nitidez entre as partes iluminadas e escuras diminuía.

O corpo fluido contido entre a lâmina plana e a lente atua de maneira semelhante a um prisma transparente, portanto capaz de agir sobre a luz.

Mesmo que o modelo newtoniano "nó/ventre" de propagação da luz tenha sido proposto em função de outras premissas, ajudou a criar condições para o futuro modelo de interferência, aceito até hoje. [Newton, I, *Optics* – Great Books, Encyclopaedia Britannica, Inc., 22ª impressão, vol. 34 (1978). Huygens, *C*., *Treatise on Light* – Great Book, Encyclopaedia Britannica, Inc., 22a. impressão, vol. 34, 1978)

8.1 REFRAÇÃO MOLAR

A *refração específica* (R_e) de uma substância é dada pela equação:

$$R_e = \frac{n^2 - 1}{n^2 + 1} \cdot \frac{1}{\rho},\qquad [8\text{-}1]$$

em que:

n é o índice de refração; e

ρ a massa específica da substância.

A Eq. [8-1] foi obtida por vários pesquisadores, independentemente, a partir das teorias eletromagnética e ondulatória da luz.

A refração molar é dada pela expressão:

$$(R_m) = R_e \cdot M,\qquad [8\text{-}2]$$

sendo M a massa molar.

Essa propriedade tem caráter aditivo e depende da constituição do composto em estudo. No caso de solução, consideram-se sua massa específica e as frações molares, além das massas molares dos componentes. Para uma solução binária de líquidos, a expressão seria:

$$(R_m)_{1,2} = \frac{n^2 - 1}{n^2 - 2} \cdot \frac{x_1 M_1 + x_2 M_2}{\rho},\qquad [8\text{-}3]$$

na qual:

n é o índice de refração da solução;

ρ a massa específica da solução;

M_1 e M_2 as massas molares dos componentes 1 e 2, respectivamente;

x_1 e x_2 as frações molares dos componentes 1 e 2, respectivamente.

O valor obtido será igual a:

$$(R_m)_{1,2} = x_1(R_m)_1 + x_2(R_m)_2, \qquad [8\text{-}4]$$

em que $(R_m)_1$ e $(R_m)_2$ são as refrações molares individuais.

Quase todos os trabalhos nesse campo têm sido efetuados com líquidos, por ser mais fácil a medida. Segundo considerações teóricas, baseadas na hipótese de que as moléculas são perfeitamente condutoras, a refração molar para radiação de comprimento de onda infinito é dada pela equação:

$$(R_m)_\infty = \frac{n_\infty^2 - 1}{n_\infty^2 + 2} \cdot \frac{M}{\rho}, \qquad [8\text{-}5]$$

que representa o volume real das moléculas existentes em 1 mol de substância, o qual é distinto do volume aparente (M/ρ). Portanto deve-se utilizar a grandeza $(R_m)_\infty$ quando se pretende comparar os volumes verdadeiros, embora as moléculas não sejam esferas condutoras.

Aparelhagem e substâncias

Haste de vidro de pontas arredondadas ou conta-gotas, algodão, vidro de relógio, refratômetro de Abbé, banho termostático com circulação externa, benzeno, clorofórmio, etanol, tolueno e n-hexano.

Procedimento

Medir o índice de refração de várias substâncias, determinar as respectivas massas específicas e aplicar na Eq. [8-1], para obter as refrações molares pela Eq. [8-2].

Preparar soluções com líquidos miscíveis, medir os índices de refração e as massas específicas, aplicando em seguida esses valores na Eq. [8-3]; comparar os resultados com aqueles obtidos pelo uso da Eq. [8-4].

Aplicações

Como a refração molar é uma propriedade aditiva, ela pode ser calculada por meio de tabelas, que dão os valores respectivos dos grupos químicos constituintes de determinada substância.

Normalmente, ela pode ser determinada segundo três critérios, como segue:

Segundo Glasstone e Dale (1863):

$$R_{GD} = (n - 1)\frac{M}{\rho}. \qquad [8\text{-}6]$$

Segundo Lorentz e Lorenz (1880):

$$R_{LL} = \frac{n^2 - 1}{n^2 + 2} \cdot \frac{M}{\rho}.\qquad [8\text{-}7]$$

Segundo Vogel (1948-1954):

$$R_V = nM.\qquad [8\text{-}8]$$

Para polímeros, M é a massa molar da unidade estrutural.

Do ponto de vista dos polímeros, pode-se, por exemplo, via refração molar, estimar o índice de refração de um material a ser sintetizado; portanto projetar determinado material segundo os objetivos. Para tanto, bastaria fixar a massa molar, determinar ou estimar a massa específica e calcular a refração molar, o que permitiria obter com boa aproximação o índice de refração do material a ser preparado.

Convém lembrar que o método de Vogel não é aplicável a polímeros cristalinos.

Aplicação numérica

Estimar o índice de refração do poliacetato de vinila.

Solução

Unidade estrutural:

$$\begin{array}{l} -CH_2 - CH - \\ \qquad\quad\;\; | \\ \qquad\quad\;\; O \\ \qquad\quad\;\; | \\ \qquad\quad\;\; C = O \\ \qquad\quad\;\; | \\ \qquad\quad\;\; CH_3 \end{array}$$

$M = 86$ g; $V = 72{,}4$ cm³/mol.

A partir de tabelas encontradas em manuais, obtém-se R_{GD}, dada a contribuição particular de cada grupo químico:

$R_{GD} = 1(COO-) + 1(CH_3-) + 1(-CH_2-) + 1(> CH-)$,
$R_{GD} = 10{,}87 + 8{,}82 + 7{,}83 + 6{,}80 = 34{,}22$.

Logo:

$$n = 1 + \frac{R_{GD}}{V} = 1 + \frac{34{,}22}{72{,}4} = 1{,}474.$$

Birrefringência

Se as propriedades de um material diferirem quando forem consideradas direções diferentes, o corpo apresentará *refração dupla*, ou *birrefringência*, quando transparente.

Birrefringência significa mudança no índice de refração com a direção; demonstra-se a relação entre esse fato e a capacidade de rotação do plano de luz polarizada; esforços internos em polímeros "sólidos" podem levar à birrefringência.

Soluções poliméricas sob ação de campos magnéticos, elétricos e influência de fluxo podem apresentar esse fenômeno.

A esta altura, torna-se interessante fazer constar que a variação específica do índice de refração, segundo Goedhart (1969), pode ser calculada por:

$$\frac{dn}{dc} = \frac{V}{M}\left(\frac{R_v}{M} - n_0\right), \qquad [8\text{-}9]$$

sendo n_0 o índice de refração do solvente puro.

Sabe-se também que o *índice de reflexão* (r) pode ser obtido pela relação:

$$r = \left(\frac{n - n_0}{n + n_0}\right)^2, \qquad [8\text{-}10]$$

em que n é o índice de refração do meio com maior massa específica e n_0 o índice de refração do meio com menor massa específica.

8.2 POLARIZABILIDADE

A *polarizabilidade* é uma grandeza que mede a redução da intensidade do campo elétrico existente entre as placas de um condensador, quando é colocada uma molécula entre estas. O campo polariza a molécula, orientando-a dentro dele. Essa grandeza pode ser medida pela permissividade relativa (ou constante dielétrica), indicada por ε. Trata-se da relação entre as capacitâncias do dielétrico considerado e a do vácuo no capacitor de mesma forma geométrica, respectivamente C e C_0:

$$\frac{C}{C_0} = \varepsilon. \qquad [8\text{-}11]$$

A polarizabilidade indica qual a distorção introduzida pelo campo na distribuição de cargas elétricas. A polarização molar total é dada pela equação:

$$P_T = P_I + P_P = \frac{4\pi N\alpha}{3} + \frac{4\pi N\mu^2}{9KT} = \frac{\varepsilon - 1}{\varepsilon + 2} \cdot \frac{M}{\rho}, \qquad [8\text{-}12]$$

na qual:

P_I é a polarização molar induzida;
P_P a polarização molar permanente;
μ o momento dipolar;
M a massa molar;
ρ a massa específica;
α a polarizabilidade (cm^3);
N o número de Avogadro;
K a constante de Boltzmann;
T a temperatura (em Kelvin); e
π 3,14159;

A freqüências muito baixas (radiofreqüências), P_I e P_P contribuem para P_T; no caso de freqüências elevadas, despreza-se P_P e passa-se a considerar apenas P_I.

A polarização molar induzida (P_I) é o resultado da combinação da polarização atômica (P_A), devida ao deslocamento do núcleo, e da polarização da nuvem eletrônica (P_E). Sob altas freqüências (acima da região do infravermelho), a influência de P_A tende a zero, e a permissividade passa a depender completamente da polarização eletrônica.

O índice de refração n, medido na região visível, usa luz de um campo que pode ser considerado de alta freqüência. Nesse caso, segundo Maxwell, pode-se escrever:

$$n^2 = \varepsilon_\infty, \qquad [8\text{-}13]$$

sendo:

ε_∞ a permissividade medida em altas freqüências.

A polarização atômica pode ser medida na região do infravermelho, embora sua determinação experimental seja difícil. Nas medidas realizadas, têm-se encontrado valores da ordem de 3 a 10% para a P_A, em relação à P_E. Conclui-se que, em primeira aproximação, pode-se desprezar P_A e calcular a partir da expressão:

$$P_E = \frac{4\pi N \alpha}{3} = \frac{n^2-1}{n^2+2} \cdot \frac{M}{\rho} = R_m, \qquad [8\text{-}14]$$

na qual R_m é a refração molar.

É necessário fixar e temperatura e a freqüência em que é calculada a R_m. A polarizabilidade assim obtida está sujeita principalmente às seguintes críticas:

a) não considera a polarização atômica;
b) representa apenas uma avaliação média das polarizabilidades em várias direções.

Polarizabilidade e raio molecular

Se μ é o momento elétrico do dipolo induzido, produzido por um campo de intensidade f, que atua sobre a molécula isolada, então:

$$\mu = \alpha f. \qquad [8\text{-}15]$$

Por meio de considerações eletrostáticas sabe-se que o momento dipolar induzido em uma esfera perfeitamente condutora, de raio r, é igual à força de intensidade f do campo elétrico segundo a relação:

$$\mu = r^3 f. \qquad [8\text{-}16]$$

Logo:

$$\alpha = r^3. \qquad [8\text{-}17]$$

E assim:

$$\frac{n^2 - 1}{n^2 + 2} \cdot \frac{M}{\rho} = \frac{4}{3} \pi N r^3, \qquad [8\text{-}18]$$

com a qual se pode calcular r:

Aparelhagem e substâncias

Refratômetro de Abbé, banho termostático com circulação externa, tetracloreto de carbono, nitrobenzeno e benzeno.

Procedimento

Obter por via experimental os índices de refração das substâncias. Pesquisar na bibliografia as constantes necessárias. Calcular a polarizabilidade e o raio molecular das substâncias indicadas, usando as equações anteriores.

Aplicações

A polarização molar, P, é em geral calculada pelas expressões de Lorentz e Lorenz:

$$P_{\text{LL}} = \frac{\varepsilon - 1}{\varepsilon + 2} \cdot V, \qquad [8\text{-}19]$$

ou de Vogel:

$$P_{\text{V}} = \varepsilon^{1/2} M. \qquad [8\text{-}20]$$

Convém lembrar que existem dois grupos de propriedades elétricas dos polímeros, com real interesse. Um grupo devido à ação de um campo elétrico intenso e outro devido à presença de um campo elétrico moderado. No primeiro caso, mede-se, por exemplo, a ruptura da permissividade, ao passo que, no segundo, a condutividade elétrica, a eletrificação estática, etc.

Momento dipolar

Nos casos comuns, isto é, quando o dielétrico é uma substância pura e o momento dipolar é pequeno ($\mu \ll 0{,}6$ D), é possível usar a equação de Debye:

$$\left(\frac{\varepsilon-1}{\varepsilon-2} - \frac{n^2-1}{n^2+2}\right)\frac{M}{\rho} = \frac{4}{9}\pi N \frac{\mu^2}{KT} = 20{,}6\mu^2,\qquad [8\text{-}21]$$

à temperatura de 298 K.

Pela Eq. [8-21] verifica-se que, se existe dipolo permanente na substância, $\varepsilon > n^2$. Para polímeros com grupos polares, $\varepsilon > n^2$.

Aplicação numérica

Pretende-se estimar a permissividade do polimetacrilato de metila, usando os cálculos propostos anteriormente.

Solução

A unidade estrutural do polimetacrilato de metila é:

$$-C_2-\underset{\underset{\underset{\underset{CH_3}{|}}{\overset{|}{O}}}{\overset{|}{\underset{|}{C=O}}}}{\overset{\overset{CH_3}{|}}{C}}-\qquad \text{cuja massa molar } M \text{ é } 100{,}1 \text{ g.}$$

Aplicando $P_V = \varepsilon^{1/2} M$, obtemos:

$$P_V = 1(-CH_2-) + 2(-CH_3-) + 1(>C<) + 1(COO-)$$
$$P_V = 20{,}64 + 2 \times 17{,}66 + 26{,}4 + 95 = 177{,}36$$
$$\varepsilon^{1/2} = \frac{177{,}36}{100{,}1} = 1{,}772.$$

Logo:

$$\varepsilon = 3{,}139.$$

É uma boa aproximação, já que o valor experimental é 3,15.

Para o mesmo polímero acima, calcular o momento dipolar.`

Solução:

Sabe-se que $P_T - R_{LL} = 20{,}6\mu^2$. Com relação a R_{LL}, ver o Experimento 8.1 ("Refração molar"):

$$R_{LL} = 4{,}649 + 11{,}22 + 2{,}580 + 6{,}237 = 24{,}754;$$

nesse caso:

$$P_{LL} = \frac{\varepsilon - 1}{\varepsilon + 2} V,$$
$$P_T = 4{,}65 + 11{,}28 + 2{,}58 + 15 = 33{,}51.$$

Logo:

$$33{,}51 - 24{,}75 = 20{,}6\mu^2,$$
$$\mu = 0{,}65 \text{ D}.$$

Momento dipolar dos polímeros em solução

A média quadrática do momento dipolar de uma cadeia de moléculas em solução pode ser expressa por:

$$\bar{\mu}^2 = \phi \bar{N} \mu_0^2, \qquad [8\text{-}22]$$

em que:

- ϕ é a constante característica da conformação média molecular;
- μ_0 o momento dipolar da unidade monomérica de repetição;
- $\bar{N}$ o número de grupos dipolares ao longo da cadeia.

Geralmente $\bar{N}$ é igual ao grau de polimerização médio aritmético, mas, para os óxidos poliacetilênicos, temos:

$$\bar{N} = \overline{GP} + 1.$$

Os valores da Tab. 8-1 podem ser encontrados em manuais.

	$(\bar{\mu}^2/\bar{N})^{1/2}$	ϕ	μ_0
Poliestireno atático em tolueno	0,36	0,36	0,60D a 38,4°C
PVC atático em tetra-hidrofurano	1,31	0,64	1,64D a 20,0°C

Tabela 8-1

Concluindo estas considerações, seria interessante dizer que existe uma relação simples entre a permissividade dos polímeros e o parâmetro de solubilidade:

$$\delta = 3{,}3\varepsilon. \qquad [8\text{-}23]$$

O parâmetro de solubilidade é definido no Experimento (7.2).

8.3 ESTUDO DE PARTÍCULAS EM SOLUÇÃO

Considerando uma solução de partículas esféricas cuja viscosidade é dada por η e a viscosidade do solvente corresponde a η_0, se a fração do volume total de esferas por milímetro de solução for ϕ, poderemos escrever a seguinte expressão:

$$\frac{\eta}{\eta_0} = 1 + 2{,}5\phi. \qquad [8\text{-}24]$$

Essa equação pode ser apresentada na forma:

$$\frac{\eta}{\eta_0} = 1 + 6{,}3 \times 10^{21} r^3 C, \qquad [8\text{-}25]$$

em que r é o raio da partícula e C a concentração de partículas, em mols por litro. O diagrama η/η_0 versus C dará uma reta cuja declividade permite calcular r. A viscosidade poderá ser determinada pela relação:

$$\frac{\eta}{\eta_0} = \frac{t\rho}{t_0 \rho_0}, \qquad [8\text{-}26]$$

sendo que t_0 e t referem-se aos tempos de fluxo de um dado volume de solvente e solução, respectivamente, através de um capilar e, ainda, ρ_0 e ρ as massa específicas do solvente puro e da solução.

O coeficiente de difusão (D) no caso das partículas esféricas poderá ser obtido por meio da equação:

$$D = \frac{RT}{6\pi\eta Nr}, \qquad [8\text{-}27]$$

224 Estrutura molecular

em que:

R é a constante dos gases;

T a temperatura (em K);

π a constante 3,1416;

η o coeficiente de viscosidade do meio em que ocorre a difusão;

r o raio da partícula que difunde; e

N o número de Avogadro.

O cálculo de D, no caso, dependerá dos valores obtidos por via viscosimétrica e das medidas de massas específicas.

Aparelhagem e substâncias

Banho termostático, viscosímetro de Ostwald, cronômetro, balões volumétricos de 100 mL, glicerol anidro ou uréia ou sacarose.

Procedimento

Prepara-se uma solução aquosa de glicerol contendo um mol-grama por litro, determinando-se em seguida o tempo de fluxo de um dado volume de água e o respectivo do mesmo volume dessa solução. Dilui-se a solução para concentrações iguais a 0,75, 0,5 e 0,25 mols por litro, obtendo-se os respectivos tempos de fluxo para volumes idênticos.

Pode-se tabelar os valores obtidos como na Tabela 8-2.

C (mol/L)	t (s)	t/t$_0$	ρ/ρ$_0$	η/η$_0$

Tabela 8-2

Traçar em seguida um gráfico da viscosidade relativa η/η_0 versus a concentração, que permitirá determinar o raio da molécula de glicerol.

Empiricamente, concluiu-se que as concentrações das soluções de glicerol (C) estão relacionadas com o quociente ρ/ρ_0 pela equação:

$$\frac{\rho}{\rho_0} = 1 + 0{,}021C, \qquad [8\text{-}28]$$

que facilita calcular os valores da coluna η/η_0 na Tab. 8-2.

Aplicações

As emulsões e as suspensões, por exemplo, constituem setores importantíssimos no estudo do comportamento das partículas líquidas e sólidas, respectivamente.

Fixando a atenção nos meios líquidos, um dos aspectos que deve ser destacado é a velocidade de sedimentação das partículas que constituem o disperso.

Note-se que, embora sejam estudados os efeitos de superfície devidos a agentes externos como campos elétricos e magnéticos, a estrutura molecular é um elemento determinante dos efeitos finais.

Estuda-se a velocidade de sedimentação pela lei de Stokes, que na forma mais comum, isto é, para partículas esféricas, é expressa assim:

$$V_{sed} = \frac{2r^2(\rho_2 - \rho_1)g}{9\eta}, \qquad [8\text{-}29]$$

sendo:

- ρ_2 a massa específica da partícula;
- ρ a massa específica da fase externa;
- g a aceleração gravitacional;
- η a viscosidade do sistema; e
- r o raio da partícula.

As partículas só poderão ser consideradas esféricas no caso de emulsões diluídas, quando a fase dispersa corresponde a 2% do volume.

Muitas emulsões comportam-se na realidade como dispersões clássicas de esferas rígidas em meio líquido. De maneira geral, a Lei de Stokes pode ser aplicada às emulsões com baixo teor de fase dispersa. Em outros casos, existem estudos particulares, como o de Lissant, que leva em conta um fator geométrico.

Apesar do comentário anterior, é necessário frisar que a Lei de Stokes atribui a instabilidade das emulsões, predominantemente, a fatores hidrodinâmicos.

A relação quantitativa entre o coeficiente de difusão e o tamanho da partícula difusa foi obtida teoricamente por Einstein, segundo Eq. [8-27].

O coeficiente de difusão relaciona-se com a massa difundida através da primeira lei de Fick:

$$m = -DA\frac{dc}{dx}t, \qquad [8\text{-}30]$$

Estrutura molecular

na qual:

- m é a massa que atravessa a seção A durante o tempo t; e
- $\dfrac{dc}{dx}$ é o gradiente de concentração em função da distância que percorre a partícula em difusão.

A Eq. [8-27] é igualmente válida para partículas coloidais e para moléculas. Se uma molécula é aproximadamente esférica, seu volume será:

$$V = \frac{4}{3}\pi r^3. \quad [8\text{-}31]$$

Logo, conhecendo-se a massa específica ρ, pode-se calcular a massa molar:

$$\frac{4}{3}\pi r^3 N\rho = M. \quad [8\text{-}32]$$

No caso dos polímeros, o coeficiente de difusão das soluções diluídas pode ser calculado pela expressão:

$$D = \frac{RT}{f}, \quad [8\text{-}33]$$

em que f é o coeficiente de atrito, dado pela Lei de Stokes, ou seja:

$$f = 6\pi\eta r. \quad [8\text{-}34]$$

Por outro lado, a velocidade de sedimentação (S) é calculada como segue:

$$S = \frac{m(1 - \bar{v}\rho)}{f}, \quad [8\text{-}35]$$

sendo:

- m a massa sedimentada;
- $\bar{v}$ o volume específico parcial do polímero.
- ρ a massa específica da solução.

Demonstra-se que:

$$S = KM^{1/2}, \quad [8\text{-}36]$$

equação pela qual se pode calcular a massa molar do polímero, uma vez que se conheçam a velocidade de sedimentação e a constante K. É o princípio básico de funcionamento da ultracentrífuga.

Estudo de partículas em solução **227**

Conhecendo-se a velocidade de sedimentação, o coeficiente de difusão da mioglobina em solução aquosa diluída, a 20°C, o volume específico parcial, da proteína, a massa específica da solução e seu coeficiente de viscosidade, pede-se:

a) a massa molar da mioglobina (M).
b) a massa sedimentada (m).

Solução

S = 2,04x10^{-13} ms^{-1};
D = 1,13 x10^{-10} m^2·s^{-1};
$\bar{v}$ = 0,741 x10^{-10} cm^3·g^{-1};
ρ = 1,00 cm^{-3}·g;
η = 1,00 x10^{-3} kg·m^{-1}·s^{-1}.

a) $M = \dfrac{4}{3}\pi r^3 N\rho$.

Cálculo de r:

$$D = \dfrac{RT}{6\pi\eta Nr} \rightarrow r = \dfrac{RT}{6\pi\eta ND},$$

$R = 8,3143 \ \text{JK}^{-1}\text{mol}^{-1} = 1,213 \times 10^{10} \ \text{cm}^2 \cdot \text{s}^{-2} \cdot \text{K}^{-1}$.

Logo:

$$r = \dfrac{1,213 \times 10^{10} \times 293}{6 \times 3,1416 \times 1,00 \times 6,023 \times 10^{23} \times 1,13 \times 10^{-6}},$$

$r = 2,770 \times 10^{-7}$ cm.

Portanto:

$$M = \dfrac{4}{3} \times 3,1416 \, (2,770 \times 10^{-7})^3 \times 6,023 \times 10^{23} \times 1,00,$$

$M = 53.621 \cong 53.600$ g.

b) $S = \dfrac{m(1-\bar{v}\rho)}{f} \rightarrow m = \dfrac{Sf}{1-\bar{v}\rho};$

$$f = 6\pi\eta r,$$

$$f = 6 \times 3{,}1416 \times 1{,}00 \times 2{,}770 \times 10^{-7} = 5{,}221 \times 10^{-6},$$

$$m = \frac{2{,}04 \times 10^{-13} \times 5{,}221 \times 10^{-6}}{1 - 0{,}741 \times 1{,}00} \rightarrow m = 4{,}112 \times 10^{-18} \text{g}.$$

Evidentemente, o valor de m não tem sentido prático, a não ser como coeficiente indicativo.

8.4 FOTOMETRIA

Quando a luz atravessa um meio homogêneo, ocorrem com ela fenômenos de reflexão, refração, absorção e transmissão. A relação entre a intensidade da luz incidente e a intensidade de luz transmitida foi estudada primeiramente por Lambert e estendida às soluções por Beer.

Segundo Lambert, a variação do decréscimo da intensidade de luz com a espessura do meio absorvente (dI/dl) é proporcional à intensidade de luz em um ponto, sendo I a intensidade de luz e l a espessura da barreira. Assim:

$$\frac{-dI}{dl} = K'I. \tag{8-37}$$

Define-se a constante K' como *coeficiente de absorção*, e é uma característica do meio de absorção.

Reordenando a Eq. [8-37] e integrando entre os limites $l = 0$ correspondente a I_0 e $l = l$ para I, temos:

$$\int_{I_0}^{I} \frac{-dI}{I} = -K' \int_0^l l;$$

$$\ln \frac{I}{I_0} = -K'l;$$

$$\frac{I}{I_0} = e^{-K'l};$$

$$\frac{I}{I_0} = 10^{-Kl},$$

em que $K = K'/2{,}303$, sendo a constante K conhecida como *coeficiente de extinção*. A expressão I/I_0 é a fração de luz transmitida e recebe o nome de *transmitância* (T). O logaritmo decimal recíproco dessa relação (log I_0/I) é conhecido como *absorvência* (*A*) (no passado, chamava-se "densidade óptica"). Esse número também é conhecido como *extinção* (*E*) ou *absorção* (*A*). Observar a notação:

$$A = -\log \frac{I}{I_0} = -\log T = Kl. \qquad [8\text{-}38]$$

Para uma substância absorvente dissolvida em um solvente transparente, o decréscimo na intensidade de luz é proporcional, também, à concentração da solução; logo:

$$-\frac{dI}{dl} = \varepsilon' Ic, \qquad [8\text{-}39]$$

sendo:

    c   a concentração, em mols por litro; e
    ε' o coeficiente molar de absorção.

Assim:

$$A = -\ln T = \varepsilon' \cdot c \cdot l. \qquad [8\text{-}40]$$

A relação correspondente, dada em logaritmos decimais, é:

$$A = -\log T = \varepsilon \cdot c \cdot l, \qquad [8\text{-}41]$$

sendo ε o *coeficiente de extinção*.

Aparelhagem e substâncias

Espectrofotômetro, cinco balões aferidos de 100 mL, solução $1M$ de hidróxido de amônio, solução $0,1M$ de sulfato de cobre.

Procedimento

Preparar soluções de várias concentrações contendo cobre amoniacal azul. Colocar em cada balão aferido os seguintes volumes de solução $0,1M$ de sulfato de cobre: 2, 4, 6, 8 e 10 mL. Juntar em cada um deles 50 mL de hidróxido de amônio $1M$ e avolumar até 100 mL Passar essas soluções, após agitá-las, para outros recipientes e recomeçar as preparações, dessa vez com 12, 14, 16, 18 e 20 mL de sulfato de cobre. Juntar hidróxido de amônio sempre na mesma quantidade, para evitar a formação de flocos, isto é, tendo sempre uma solução azul transparente (não-leitosa). Completar os volumes até 100 mL e fazer as leituras espectrofotométricas, segundo as instruções do aparelho.

Medir as porcentagens de transmitância e de absorvência dessas soluções, ajustando o comprimento de onda para 600 nm (nanômetros).

Construir um gráfico (a) que dê a porcentagem de transmitância versus concentração e outro (b) da absorvência versus concentração.

Pela Eq. [8-38], se a expressão de Lambert-Beer for válida para essa solução, o gráfico (a) será exponencial e o (b), linear.

Aplicações

Em fotometria, exceto no caso das aplicações comuns em laboratórios científicos e industriais, por meio da fotometria de chama, infravermelha, de luz visível e ultravioleta, cabe um destaque especial aos raios X e raios gama, que ultimamente vêm ocupado posição de relevo nos ensaios não-destrutivos.

Sabe-se que as radiações X se devem ao deslocamento dos elétrons relativamente aos seus níveis de origem, ao passo que as radiações gama são emitidas por núcleos atômicos, em geral excitados por bombardeamento com nêutrons de captura. Como produto dessa excitação, temos a radiação gama.

Embora os raios X apresentem intensidade constante – o que é uma vantagem, já que a fonte de raios gama decai exponencialmente com o tempo, havendo nesse caso necessidade de recarga do aparelho –, sabe-se também que os raios X podem ser regulados segundo a conveniência de intensidade.

Por outro lado, aparelhos geradores de raios X são mais caros, inclusive quanto à manutenção, sem contar que, em geral, seu deslocamento para o local de aplicação envolve mais dificuldades, como, por exemplo, a fonte de energia elétrica. Os aparelhos de gamagrafia são bastante versáteis, podendo ser usados no local em que a peça está sendo examinada, sem necessidade de energia elétrica e sem grandes riscos de destruição, além de serem portáteis.

A gamagrafia vem sendo usada na inspeção de materiais de grande espessura, inspeção de conjuntos lacrados, soldas e materiais fundidos, inspeção de soldas em tanques cilíndricos ou de forma esférica, locais em que há dificuldade para colocação de um tubo de raios X. Por sua simplicidade, os aparelhos de gamagrafia praticamente não apresentam defeitos e, pelas suas dimensões, podem ser colocados em locais de difícil acesso.

A interação da radiação gama com a matéria ocorre de acordo com a radiação incidente e segundo três processos: efeito Compton, efeito fotoelétrico e formação de par. Supondo-se os três fenômenos reunidos em um, o decréscimo na intensidade de um feixe gama é exponencial com a espessura do material atravessado, segundo a equação já vista:

$$I = I_0 e^{-\kappa l}.$$ [8-42]

No que se refere ao tempo de exposição, é preciso considerar que a atividade da fonte ($\hat{A}$) varia segundo a expressão:

$$\hat{A} = \hat{A}_0 e^{-\lambda t}, \qquad [8\text{-}43]$$

na qual:

$\hat{A}_0$ é a atividade inicial;
t é o tempo de exposição; e
λ é a constante de desintegração.

Define-se o *fator de exposição* (F_E) como:

$$F_E = \frac{\hat{A} t}{d^2};$$

logo:

$$t = F_E \frac{d^2}{\hat{A}}, \qquad [8\text{-}44]$$

sendo:

$\hat{A}$ medida em milicuries;
d a distância fonte-filme, em centímetros;
t o tempo de exposição, em minutos; e
F_E dado pelo fabricante do filme a ser usado.

Em qualquer determinação experimental, uma componente muito importante é aquela que se refere às implicações de erro e, no caso, convém destacar o erro relativo, por exemplo, na transmitância.

Considerando a Eq. [8-40], temos:

$$c = \frac{-\ln T}{\varepsilon \cdot l};$$

logo:

$$dc = \frac{-\log e}{\varepsilon \cdot l} \cdot \frac{dT}{T}. \qquad [8\text{-}45]$$

Portanto:

$$\frac{dc}{c} = \frac{0{,}4343}{\varepsilon \cdot l \cdot c} \cdot \frac{dT}{T}.$$

Ou, ainda:

$$\frac{1}{c}\frac{dc}{dT} = \frac{0{,}4343}{T(-\log T)}, \qquad [8\text{-}46]$$

que é a expressão do erro relativo da concentração em relação à variação de T.

Logo, se a transmitância medida for 0,368, o erro relativo será dado por:

$$\text{Erro relativo} = \frac{0{,}4343}{0{,}368(-\log 0{,}368)} = 2{,}7\%.$$

Langlois, Gullberg e Vermenlen determinaram a área interfacial de uma emulsão por meio de medidas ópticas. Medidas fotoelétricas de transmissão de luz, comparando com líquidos transparentes, foram levadas a efeito com uma sonda óptica inserida na emulsão.

Observou-se que a transmissão relativa da luz está relacionada com a área interfacial pela equação:

$$\frac{I_0}{I} = 1 + B\overline{A}, \qquad [8\text{-}47]$$

em que:

I_0/I é a relação entre a intensidade de luz transmitida pelo líquido limpo e a transmissão da emulsão onde este último é a fase externa;

$\overline{A}$ a área interfacial total;

B uma constante, função de n_d/n_c (sendo n_d o índice de refração do disperso e n_c, da fase contínua). A relação entre B e os índices de refração foi determinada experimentalmente.

A lei de Lambert-Beer também pode ser expressa assim:

$$I = I_0 \exp\left(-\frac{4\pi n K l}{\lambda}\right), \qquad [8\text{-}48]$$

sendo:

n o índice de refração;

λ o comprimento de onda;

l a espessura do corpo atravessado; e

K o parâmetro de absorção.

Muitos polímeros não apresentam absorção específica, na região visível do espectro, por isso, em geral, recebem uma coloração.

Uma outra forma da mesma lei em termos de coeficiente de extinção em relação à massa é:

$$\varepsilon_\lambda = \frac{1}{\rho \cdot l} \ln \frac{I}{I_0},\qquad [8\text{-}49]$$

em que ρ é a massa específica.

8.5 CONCENTRAÇÃO MICELAR CRÍTICA

Um dos índices importantes no estudo dos sistemas coloidais, relativo à sua caracterização, é a determinação da *concentração micelar crítica* (CMC). Trata-se, da concentração mínima de soluto que permite a formação de micelas (do latim *mica*, "grânulos"), isto é, partículas constituídas pela aglomeração de um número tal de moléculas que atinge as dimensões necessárias para constituir um sistema coloidal. A formação dessas novas partículas está atrelada, inclusive, à estrutura molecular tanto do disperso como do meio de dispersão. Ao menos uma das dimensões dessas partículas precisa estar no intervalo entre 1 e 100 nm (nanômetros).

Neste experimento estará em destaque o comportamento do composto anfifílico e tensoativo aniônico dodecilsulfato de sódio (SDS), também conhecido como laurilsulfato de sódio. Sabe-se que, quando quantidades convenientes de SDS são adicionadas em água, a solução apresenta alterações significativas, particularmente no que se refere à tensão superficial, porque sua diminuição permite, por exemplo, o aumento da solubilização de hidrocarbonetos. Observa-se, contudo, que essa alteração não ocorre até ser atingida a concentração micelar crítica de SDS.

Através da técnica de ressonância nuclear magnética, entre outras, verifica-se que o tensoativo se apresenta preferencialmente na forma monomérica quando em solução, ao passo que, acima da CMC, o monômero se organiza convenientemente segundo estruturas micelares.

Embora seja comum apontar-se uma concentração para a ocorrência desse fenômeno, na verdade, seguindo-se procedimentos distintos, observa-se que essa mudança ocorre por volta de determinado valor da concentração. Particularmente no caso do SDS, dependendo das circunstâncias, as micelas têm um número de moléculas que soma aproximadamente 60 a 120 unidades.

É comum a existência de micelas esféricas, com diâmetro em torno de 5 nm. Embora existam as chamadas micelas *invertidas*, a maioria apresenta um aglomerado de partículas com a cadeia carbônica dirigida para dentro e a parte polar voltada para fora.

Como as micelas não são tensoativas, após a CMC, a tensão superficial do sistema mantém-se aproximadamente constante. É interessante destacar ainda que a constituição das micelas não é estática; ao contrário, elas estão em permanente reorganização. Ou seja, o número de partículas por unidade altera-se constantemente, tanto que, ao se considerar U como a unidade monomérica do tensoativo, pode-se levar em conta o equilíbrio:

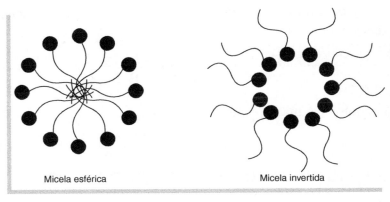

Micela esférica   Micela invertida

Figura 8-1

$$U_n \rightleftarrows U_{n-1} + U.$$

A interpretação energética desses sistemas é muito importante e com essa finalidade utiliza-se o modelo termodinâmico. Em uma solução coloidal que tem concentração micelar na presença do monômero tensoativo U, pode-se afirmar que:

$$\Delta G_{U\,mic} = \Delta G^o_{U\,mic} + RT \ln x_{U\,mic} \qquad [8\text{-}50]$$

de tal forma que a variação de energia livre proveniente da formação das micelas, a partir do tensoativo, é dada pela soma da sua variação no estado padrão, com a parcela devida à fração molar do monômero na forma micelar. Supondo-se um número n de moléculas por micela:

$$\mu_{U\,mic} = \mu^o_{U\,mic} + \frac{RT}{n} \ln\left(\frac{x_{U\,mic}}{n}\right) \qquad [8\text{-}51]$$

e então

$$\left(\frac{x_{U\,mic}}{n}\right)$$

será a fração micelar na solução.

Admitindo-se o sistema em equilíbrio, no corpo total da dispersão-solução tem-se:

$$\mu^o_{U\,mic} - \mu^o_{U\,sol} = \Delta\mu^o = RT \ln x_{U\,sol} - \frac{RT}{n} \ln\left(\frac{x_{U\,mic}}{n}\right), \qquad [8\text{-}52]$$

sendo:

$X_{U\,sol}$ a fração molar do tensoativo na solução;

$\Delta \mu^\circ = \Delta G^\circ$,   pois se trata do número de moléculas e não de mols, como na definição do potencial químico.

Como é difícil obter um ponto de ruptura entre a presença ou não das micelas, considere-se que a CMC corresponde a uma parcela infinitesimal de acréscimo do detergente, em que $x_{U\,mic}$ é maior que zero. Na Eq. [8-52], contudo, essa fração precisa ser finita, motivo pelo qual define-se f, tal que:

$$\frac{x_{U\,mic}}{x_{U\,mic} + x_{U\,sol}} \cong f = \frac{x_{U\,mic}}{c_m}. \qquad [8\text{-}53]$$

O somatório dessas frações molares não é unitário porque nos dois casos trata-se de relações solvente/monômero distintas, estando o monômero ora aglomerado e ora não; além do que, a concentração de monômero (c_m) não representa uma propriedade termodinâmica, portanto não pode ser expressa em termos de ΔG°.

Da Eq. [8-53], temos:

$$x_{U\,mic} = f \cdot c_m \quad \text{e} \quad x_{U\,sol} = (1-f)c_m,$$

que, substituídas na Eq. [8-52], conduzem a:

$$\frac{\Delta G^\circ}{RT} = \ln[(1-f)c_m] - \frac{1}{n}\ln\left(\frac{f \cdot c_m}{n}\right).$$

Se a fração convertida em micela for muito pequena ($f \approx 0$), logo:

$$\Delta G^\circ \approx RT \ln \text{CMC}, \qquad [8\text{-}54]$$

porque $c_m \approx$ CMC.

Neste experimento o estudo será feito através de medidas da condutância, em soluções constituídas pelo soluto dodecilsulfato de sódio em água, e logo após em solução aquosa de cloreto de sódio.

Considerar o equilíbrio:

$$H_2O + NaOSO_3C_{12}H_{25} \leftrightarrow Na^+_{(aq)} + OSO_3C_{12}H^-_{25\,(aq)}.$$

Aparelhagem e substâncias

Condutivímetro com célula de condutância; agitador magnético; um béquer de 100 mL, uma pipeta de 50 mL, uma pipeta graduada de 1 mL, um balão volumétrico de 100 mL; um balão volumétrico de 25 mL; pipetadores, água destilada isenta de CO_2; NaCl analítico; dodecilsulfato de sódio.

Procedimento

a) Preparar 25 mL de solução aquosa 0,04M com dodecilsulfato de sódio. Pipetar 50 mL de água pura, isenta de CO_2, para um béquer de 100 mL. Colocar o béquer sobre o agitador magnético e ajustar a célula de condutância, conectada ao condutivímetro.

Adicionar quantidades crescentes da solução do tensoativo, de 0,5 em 0,5 mL, até quarenta vezes. A cada adição, aguarde de 10 a 20 segundos, para efetuar a leitura da condutância, que será tabelada juntamente com as concentrações calculadas, para cada diluição.

b) Preparar 100 mL de solução aquosa 0,01M com NaCl. Preparar também 25 mL de solução aquosa 0,04M com dodecilsulfato de sódio.

Proceder tal como no item (a), juntando quantidades de 0,3 mL da solução do tensoativo por quarenta vezes, com aproximadamente 15 segundos entre uma e outra adição. Anotar as leituras da condutância e calcular as concentrações do composto orgânico.

Repetir o procedimento indicado neste item com solução 0,02M de NaCl, adicionando volumes de 0,2 mL do tensoativo.

Construir gráficos que tenham a condutância e a condutividade equivalente nas ordenadas como função das concentrações molares, dispostas nas abscissas, para estimar a CMC. Para tanto, considerar os procedimentos de cálculo indicados no Experimento 6.2 ("Condutividade das soluções").

Aplicações

Do ponto de vista aplicativo, esta abordagem é importante nos processos biológicos através das membranas das células; na preparação dos produtos farmacêuticos, quando se pretende solubilizar um princípio ativo; na fabricação dos alimentos ditos industrializados; no uso dos detergentes para limpeza; nos óleos lubrificantes de motores, tal que as micelas invertidas solubilizam impurezas, e assim por diante.

Sob o aspecto ambiental, esses conhecimentos são importantes para solubilizar e remover poluentes que contaminam a água efluente, por exemplo, de processos industriais, e que poderá ser reutilizada para diversos fins. Nesse caso são usadas, também, misturas tensoativas. Na Fig. 8-2, vê-se o esquema simplificado do tratamento de água poluída com sistema micelar.

Os conhecimentos sobre agregados micelares podem ser aplicados em procedimentos analíticos, à luz dos estudos físico-químicos teóricos sobre catálise micelar. Um exemplo seria a utilização de tensoativos na catálise de reações, como no caso do método espectrofotométrico para determinação simultânea de misturas binárias de cianeto, sulfito e sulfato, mediante reação como ácido 5,5-ditobis (2-nitrobenzóico) na presença de micelas catiônicas de brometo.de cetil-trimetil-amônio.

A presença de micelas aumenta a diferença das velocidades reacionais envolvidas, o que contribui para o processo analítico. Nesse contexto encontra-se a determinação fluorométrica de cianeto baseada no efeito catalítico, devido às micelas presentes, sobre a reação de oxidação do pirodoxal-5-fosfato pelo oxigênio dissolvido nas soluções. Devido à adição do brometo de dodecil-trimetil-

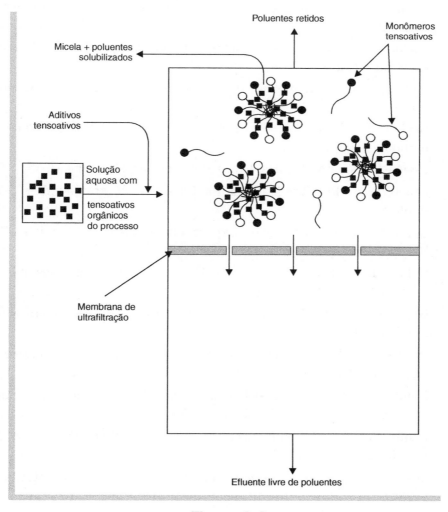

Figura 8-2

amônio, produz-se um aumento no sinal de fluorescência (por volta de 100%) do produto formado, 4-piridoxiácido-5-fosfato, o que permite sua determinação com maior facilidade.

A presença do agente tensoativo Triton X-100 no meio reacional permite a determinação, no mesmo processo analítico, de Ni(II) e de Co(II), usando 5-octiloximetil-8-quinolinol como reativo comum.

Como se viu, o uso de tensoativos na Química Analítica tem-se mostrado altamente promissor, devido às inovações.

BIBLIOGRAFIA

Adanson e Gast, Physical Chemistry of Surfaces, 6ª. ed., John Wiley and Sons (1997).

Atkins e de Paula, Físico-Química, 7ª ed., vol. II, Livros Técnicos e Científicos Editora (2004).

Babka, A. K., e Philipenko, A. T., Photometric Analysis, MIR, Moscou (1971).

Becher, P., Emulsions – Theory and Practic, ACS Monograph 162, Reinhold (1966).

Debye, P., Polar Molecules, Dover Publications, New York (1945).

Drago, R. S., Physical Methods for Chemists, 2ª ed., Saunders College Publishers (1992).

Garland, Nibler e Shoemaker, Experiments in Physical Chemistry, 7ª ed., McGraw Hill (2003).

Gold, P. I. e Ogle, G. J., Estimating Thermophysical Properties of Liquids – Part II, Ch. Eng., agosto (1969).

Guggenheim, E. A., Physicochemical Calculations, North-Holland Publishing Co. (1955).

Halpern, A. M., Experimental Physical Chemistry, 2ª ed., Prentice Hall, Upper Saddler River, N. J. (1997).

Hiemens P. C., e Rajagopalan, R., Principles of Colloid and Surface Chemistry, 3ª ed., Marcel Dekker (1997).

Lauffer, Max A., Motion in Viscous Liquids, J. of Chem. Ed., Vol 58, N.º 3, pp. 250-256, março (1981).

Levine, I. N., Physical Chemistry, 4ª ed., McGraw-Hill International (1995).

Lyalikov, I., Physicochemical Analysis, MIR, Moscou (1968).

Maniasso, N., Ambientes Micelares em Química Analítica, Química Nova, Vol. 24, No. 1, pp 87-93 (2001).

Sime, I. N., Physical Chemistry – Methods Techniques and Experiments, Saunders College Publishing (1988).

Tager, A., Physical Chemistry of Polymers, 2^a ed., MIR Moscou (1978).

Van Krevelen, D. W., Properties of Polymers – Correlation with Chemical Structure, Elsevier (1972).

Vemulapalli, G. K., Physical Chemistry, Prentice-Hall International Editions (1993).

ANÁLISE DOS NÚMEROS OBTIDOS 9

Nos trabalhos experimentais, podem-se destacar duas fases muito importantes:
- o experimento em si; e
- a análise dos números provenientes do mesmo.

Com relação à segunda fase, analise dos números, lembremos que existe uma grande diferença entre o significado matemático de número e o respectivo significado quando se trata de medições. Ao se abordar um assunto em matemática aplicada, por exemplo, o número 2 significa 2,000..., o número 1/3 significa 0,333... Mais: números como ≠ e e têm infinitos algarismos significativos.

Os *algarismos significativos* são interpretados como informações a respeito da grandeza que está sendo mensurada. Um número finito de algarismos significativos indica que se tem um número finito de informações e, da mesma maneira, para um número infinito de algarismos significativos, têm-se infinitas informações.

A respeito deste assunto caberia uma pergunta, ou seja: qual é a relação entre precisão e o número de algarismos significativos? Evidentemente, dado o cunho deste trabalho, questões como essa não serão abordadas; objetiva-se, isto sim, usar afirmações como a de que o número de algarismos significativos pode ser visto como uma função do tipo:

$$A = 1 + |\log N|, \qquad [9\text{-}1]$$

em que A indica o número de algarismos significativos, estimado pela adição de uma unidade ao módulo ou valor absoluto do logaritmo decimal de N. Por outro lado, o número N que está sendo analisado deve ter, considerados para efeito de cálculo, apenas os algarismos significativos. No caso de números menores que a unidade, considerar a vírgula; caso contrário, desprezá-la.

Pode-se afirmar que, segundo o número de algarismos significativos tem-se uma quantidade de informações suficiente para garantir um limite de erro.

Quando o número em estudo for $N = 10; 100; 1.000$, não haverá duvida; A será igual a 2, 3, 4, porém é interessante destacar outros casos, como os que seguem:

$$N = 5,0 \to A = 1,7.$$

Logo, pode-se afirmar que o número de algarismos significativos garante apenas 70% do segundo algarismo; portanto deve-se escrever $5,0 \pm 0,3$:

$$N = 32,8 \to A = 2,5; \quad \text{logo, temos } 32,8 \pm 0,4;$$
$$N = 300,7 \to A = 3,478.$$

Se 7 corresponde a 1 (ou 100%), 0,478 eqüivalerá a 3,34; logo, temos $300,7 \pm 0,4$:

$$N = 0,4225 \to A = 4,6; \text{logo, temos } 0,4225 \pm 0,0002.$$

O *arredondamento* dos números obtidos nas medidas é importante e deverá ser feito levando-se em consideração os cálculos baseados na Eq. [9-1], desde que se tenha em conta a incerteza. Caso esta seja maior ou igual a 5, deve-se somar uma unidade à penúltima casa, desprezando-se a última. Caso a incerteza seja menor que 5, despreza-se o último algarismo, simplesmente. Considerar a Tab. 9-1, que indica como proceder.

N	A	N ± incerteza	Arredondamento
5,0	1,7	5,0 ± 0,3	5
32,8	2,5	32,08 ± 0,4	33
300,7	3,478	300,7 ± 0,4	301
0,4225	4,6	0,4225 ± 0,0002	0,423
0,7323	4,86	0,73230 ± 0,00004	0,7323
0,0376	2,42	0,0376 ± 0,04	0,04

Tabela 9-1

9.1 ERROS E DESVIOS

Erro é a diferença entre um valor numérico obtido pela medida de uma grandeza física e o seu valor real, ou correto. Em geral, o valor correto não é conhecido.

Exemplo 1
Sabe-se que o átomo de carbono tem quatro ligações químicas (L). Experimentalmente foram feitas três determinações, chegando-se aos seguintes valores:

$$L_1 = 3{,}85;\ L_2 = 3{,}93;\ L_3 = 4{,}05;$$

logo, em cada caso, o erro foi de:
$L_1 - L = 3{,}85 - 4 = -0{,}15$ ligações;
$L_2 - L = 3{,}93 - 4 = -0{,}07$ ligações;
$L_3 - L = 4{,}05 - 4 = +0{,}05$ ligações.

Desvio é a diferença entre o valor numérico obtido quando se mede uma grandeza e o valor que se adota como sendo o mais próximo do real.

Os desvios podem ser absolutos, como no caso dos erros, ou relativos, quociente entre o módulo do erro absoluto e o valor mais provável da grandeza ou o valor medido. Para simplificar os cálculos, em geral usa-se como valor mais provável a média aritmética, embora outras possam ser aplicadas.

Exemplo 2
Ao se medir a massa de um corpo, por meio de uma balança, foram encontrados os seguintes valores:

$$m_1 = 22{,}368\ \text{g};\ m_2 = 22{,}373\ \text{g};\ m_3 = 22{,}361\ \text{g}.$$

Se for considerada a média aritmética como o valor mais provável no caso, os desvios absolutos serão, respectivamente, em cada medida, os seguintes:
$22{,}368 - 22{,}367 = +0{,}001$ g;
$22{,}373 - 22{,}367 = +0{,}006$ g;
$22{,}361 - 22{,}367 = -0{,}006$ g;

e os desvios relativos:

$$\frac{0{,}001}{22{,}367};\ \frac{0{,}006}{22{,}367};\ \frac{0{,}006}{22{,}367}.$$

9.2 INFLUÊNCIA DOS DESVIOS NA SOMA

O desvio absoluto (Δ_i) na i-ésima medida da grandeza será:

$$A_i - a = \Delta_i,$$

Análise dos números obtidos

em que:

A_i é o valor da medida; e

a é o valor mais provável, em geral uma média.

A soma dos n desvios absolutos será:

$$\sum_{1}^{n} \Delta_i = \Delta_s.$$

A soma dos valores medidos da grandeza será:

$$\sum_{1}^{n} A_i = S = s \pm \Delta_s.$$

Adotando o critério mais desfavorável, teremos:

$$\Delta_s = \pm |\Delta_1 + \Delta_2 + ... + \Delta_n|. \qquad [9\text{-}2]$$

A expressão do desvio relativo (δ_s) será:

$$\delta_s = \frac{A_1\delta_1 + A_2\delta_2 + ... + A_n\delta_n}{A_1 + A_2 + ... + A_n}, \qquad [9\text{-}3]$$

em que:

$$\delta_1 = \frac{\Delta_i}{A_i}.$$

Geralmente o desvio relativo é expresso em porcentagem.

No caso da subtração, se for adotado o mesmo critério, conclui-se que:

$$\Delta_s = \pm |\Delta_1 + \Delta_2 + ... + \Delta_n|. \qquad [9\text{-}4]$$

Caso não ocorra a situação mais desfavorável, os desvios podem ser compensados até a anulação.

O desvio relativo é calculado pela expressão:

$$\delta = \frac{\Delta_1 + \Delta_2}{A_1 - A_2}. \qquad [9\text{-}5]$$

Exemplo 3

Determinar os desvios ("erros") absoluto e relativo no cálculo da energia de isomerização do cis-hexeno-2 em trans-hexeno-2, conhecendo as entalpias de formação:

Análise dos números obtidos | 245

$$\Delta H° \text{ (cis- hexeno -2)} = -48,32 \text{ kJ} \cdot \text{mol}^{-1};$$
$$\Delta H° \text{ (trans - hexeno -2)} = -52,50 \text{ kJ} \cdot \text{mol}^{-1}.$$

A amplitude dos erros não está indicada em tabelas, motivo pelo qual resolveu-se estabelecer, para efeito de cálculo, um desvio absoluto igual a 0,02 kJ·mol⁻¹ nos dois casos.

Solução

Calculando, a entalpia de isomerização será:

$$\Delta H°_{i \text{ som}} = \Delta H°_{(\text{trans -hexeno -2})} - \Delta H°_{(\text{cis -hexeno -2})},$$
$$\Delta H°_{i \text{ som}} = 52,50 + 48,32 = 4,18 \text{ kJ mol}^{-1}.$$

Pelo enunciado, temos três algarismos exatos. Logo, o desvio absoluto será:

$$\Delta_s = 0,02 + 0,02 = 0,04 \quad \text{ou} \quad \frac{\Delta_s}{4,18} \cong 0,01 \rightarrow 1\%.$$

Observa-se que o desvio relativo do resultado é aproximadamente 26 vezes maior que o das parcelas iniciais.

Exemplo 4

Determinar os desvios ("erros") absoluto e relativo no cálculo da energia de isomerização do cis-buteno-2 em trans-buteno-2, conhecendo as entalpias de formação:

$$\Delta H°_{(\text{cis -buteno -2})} = -5,693 \text{ kJ} \cdot \text{mol}^{-1},$$
$$\Delta H°_{(\text{trans -buteno -2})} = -10,053 \text{ kJ} \cdot \text{mol}^{-1}.$$

Como as amplitudes dos erros não estão indicadas em tabelas, estabelecer, para efeito de cálculo, um desvio absoluto igual a 0,01 kJ·mol⁻¹ nos dois casos.

Solução

Calculando, a entalpia de isomerização será:

$$\Delta H°_{i \text{ som}} = \Delta H°_{(\text{trans -buteno -2})} - \Delta H°_{(\text{cis - buteno - 2})},$$
$$\Delta H°_{i \text{ som}} = -10,053 + 5,693 = -4,360 \text{ kJ} \times \text{mol}^{-1}.$$

Pelo enunciado, o número de algarismos significativos é três; logo, o desvio absoluto será:

$$\Delta_s = 0{,}01 + 0{,}01 = 0{,}02 \ \text{kJ} \cdot \text{mol}^{-1}$$

e o desvio médio relativo (δ):

$$\delta = \frac{\Delta_s}{4{,}36} = 4{,}58 \times 10^{-3} \rightarrow 0{,}46\%,$$

de onde se observa que o erro relativo do resultado é duas vezes e meia maior que o do isômero *cis* e quase cinco vezes maior que o do isômero *trans*.

9.3 INFLUÊNCIA DOS DESVIOS NO PRODUTO

Para deduzir a expressão geral da influência dos desvios do produto, basta multiplicarmos os termos $a_i + \Delta a_i$, desprezando em seguida os termos do produto de dois ou mais Δa_i. São considerados infinitésimos de ordem superior, portanto desprezíveis.

No caso de dois termos, a expressão do desvio absoluto do produto (Δp) será:

$$\Delta p = \pm |a_2\, \Delta a_1 + a_1\, \Delta a_2|. \qquad [9\text{-}6]$$

Aplicando logaritmo aos termos do produto, se

$$\Delta \ln a_i = \frac{\Delta a_i}{a_i},$$

deduz-se que o desvio relativo ao produto será a soma dos desvios relativos dos fatores. Logo:

$$\delta_{max} = \delta a_1 + \delta a_2, \qquad [9\text{-}7]$$

condição mais desfavorável.

9.4 INFLUÊNCIA DOS DESVIOS NO QUOCIENTE

Para o cálculo do desvio absoluto no quociente $q = a_1/a_2$ aplicando logaritmo, temos:

$$\ln q = \ln a_1 - \ln a_2.$$

Logo,

$$\frac{\Delta q}{q} = \frac{\Delta a_1}{a_1} - \frac{\Delta a_2}{a_2};$$

ou, na condição mais desfavorável:

$$\frac{\Delta q}{q} = \frac{\Delta a_1}{a_1} + \frac{\Delta a_2}{a_2}$$

O desvio relativo será dado por:

$$\delta q = \delta a_1 + \delta a_2.\qquad\text{[9-8]}$$

9.5 POTÊNCIA E RAIZ DE NÚMEROS APROXIMADOS

O desvio relativo da potência de um número aproximado é dado pelo desvio relativo da base da potência multiplicado pelo expoente. Logo, se $y = x^n$,

$$\delta y = n\delta x.\qquad\text{[9-9]}$$

Como a raiz nada mais é do que uma potência, aplica-se a mesma regra. Se

$$\delta y = \frac{1}{n}\delta x.\qquad\text{[9-10]}$$

Os desvios absolutos serão dados, respectivamente, pelas expressões:

$$\Delta y = nx^{n-1}\delta x \qquad\text{[9-11]}$$

e:

$$\Delta y = y\frac{\delta x}{n}.\qquad\text{[9-12]}$$

9.6 DESVIO NO CASO DO LOGARITMO NATURAL DE NÚMERO APROXIMADO

Considerar a expressão $y = \ln x$:

Desvio Relativo:

$$\delta y = \frac{\delta x}{y}.\qquad\text{[9-13]}$$

Desvio Absoluto:

$$\Delta y = \delta x.\qquad [9\text{-}14]$$

Exemplo 5
Cálculo do erro relativo da função:

$$f = \frac{x\sqrt[3]{y}}{z^{4/3}}$$

sendo:

$$x = 1{,}0 \pm 0{,}2;\ y = 2{,}0 \pm 0{,}3;\ \text{e}\ z = 4{,}0 \pm 0{,}3.$$

Arredondar os valores para apenas uma casa decimal.

Solução

$$f = \frac{x\sqrt[3]{y}}{z^{4/3}} = \frac{u}{v};$$

$$\ln u = \ln x + \frac{1}{3}\ln y;$$

$$\ln v = \frac{4}{3}\ln z;$$

$$\ln f = \ln x + \frac{1}{3}\ln y - \frac{4}{3}\ln z;$$

$$\frac{\Delta f}{f} = \frac{\Delta x}{x} + \frac{1}{3}\frac{\Delta y}{y} - \frac{4}{3}\frac{\Delta z}{z};$$

$$\frac{\Delta f}{f} = \frac{0{,}2}{1} + \frac{1}{3}\frac{0{,}3}{2} - \frac{4}{3}\frac{0{,}3}{4} = 0{,}2 + 0{,}05 - 0{,}1\,;$$

$$\delta f \le |0{,}2| + |0{,}05| + |0{,}1|\,;$$

$\delta f \le 0{,}35$ (condição mais desfavorável). Arredonda-se $\delta f \le 0{,}4$.

Cálculo de Δf:

$$f = \frac{1 \times 2^{1/3}}{4^{4/3}} = \frac{1,26}{6,35} = 0,199.$$

$$\Delta f = df \cdot f = 0,4 \times 0,199 = 0,08.$$

Exemplo 6
Cálculo do erro relativo da função:

$$f = xy\sqrt[5]{z^3},$$

sendo:

$$x = 1,0 \pm 0,1; \ y = 3,0 \pm 0,3; \ e\ z = 4,0 \pm 0,5.$$

Arredondar os valores para apenas uma casa decimal.

Exemplo 7
Cálculo dos desvios absoluto e relativo da fração molar, em relação ao componente 1 de um sistema binário, sendo a massa líquida do referido componente mantida constante e o segundo componente adicionado por meio de uma bureta.

Solução

$$x_1 = \frac{n_1}{n_1 + n_2} \rightarrow x_1 = \frac{\dfrac{W_1}{M_1}}{\dfrac{W_1}{M_1} + \dfrac{W_2}{M_2}}, \tag{I}$$

sendo:
- x a fração molar;
- n o número de mols;
- W a massa da substância;
- M a massa molar.

Como:

$$W_1 = \rho_1 V_1, \tag{II}$$

$$W_2 = \rho_2 V_2 \ ou\ W_2 = \rho_2 (B_2 - B_1), \tag{III}$$

em que:

    ρ a massa específica;
    V o volume; e
    B o valor assumido por V.

Substituindo (II) e (III) em (I), temos:

$$x_1 = \frac{\dfrac{\rho_1 V_1}{M_1}}{\dfrac{\rho_1 V_1}{M_1} + \dfrac{\rho_2(B_2 - B_1)}{M_2}}, \tag{IV}$$

Cálculo dos desvios absolutos:

$$\Delta n_1 = \frac{\Delta W_1}{M_1} + \underbrace{\frac{W_1 \Delta M_1}{M_1^2}}_{\Delta M_1 \approx 0}, \tag{V}$$

$$\Delta n_2 = \frac{\Delta \rho_2 (B_2 - B_1) + \rho_2 (\Delta B_2 - \Delta B_1)}{M_2} + \underbrace{}_{\Delta M_2 \approx 0} \tag{VI}$$

$$\Delta n_T = \Delta n_1 + \Delta n_2, \tag{VII}$$

$$\Delta x_1 = \frac{\Delta n_1}{n_1 + n_2} - \frac{n_1 (\Delta n_1 + \Delta n_2)}{(n_1 + n_2)^2},$$

$$\Delta x_1 = \frac{\Delta n_1 (n_1 + n_2) - n_1 (\Delta n_1 + \Delta n_2)}{(n_1 + n_2)^2},$$

$$\Delta x_1 = \frac{n_1 \Delta n_1 + n_2 \Delta n_1 - n_1 \Delta n_1 - n_1 \Delta n_2}{(n_1 + n_2)^2},$$

$$\Delta x_1 = \frac{n_2 \Delta n_1 - n_1 \Delta n_2}{(n_1 + n_2)^2}, \tag{VIII}$$

Substituindo (IV), (V), (VI) e (VII) em (VIII), e levando em conta que:

$$n_1 = \frac{W_1}{M_1} \quad \text{e} \quad n_2 = \frac{\rho_2 (B_2 - B_1)}{M_2},$$

$$\Delta x_1 = \frac{-\dfrac{W_1}{M_1}\left(\dfrac{\Delta\rho_2(B_2-B_1)+\rho_2(\Delta B_2-\Delta B_1)}{M_2}\right)+\dfrac{\rho_2(B_2-B_1)}{M_2}\left(\dfrac{\Delta W_1}{M_1}\right)}{\left(\dfrac{W_1}{M_1}+\dfrac{\rho_2(B_2-B_1)}{M_2}\right)^2} \times \frac{M_1 M_2}{M_1 M_2}$$

$$\Delta x_1 = \frac{-W_1\Delta\rho_2(B_2-B_1)-W_1\rho_2(\Delta B_2-\Delta B_1)+\rho_2(B_2-B_1)\Delta W_1}{(W_1 M_2+\rho_2(B_2-B_1)M_1)^2}. \tag{IX}$$

Cálculo dos desvios relativos:

$$\frac{\Delta x_1}{x_1} = \frac{(n_2\Delta n_1-n_1\Delta n_2)(n_1+n_2)}{(n_1+n_2)^2 n_1} = \frac{n_2\Delta n_1-n_1\Delta n_2}{n_1^2-n_1 n_2},$$

$$\frac{\Delta x_1}{x_1} = \frac{\left\{\left(\dfrac{\rho_2(B_2-B_1)}{M_2}\right)\dfrac{\Delta W_1}{M_1}-\dfrac{W_1}{M_1}\left(\dfrac{\Delta\rho_2(B_2-B_1)+\rho_2(\Delta B_2-\Delta B_1)}{M_2}\right)\right\} M_1 M_2}{M_1 M_2\left\{\left(\dfrac{W_1}{M_1}\right)^2+\dfrac{W_1}{M_1}\left(\dfrac{\rho_2(B_2-B_1)}{M_2}\right)\right\}},$$

$$\frac{\Delta x_1}{x_1} = \frac{\rho_2(B_2-B_1)\Delta W_1-W_1\Delta\rho_2(B_2-B_1)-W_1\rho_2(\Delta B_2-\Delta B_1)}{\dfrac{M_2 W_1^2}{M_1}+W_1\,\rho_2(B_2-B_1)}.$$

Reordenando o denominador, após substituir M_2:

$$\frac{M_2 W_1^2}{M_1}+W_1\rho_2(\Delta B_2-\Delta B_1)=$$

$$=\frac{\rho_2(B_2-B_1)W_1^2}{M_1}+W_1\rho_2(B_2-B_1)=$$

$$=\frac{\rho_2(B_2-B_1)W_1^2+M_1\rho_2(B_2-B_1)}{M_1}.$$

Substituindo na penúltima expressão, temos:

$$\frac{\Delta x_1}{x_1}=\frac{M_1\rho_2\Delta W_1(B_2-B_1)-M_1\Delta\rho_2 W_1(B_2-B_1)-M_1 W_1\rho_2(\Delta B_2-\Delta B_1)}{W_1^2\rho_2(B_2-B_1)+M_1\rho_2(B_2-B_1)}. \tag{X}$$

Exemplo 8

Cálculo do calor de evaporação (Q_v), considerando-se as seguintes medidas:

Pressão de vapor	Temperatura
42,2 mm Hg	308 K
71,9 mm Hg	318 K

Aplicar a equação de Clausius-Clapeyron:

$$Q_v = \frac{R \ln \frac{P_2}{P_1} T_1 T_2}{T_2 - T_1}.$$

Calcular também:
a) os desvios iniciais;
b) os desvios absoluto e relativo de Q_v;
c) o número de algarismos exatos de Q_v.

Solução

Supor que as pressões foram obtidas com uma precisão de ± 0,1 mm Hg, e as temperaturas com uma precisão de ± 0,2 K.

Reunindo os valores dados e as constantes, temos:

$P_1 = 42,2 \pm 0,1$ mm Hg   e $P_2 = 71,9 \pm 0,1$ mm Hg;

$T_1 = 308,0 \pm 0,2$ K   e $T_2 = 318,0 \pm 0,2$ K;

$R = 1,9872 \pm 0,00005$ cal/mol · grau;

$\ln x = c \log c = (2,302258509 \pm 0,0000000005) \log x$.

$\Delta P_1 = 0,1$ mm Hg; $\delta P_1 = \frac{0,1}{40} \cong 0,003 \cong 0,3\%$;

$\Delta P_2 = 0,1$ mm Hg; $\delta P_2 = \frac{0,1}{70} \cong 0,0014 \cong 0,14\%$;

$\Delta T_1 = 0,2$ K; $\delta T_1 = \frac{0,2}{300} \cong 0,0007 \cong 0,07\%$;

$\Delta T_2 = 0,2$ K; $\delta T_2 = \frac{0,2}{300} \cong 0,0007 \cong 0,07\%$;

$\Delta R = 5 \, ´ \, 10^{-5}$ cal/mol · g; $\delta R = \frac{5 \times 10^{-5}}{2} = 2,5 \, ´ \, 10^{-5} = 2,5 \times 10^{-3}\%$;

$\Delta C = 5 \times 10^{-9}$; $\delta C = 0$.

Cálculo do desvio relativo de Q_v:

$$\ln Q_v = \ln R + \ln\left(\ln\frac{P_2}{P_1}\right) + \ln T_1 + \ln T_2 - \ln(T_2 - T_1),$$

de onde:

$$\Delta \ln Q_v = \frac{\Delta Q_v}{Q_v} = \frac{\Delta R}{R} + \frac{\Delta\left(\frac{P_2}{P_1}\right)}{\frac{P_2}{P_1} \cdot \ln\left(\frac{P_2}{P_1}\right)} + \frac{\Delta T_1}{T_1} + \frac{\Delta T_2}{T_2} - \frac{\Delta T_2 - \Delta T_1}{T_2 - T_1}.$$

No numerador do segundo termo da direita desprezou-se o valor

$$\Delta\left(\ln\frac{P_2}{P_1}\right)$$

por ser muito pequeno.

$$\delta Q_v = \delta R + \frac{\delta\left(\frac{P_2}{P_1}\right)}{\ln\left(\frac{P_2}{P_1}\right)} + \delta T_1 + \delta T_2 + \delta(T_2 - T_1),$$

$$\delta\left(\frac{P_2}{P_1}\right) = \delta P_2 + \delta P_1 = 0{,}44\,\%,$$

$$\ln\left(\frac{P_2}{P_1}\right) = 2{,}303 \log \frac{71{,}9}{42{,}2} = 0{,}53,$$

$$\frac{\delta\left(\frac{P_2}{P_1}\right)}{\ln\left(\frac{P_2}{P_1}\right)} = \frac{0{,}44}{0{,}53} = 0{,}8\%,$$

$$\delta T_1 + \delta T_2 = 0{,}14\% \quad \text{e} \quad \delta(T_2 - T_1) = \frac{0{,}2 + 0{,}2}{10} = 0{,}04 \to 4\%.$$

Logo:
$$\delta Q_v = 2.5 \times 10^{-3}\% + 0.8\% + 0.14\% + 4\% \cong 5\% = 0.05.$$

Nesses cálculos, é suficiente considerar dois algarismos significativos, em vista da aproximação das medidas. No caso de outras grandezas, aconselha-se conservar o primeiro algarismo falso.

$$Q_v = \frac{4.58 \times \log\frac{71.9}{42.2} \times 308 \times 318}{10} = \frac{4.58 \times 0.231 \times 308 \times 318}{10},$$

$$Q_v = 10.362 \text{ cal/mol}.$$

O desvio absoluto máximo será:
$$\Delta Q_v = 10.362 \times 0.05 = 518 \text{ cal/mol}.$$

Logo:
$$Q_v = 10.362 \pm 518 \text{ cal/mol}.$$

Efetuando o cálculo de Q_v, conclui-se que o número de algarismos exatos é dois, ou seja, um deles é zero. Por outro lado, esse fato contrapõe-se ao de $\delta Q_v = 0.05$, de onde se deduz que só um algarismo é exato; isso porque, se for subtraída a quantia 518, o número zero será afetado. Para um número maior de algarismos significativos, esse fato não ocorre.

Exemplo 9

O calor específico de uma substância é determinado pela equação:

$$c = \frac{M(t_f - t_i)}{m(t - t_f)},$$

sendo:
- M a massa de água corrigida, considerando-se o equivalente em água do calorímetro ($500{,}4 \pm 0{,}2$ g);
- m a massa da substância considerada ($120{,}5$ g);
- t a temperatura do corpo sólido antes da imersão em água ($85{,}4 \pm 0{,}1$°C);
- t_f a temperatura da água no final ($20{,}3 \pm 0{,}1$°C); e
- t_i a temperatura inicial da água ($18{,}4 \pm 0{,}1$°C).

Determinar o calor específico da substância, o erro relativo do valor final obtido, e indicar a medida que introduziu o maior erro.

Solução

Cálculo dos desvios relativos

$$\Delta M = 0,2 \text{ g} \quad \ldots \quad \delta M \frac{0,2}{500} = 0,0004;$$

$$\Delta m = 0,0 \text{ g} \quad \ldots \quad \delta m = 0;$$

$$\Delta t_f = 0,1°C \quad \ldots \quad \delta t_f = \frac{0,1}{20} = 0,0050;$$

$$\Delta t_i = 0,1°C \quad \ldots \delta t_i = \frac{1}{18} = 0,0056;$$

$$\Delta t = 0,1°C \quad \ldots \quad \delta t = \frac{0,1}{85} = 0,0012.$$

Cálculo do desvio relativo (δc)

$$\ln c = \ln M + \ln(t_f - t_i) - (\ln m + \ln(t - t_f)),$$

$$\ln c = \frac{\Delta c}{c} = \frac{\Delta M}{M} + \frac{\Delta t_f - \Delta t_i}{t_f - t_i} - \frac{\Delta m}{m} - \frac{\Delta t - \Delta t_i}{t - t_f}.$$

Logo:

$$\delta c = \delta m + \delta(t_f - t_i) + \delta m + \delta(t - t_f),$$

na condição mais desfavorável, calculando-se:

$$\delta(t_f - t_i) = \frac{0,1 + 0,1}{20 - 18} = 0,1 \rightarrow 10\%,$$

$$\delta(t - t_f) = \frac{0,1 + 0,1}{85 - 20} = 0,003 \rightarrow 0,3\%.$$

Substituindo:

$$\delta c = 0,04\% + 10\% + 0,3\% = 10,34\% = 0,103$$

Assim:

$$c = \frac{500,4 \times 2}{120,5 \times 65} \cong 0,128.$$

O maior erro será:
$$\Delta c = 0{,}128 \times 0{,}103 = 0{,}013,$$
$$c = 0{,}12 \pm 0{,}01.$$

A medida que introduz mais erro é a temperatura inicial (t_i), porque o seu cálculo dá um desvio relativo de 10%.

Exemplo 10
Na determinação do equivalente em água (E), quando se usa um vaso de Dewar, pretende-se calcular o erro relativo percentual a partir das grandezas medidas, cujos valores são:

m_1 massa de água inicial... $50 \pm 0{,}2$ g;
m_2 massa de água aquecida adicionada... $50 \pm 0{,}2$ g;
t_1,   temperatura inicial... $21 \pm 0{,}05°C$;
t_2,   temperatura da água aquecida adicionada $45 \pm 0{,}05°C$;
t_3,   temperatura de equilíbrio final... $30 \pm 0{,}05°C$.

Sabe-se que:
$$E = \frac{m_2(t_2 - t_3) - m_1(t_3 - t_1)}{t_3 - t_1}.$$

porque o calor específico é constante.

Solução

$$\Delta m_1 = \Delta m_2 = 0{,}2 \text{ g} \ldots \quad \delta m_1 = \delta m_2 = \frac{0{,}2}{50} = 4{,}00 \times 10^{-3};$$

$$\Delta t_1 = 0{,}05 \ldots \quad \delta t_1 = \frac{0{,}05}{21} = 2{,}38 \times 10^{-3};$$

$$\Delta t_2 = 0{,}05 \ldots \quad \delta t_2 = \frac{0{,}05}{45} = 1{,}11 \times 10^{-3};$$

$$\Delta t_3 = 0{,}05 \ldots \quad \delta t_3 = \frac{0{,}05}{30} = 1{,}67 \times 10^{-3}.$$

Considerando-se a equação de E:
$$\ln E = \ln m_2 + \ln(t_2 - t_3) - \ln m_1 - \ln(t_3 - t_1) - \ln(t_3 - t_1),$$

$$\delta E = \frac{\Delta m_2}{m_2} + \frac{\Delta t_2 - \Delta t_3}{t_2 - t_3} + \frac{\Delta m_1}{m_1} + \frac{\Delta t_3 - \Delta t_1}{t_3 - t_1} + \frac{\Delta t_3 - \Delta t_1}{t_3 - t_1},$$

$$\delta E = 4{,}00 \times 10^{-3} + 6{,}66 \times 10^{-3} + 4{,}00 \times 10^{-3} + 1{,}11 \times 10^{-2} + 1{,}11 \times 10^{-2},$$

$$\delta E = 0{,}0368 \equiv 3{,}68\%.$$

Calculando-se E, tem-se que: $E = 33{,}33$. Como:
$$\Delta E = 33{,}33 \times 0{,}0368 = 1{,}22,$$
$$E = 33{,}33 \pm 1{,}22 \text{ g}.$$

Exemplo 11

Considerando-se a equação para cálculo da massa molar por crioscopia, dada em seguida, calcular os desvios absoluto e relativo:

$$M = 1.850 \frac{m}{V\Delta t}.$$

Sabe-se que:

a massa da amostra (m) é $1{,}4986 \pm 0{,}0002$ g;

o volume (V) é $25{,}34 \pm 0{,}05$ mL;

o abaixamento de temperatura (Δt) é $1{,}25 \pm 0{,}01$°C.

Solução

$$\ln M = \ln m - \ln V - \ln(\Delta t);$$

$$\frac{\Delta M}{M} = \frac{\Delta m}{m} + \frac{\Delta V}{V} = \frac{\Delta(\Delta t)}{\Delta t};$$

$$\Delta m = 0{,}0002 \quad \ldots \quad \delta m = \frac{0{,}0002}{1{,}4986} = 1{,}33 \times 10^{-4};$$

$$\Delta V = 0{,}05 \quad \ldots \quad \delta V = \frac{0{,}05}{25{,}34} = 1{,}97 \times 10^{-3};$$

$$\Delta(\Delta t) = 0{,}01 \quad \ldots \quad \delta(\Delta t) = \frac{0{,}01}{1{,}25} = 8 \times 10^{-3};$$

$$\delta M = 1{,}33 \times 10^{-4} + 1{,}97 \times 10^{-3} + 8 \times 10^{-3};$$

$$\delta M = 0{,}0101 \qquad \text{ou} \qquad 1{,}01\%.$$

Calculando-se M:

$$M = 1.850 \frac{1{,}4886}{25{,}34 \times 1{,}25} = 87{,}5 \text{ g}.$$

Logo:

$$\Delta M = M \times \delta M,$$
$$\Delta M = 87{,}5 \times 0{,}010 = 0{,}884 \text{ g}.$$

Exemplo 12

Considerando-se ainda o exemplo que leva em conta a determinação do equivalente em água de um vaso de Dewar, determinar o erro presumível da média, quando são dados os oito valores da Tab. 9-2:

Experimento nº	1	2	3	4	5	6	7	8
Valor de E	19	20	21	19,5	18	22	18	18,5

Tabela 9-2

Solução

A equação referente ao cálculo do erro presumível (E_m) encontra-se no Cap. 11 "Análise de regressão":

$$E_m = \pm\sqrt{\frac{\sum_i^n \delta_i^2}{n(n-1)}}.$$

Média aritmética, $\bar{E} = 19,5$

Exper. número	E	$\bar{E} - E_i$	$(\bar{E} - E_i)^2$
1	19	+0,5	0,25
2	20	−0,5	0,25
3	21	−1,5	2,25
4	19,5	0	0
5	18	+1,5	2,25
6	22	−2,5	6,25
7	18	+1,5	2,25
8	18,5	+1,0	1,0
S			14,5

Tabela 9-3

$$E_m = \pm\sqrt{\frac{\Sigma(\bar{E} - E_i)^2}{n(n-1)}} = \pm\sqrt{\frac{14,5}{8 \times 7}},$$

$$E_m = \pm 0,508 = \pm 0,51.$$

Logo:

$$\delta E = \frac{0.51}{19.5} = 0.026,$$

ou seja, o erro relativo percentual será de 2,6%.

Exemplo 13

Sabe-se que o volume molar aparente pode ser calculado pela equação:

$$\phi = \frac{1}{m}\left(\frac{1.000 + mM}{\rho} - \frac{1.000}{\rho_0}\right),$$

em que:

ρ e ρ_0 são, respectivamente, as massas específicas da solução e do solvente;
m é a molalidade; e
M a massa molar do soluto.

Calcular o volume molar aparente do hidróxido de potássio em solução aquosa, sabendo-se que $m = 0,01$ e que a incerteza não ultrapassa ±0,01 mL.

Solução

Se os desvios absolutos (Δ) são os indicados, os desvios relativos (δ) serão os calculados:

$$\Delta M = 0,001 \quad ... \quad \delta M = \frac{0,001}{56,108} = 1,78 \times 10^{-5};$$

$$\Delta\rho_0 = 0,002 \quad ... \quad \delta\rho_0 = \frac{0,002}{0,9988} = 2,0 \times 10^{-3};$$

$$\Delta\rho = 0,002 \quad ... \quad \delta\rho = \frac{0,002}{1,087} = 1,84 \times 10^{-3};$$

$$\Delta m = 0,001 \quad ... \quad \delta m = \frac{0,001}{0,01} = 10^{-1}.$$

Prosseguindo, temos:

$$\ln\phi = \ln 1 - \ln m + \ln 1.000 + \ln m + \ln M - \ln\rho - \ln 1.000 + \ln\rho_0;$$

260 *Análise dos números obtidos*

logo:
$$\frac{\Delta\phi}{\phi} = \frac{\Delta M}{M} - \frac{\Delta\rho}{\rho} + \frac{\Delta\rho_0}{\rho_0};$$

ou:
$$\delta\phi = \delta M - \delta\rho + \delta\rho_0,$$

que dá:
$$\delta\phi = 1,78 \times 10^{-5} - 1,84 \times 10^{-3} + 2,0 \times 10^{-3},$$
$$\delta\phi = 1,78 \times 10^{-4}.$$

Como:
$$\Delta\phi = \phi \cdot \delta\phi;$$

logo:
$$\phi = \frac{\Delta\phi}{\delta\phi},$$
$$\phi = \frac{0,01}{1,78 \times 10^{-4}} = 56,243 \text{ mL},$$
$$\phi = 56,243 \text{ mL}.$$

Exemplo 14

Cálculo dos desvios máximos, relativo e absoluto, quando se procede à medida da força eletromotriz gerada entre um elétrodo de calomelano saturado e um elétrodo de cádmio, à temperatura de 21°C. Sabe-se que a concentrarão do sal de cádmio é 0,1M, a tensão medida é 0,2020 V, o coeficiente de atividade é 0,524, e a tensão do elétrodo de calomelano é 0,2445 V, a 21°C.

As constantes são:
F = 96.490 C·mol⁻¹;
R = 8,314 J·K⁻¹·mol⁻¹.

Solução

Considerar as equações:
$$E = E^0 - \frac{RT}{2F}\ln a + E^0_{calomelano} \tag{I}$$

e:
$$a = \gamma \cdot m.$$

Conhecendo os desvios absolutos dados abaixo, podemos calcular os relativos:

$$\Delta F = 0 \quad \text{e} \quad \delta F = 0;$$

$\Delta E = 0{,}0101$ V; $\delta E = \dfrac{0{,}0101}{0{,}2020} = 5 \times 10^{-2} \to 5\%;$

$\Delta R = 0;$ $\delta R = 0;$

$\Delta T = 0{,}2\,°\mathrm{C};$ $\delta T = \dfrac{0{,}2}{294} = 6{,}8 \times 10^{-4} \to 6{,}8 \times 10^{-2}\%;$

$\Delta E_{cal} = 0{,}0001$ V; $\delta E_{cal} = \dfrac{0{,}0001}{0{,}2445} = 4{,}1 \times 10^{-4} \to 4{,}1 \times 10^{-2}\%;$

$\Delta \gamma = 0{,}001;$ $\delta \gamma_{cal} = \dfrac{0{,}001}{0{,}524} = 19 \times 10^{-4} \to 19 \times 10^{-2}\%;$

$\Delta m = 0{,}01;$ $\delta m = \dfrac{0{,}01}{0{,}1} = 10^{-1} \to 10\%.$

Cálculo do desvio relativo, aplicado à Eq. (I) (lembrar que o termo E^0 corresponde a $E^0_{cd^{2+}}$):

$$\ln E^0 = \ln E + \ln T + \ln(\ln a) - \ln E^0_{cal};$$

logo: $\dfrac{\Delta E^0}{E^0} = \dfrac{\Delta E}{E} + \dfrac{\Delta T}{T} + \dfrac{\Delta a}{a \ln a} + \dfrac{\Delta E^0_{cal}}{E^0_{cal}}$

que é a condição mais desfavorável. Então:

$$\delta E^0 = \delta E + \delta T + \dfrac{\delta a}{\ln a} + E^0_{cal},$$

$$\delta E^0 = 5\% + 6{,}8 \times 10^{-2}\% + 3{,}45 \times 10^{-2}\% + 4{,}1 \times 10^{-2}\%,$$

$$\delta E^0 = 5{,}14\%.$$

Cálculo do desvio absoluto:

$$E^0 = E + \dfrac{RT}{2F} \ln a - E^0_{cal},$$

Análise dos números obtidos

$$E^0 = 0{,}2020 + \frac{8{,}314 \times 294}{2 \times 96.490} \ln 0{,}0524 + 0{,}2415,$$

$$E^0 = 0{,}4067 \text{ V},$$

$$\Delta E^0 = 0{,}406 \times 0{,}0514 = 0{,}0209 \text{ V}.$$

Observação:

$$a = \gamma m = 0{,}524 \times 0{,}1;$$
$$\delta a = \delta \gamma + \delta m = 19 \times 10^{-4} + 10^{-1};$$
$$\delta a = 1{.}019 \times 10^{-4}.$$

EQUAÇÕES EMPÍRICAS

Nos trabalhos experimentais de laboratório é comum relacionar-se a variação de uma grandeza medida como função de outra; por exemplo, da temperatura em função do tempo, pressão, volume... Anotado um número suficiente de pares que se correspondem, torna-se necessário estabelecer uma equação matemática que expresse da melhor maneira possível o comportamento geral do fenômeno. Essas equações, dada a maneira como são estabelecidas, recebem a denominação de *equações empíricas*. O critério que para determiná-las é o exposto a seguir.

Sejam $x_1... x_n$ os valores experimentalmente medidos da grandeza x, e $y_1... y_n$ os valores correspondentes da grandeza y.

Os pares de valores $(x_1, y_1)... (x_n, y_n)$ são considerados coordenadas dos pontos P_i de um plano, com $P_i(x_i, y_i)$. Tendo em conta esses pontos, trata-se de representá-los graficamente e pesquisar com métodos convenientes uma expressão matemática.

Antes de passarmos ao estudo analítico das várias equações, é conveniente tecer algumas considerações de ordem geral sobre a aplicação desses conhecimentos.

Os pontos que representam fenômenos completamente ao acaso, isto é, com grau de correlação desprezível, apontados na Fig. 10-1, passam a indicar um grau de correlação crescente (Figs. 10-2 e 10-3).

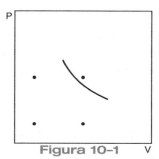

Figura 10-1

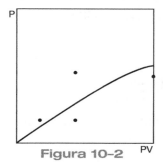

Figura 10-2

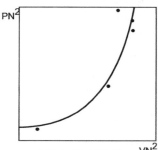

Figura 10-3

264 *Equações empíricas*

A curva da Fig. 10-1 é o lugar geométrico que representa os vários estados pelos quais passa um sistema gasoso, que segue a lei de Boyle. Considerar (N) como o número de observações.

Os diagramas apontados servem para demonstrar que os métodos gráficos devem representar realidades físicas, evitando-se cair em extremos como o descrito, em que, a partir de fenômenos ao acaso, pretende-se estabelecer alguma correlação. Uma das maneiras de se evitar isso é considerando-se um número suficientemente grande de medidas; uma outra está em verificar se realmente existe relação entre as grandezas consideradas. Por exemplo, nos Estados Unidos, fez-se um estudo, em 1971, procurando relacionar o número de acidentes automobilísticos com as conseqüentes mortes, nos vários estados. Chegou-se à conclusão que o número de mortes (M) variva em função dos acidentes segundo a expressão:

$$M = 0{,}0069279 \times A^{1{,}132704}.$$

Parece não haver dúvidas de que as duas grandezas têm alto grau de correlação. Por outro lado, foram consideradas as estatísticas de todos os Estados, no caso, um número suficientemente grande.

10.1 CASO LINEAR

Na hipótese de os i pontos $P_1(x_1, y_1)\ldots P_n(x_n, y_n)$ estarem alinhados quando representados sobre papel milimetrado, a equação será:

$$y = ax + b, \qquad [10\text{-}1]$$

podendo–se calcular as constantes a e b a partir dos valores de $(x\ldots x_n, y\ldots y_n)$.

Esse é o caso mais simples, denominado *linear*. A determinação das constantes admite vários métodos, que serão vistos adiante.

Exemplo 1
Determinar a equação relativa à solubilidade (S) do anidrido carbônico em água à pressão de 1 atm, com a temperatura (t) em graus Celsius, e variando segundo a Tab. 10-1.

t	0	4	9	15	22
S	0,300	0,270	0,230	0,190	0,157

Tabela 10-1

Solução

Sendo S função de t, pode–se considerar $t = x$ e $S = y$. No caso, $n = 5$, número de medidas.

Representar sobre papel milimetrado os pontos $P_1(0;\ 0{,}300)$; $P_2(4;\ 0{,}270)$; $P_3(9;\ 0{,}230)$; $P_4(15;\ 0{,}190)$ e $P_5(22;\ 0{,}157)$, escolhendo escalas diversas para os dois eixos. No eixo dos S adotar como origem o valor $0{,}150$, para uma melhor repre-

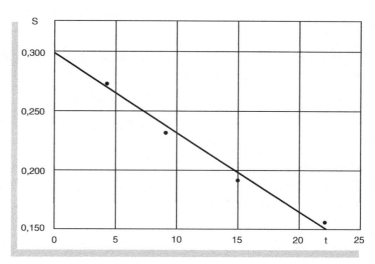

Figura 10-4

sentação. Trata-se realmente do caso linear, como se vê na Fig. 10-4.

Método das médias

Conhecendo-se n pares de valores (x_i, y_i) que satisfazem à equação:

$$y = ax + b,$$

para se determinar a e b, a partir dos valores medidos, pelo método das médias, substituem-se na equação $y = ax + b$ os valores de x e y por (x_i, y_i), obtendo-se n relações entre a e b do tipo:

$$y_i = ax_i + b,$$

Dividem-se essas relações, arbitrariamente, em dois grupos: um constituído por h relações e outro de k relações, de modo que os dois grupos não sejam numericamente iguais. A seguir, somam-se membro a membro as relações do primeiro grupo entre si:

$$Y_1 = aX_1 + hb,$$

sendo:

$$X_1 = x_1 + ... + x_h \quad \text{e} \quad Y_1 = y_1 + ... + y_h.$$

Da mesma maneira, as do segundo grupo:

$$Y_2 = aX_2 + kb,$$

em que:
$$X_2 = x_{h+1} + ... + x_n \text{ e } Y_2 = y_{h+1} + ... + y_n.$$

Assim, segundo o método das médias, a determinação das constantes a e b reduz–se à resolução do sistema:
$$aX_1 + hb = Y_1,$$
$$aX_2 + kb = Y_2.$$
[10-2]

Exemplo 2
Determinar as constantes a e b pelo método das médias, a partir dos valores tabelados no Exemplo 1.

Solução

O conjunto das temperaturas pode ser dividido em dois grupos (0,4 e 9; 15 e 22), com:
$$h = 3 \text{ e } k = 2.$$

Logo:
$$X_1 = 13; \quad X_2 = 37; \quad Y_1 = 0{,}800; \quad Y_2 = 0{,}347,$$

de onde se pode estabelecer o sistema:
$$13a + 3b = 0{,}800;$$
$$37a + 2b = 0{,}347.$$

Calculando–se: $a = 0{,}00657$ e $b = 0{,}295$

Assim:
$$S = -0{,}00657\, t + 0{,}295.$$

Método dos mínimos quadrados
Conhecendo-se pares de valores que satisfazem aproximadamente à equação:
$$y = ax + b,$$

para se determinar a e b pelo método dos mínimos quadrados, observa-se que o ponto P de coordenadas cartesianas $(x_i; y_i)$, tem como ordenada y_i. Se, porém, essa ordenada pertencesse à reta $y = ax + b$, poderia ser representada por $ax_i + b$, mas em geral a diferença $y_i - (ax_i + b)$ não é nula e se chama *desvio* (d). Logo,
$$d_i = y_i - (ax_i + b).$$
[10-3]

Caso todos os pontos P_i estivessem sobre a reta $y = ax + b$, todos os desvios seriam nulos.

O método dos mínimos quadrados baseia-se na escolha de tais valores para a e b, de maneira a tornar mínima a soma dos quadrados dos desvios. Pretende-se minimizar a função:

$$\sum_{1}^{n} {}_i d_i^2 = \sum_{1}^{n} {}_i (y_i - (ax_i + b))^2 = f(a,b).$$

As condições necessárias para que a função (a, b) seja mínima são:

$$\frac{\partial f}{\partial a} = 0 \quad e \quad \frac{\partial f}{\partial b} = 0,$$

para que $a = a_0$ e $b = b_0$; executando as derivações acima, temos:

$$\sum_{1}^{n} {}_i ((a x_i^2 + b x_i) - x_i y_i) = 0,$$

$$\sum_{1}^{n} {}_i ((ax_i + b) - y_i) = 0.$$

O sistema composto por essas duas equações permite calcular os valores a_0 e b_0 e de a e b, para os quais a função $f(a, b)$ apresenta um valor mínimo.

Portanto, segundo esse método, para se obter a e b, basta resolver o sistema:

$$\sum_{1}^{n}{}_i x_i^2 \cdot a + \sum_{1}^{n}{}_i x_i \cdot b = \sum_{1}^{n}{}_i x_i y_i,$$

$$\sum_{1}^{n}{}_i x_i \cdot a + n \cdot b = \sum_{1}^{n}{}_i y_i.$$

[10-4]

Para memorizar essas duas últimas expressões, basta verificar que a segunda é o somatório das n relações $y_i = ax_i + b$ e a primeira é o mesmo somatório multiplicado por x_i.

Exemplo 3

Considerando-se os valores do exemplo do caso linear, calcular as constantes pelo método dos mínimos quadrados.

268 *Equações empíricas*

Solução

$$\sum_{1}^{5} x_i^2 = 806; \quad \sum_{1}^{5} x_i = 50$$

$$\sum_{1}^{5} y_i = 1{,}147; \quad \sum_{1}^{5} x_i y_i = 9{,}456$$

Logo:

$806a + 50b = 9{,}456;$

$50a + 5b = 1{,}147.$

Então:

$$S = -0{,}00658t + 0{,}295.$$

10.2 CASO PARABÓLICO

Depois do caso linear, o mais comum é o parabólico, isto é, onde os pontos $P_i(x_i, y_i)$ representam uma parábola de equação:

$$y = ax^2 + bx + c. \qquad [10\text{-}5]$$

Agora o objetivo é verificar quando se pode fazer tal aproximação e como determinar as constantes a, b e c.

Se x^* e y^* são as coordenadas de um ponto P_i:

$$y = ax^{*2} + bx^* + c.$$

A diferença entre as duas últimas equações, será:

$$y - y^* = a(x^2 - x^{*2}) + b(x - x^*).$$

Dividindo-se por $(x - x^*)$ teremos:

$$\frac{y - y^*}{x - x^*} = a(x + x^*) + b,$$

ou ainda:

$$\frac{y - y^*}{x - x^*} = ax + (ax^* + b).$$

Equações empíricas **269**

Fazendo:
$$x = X, \quad \frac{y - y^*}{x - x^*} = Y \quad \text{e} \quad ax^* + b = b'.$$

temos:
$$Y = aX + b',$$

equação de uma reta, na qual podem ser aplicados o método das médias e o dos mínimos quadrados.

Portanto, se os pontos de coordenadas:
$$x_i \; ; \left(\frac{y - y^*}{x - x^*} \right).$$

forem alinhados, a equação que mais se aproximará da representação do fenômeno será:
$$y = ax^2 + bx + c.$$

As constantes são determinadas da seguinte maneira:
$$\frac{y - y^*}{x - x^*} = ax + b', \qquad\qquad [10\text{-}6]$$

denominada *equação de linearização*.

Como nos métodos do "Caso linear" (10.1) determinam-se a e b, sendo que, com essa última e a expressão $(b = b' - ax^*)$, calcula-se b. Finalmente, calcula-se c usando $y = ax^2 + bx + c$.

Exemplo 4

Determinar a expressão que mais bem se ajusta aos valores da Tab. 10-2.

x	87,5	84,0	77,8	63,7	46,7	36,9
y	292	283	270	235	197	191

Tabela 10-2

Solução

Representando os pontos $P_i(x_i, y_i)$ em papel milimetrado, eles não ficarão alinhados; por outro lado, se $x^* = 36,9$ e $y^* = 191$, arbitrariamente, verifica-se que a representação dos pontos:
$$\left(x_i \; ; \frac{y - y^*}{x - x^*} \right)$$

no mesmo papel é linear. Logo, considerando a Eq. [10-6] e aplicando o método das médias, após excluir o ponto (36,9; 191), obtemos:

$$a = 0{,}013 \text{ e } b' = 1{,}0997.$$

Como:
$$b = b' - ax^*,$$
$$b = 1{,}0997 - 0{,}013 \cdot 36{,}9 = 0{,}620$$

e:
$$c = 141{,}4.$$

A equação pesquisada é:
$$y = 0{,}013 x^2 + 0{,}620 x + 141{,}4.$$

10.3 CASOS LINEAR E PARABÓLICO, POR APROXIMAÇÃO, DE UMA FUNÇÃO f(x)

Tanto em um caso como no outro, a função $y = f(x)$ que mais se aproxima de um determinado fenômeno pode ser desenvolvida segundo uma série de Mac Laurin, em que $f(x)$ é a incógnita. Logo:

$$f(x) = a_0 + a_1 x + a_2 x^2 + \ldots$$

tal que:

$$a_0 = f(0) \;;\; a_1 = f'(0) \;;\; a_2 = \frac{1}{2} f''(0) \;;\; \ldots$$

são coeficientes incógnitos,

Se a aproximação necessária for de primeira ordem:

$$y = a_0 + a_1 x;$$

se for de segunda ordem:

$$y = a_0 + a_1 x + a_2 x^2.$$

Em cada alternativa, sendo $f(x)$ a incógnita, serão também os coeficientes a_0, a_1 e a_2; como os dados disponíveis são apenas os experimentais, o problema reduz-se ao que foi visto nos parágrafos anteriores. Os coeficientes devem ser determinados pelos métodos expostos:

Quando $y = bx^a + c$,

se $a < 0$, temos uma hipérbole;

se $a > 0$, temos uma parábola.

Observar a Fig. 10-5.

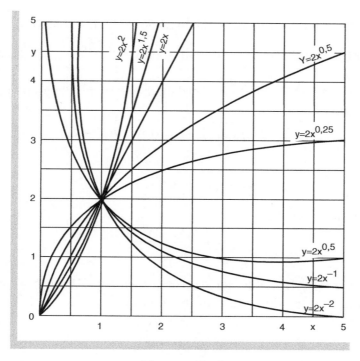

Figura 10-5

Se os pontos $P_i(x_i, y_i)$ obtidos experimentalmente, ao serem locados sobre papel logarítmico, apresentarem disposição linear, a equação empírica correspondente será:

$$y = bx^a, \qquad [10\text{-}7]$$

e as constantes a e b serão determinadas pela expressão de linearização:

$$\log y = a \log x + \log b.$$

A Eq. [10-7] é muito útil para descrever dados experimentais, por sua grande flexibilidade. A conformação de sua curvatura pode variar grandemente em função do expoente a, sem falar no parâmetro b, que define famílias de curvas.

A representação dos valores experimentais sobre papel logarítmico é usada apenas em dois casos particulares, isto é, quando se pretende obter as constantes a e b da Eq. [10-7] ou quando a amplitude de variação das grandezas é muito grande.

Se os pontos $P_i(x_i, y_i)$ apresentarem ligeira curvatura sobre papel logarítmico, pode-se considerar a equação empírica:

$$y = bx^a + c,\qquad [10\text{-}8]$$

com a seguinte expressão de linearização:

$$\log(y - c) = a \log x + \log b.$$

Geralmente, c é determinada pela equação deduzida abaixo.

Considerar os i valores de x_1 e x_n, fazendo $\bar{x} = \sqrt{x_1 x_n}$ média geométrica de x_1 e x_n, e $\bar{y} = b\bar{x}^a + c$ sendo $\bar{y}$ a ordenada de $\bar{x}$ no diagrama que se traça aproximadamente. Logo:

$$\bar{y} = b\left(\sqrt{x_1 x_n}\right)^a + c = \sqrt{bx_1^a \cdot bx_n^a} + c,$$

da qual:

$$\bar{y} - c = \sqrt{(y_1 - c)(y_n - c)}.$$

Explicitando-se a constante c:

$$c = \frac{y_1 y_n - \bar{y}^2}{y_2 + y_n - 2\bar{y}}.\qquad [10\text{-}9]$$

A hipérbole também pode ser expressa pela Eq. [10-9], à semelhança de uma polinomial do segundo grau, com três constantes:

$$y = \frac{A + Bx}{1{,}0 + cx}.\qquad [10\text{-}9(a)]$$

Essa equação é de especial interesse em Físico-Química, tanto que são dadas a seguir algumas aplicações.

a) No equilíbrio líquido-vapor de um sistema com mistura binária, em que α é constante de volatilidade relativa:

$$y = \frac{\alpha x}{1 + (\alpha - 1)x}.\qquad [10\text{-}9(b)]$$

Comparando com a Eq. [10-9(a)], $A = 0$, $B = \alpha$, e $C = (\alpha - 1)$.

b) Na equação de pressão de vapor de Antoine:

$$\log P = A - \frac{B}{T + C}\qquad [10\text{-}9(c)]$$

e, pela Eq. [10-9(a)]:

$$A = \frac{ac - b}{c};\ B = \frac{a}{c};\ C = \frac{1}{c}.$$

Equações empíricas **273**

c) A equação de Langmuir para as isótermas de equilíbrio na adsorção também é do tipo da [9(a)].

d) Na conversão da fração molar (x) na fração de massa (τ), em um sistema binário:

$$\tau_1 = \frac{x_1 M_1}{x_1 M_1 + (1 - x_1) M_2}. \qquad [10\text{-}9(d)]$$

Essa equação é obtida a partir de [9(a)], após dividir-se o numerador e o denominador pela massa molar M_2 e se reagruparem os termos para que se obtenham as seguintes condições:

$$A = 0; \quad B = \frac{M_1}{M_2}; \quad e \quad C = \frac{M_1}{M_2} - 1.$$

e) Na conversão da fração de massa (τ) para fração molar (x), em um sistema binário:

$$x = \frac{\tau_1 M_1}{\tau_1 M_1 + (1 - \tau_1) M_2}. \qquad [10\text{-}9(e)]$$

f) Na conversão da fração de massa (τ) para fração de volume líquido (v), em um sistema binário, se for possível considerar a solução líquida como ideal, a expressão da conversão ficará similar às Eqs. [10-9(d)] e [10-9(e)].

g) Na conversão de sistemas multicomponentes entre fração molar, fração de massa e fração de volume líquido, considerando sistemas ideais.

Comentário importante

Nos casos em que a equação empírica puder ser representada pela igualdade:

$$y = ax^b,$$

o método empregado até agora apresentará um desempenho satisfatório. Entretanto, quando a equação empírica for do tipo:

$$y = ax^b + c,$$

surgirá um novo problema na determinação de c. Em aplicações práticas que requerem apreciável exatidão, a introdução de erros de grafismo, quando na determinação de $\bar{y}$ para a obtenção da constante c, acarreta inconvenientes no uso do método. Nesses casos, recomenda-se a aplicação do procedimento a seguir,

274 *Equações empíricas*

desde que a curva y em função de x apresente uma conformação parabólica ou hiperbólica e permita sua representação pela expressão anterior, com c conhecido ou aproximadamente estimável. Nessas condições, sugere-se construir o gráfico y em função de x^b, que se aproximará de uma reta.

Aplica-se esse procedimento, no entanto, apenas uma vez, esperando que porventura a equação seja do tipo mais simples, isto é, quando $b = -1$, tal que:

$$y = c + \frac{a}{x}.$$

Logo, vem a relação linear:

$$yx = cx + a.$$

A representação gráfica de $yx = f(x)$ mostrará um traçado que se aproximará de uma reta, e c poderá ser determinada facilmente, com muito maior precisão. Nos outros casos, a não ser que b seja conhecida, a única saída é o processo original, de determinação gráfica da constante c e posterior linearização.

Exemplo 5

Determinar a equação que melhor expresse a relação entre os dados da Tab. 10-3.

V	53,62	26,36	14,00	6,992	4,280	2,748	1,853
P	6,86	14,70	28,83	60,40	101,5	163,30	250,3

Tabela 10-3

Solução

Considerando-se $V = V(p)$, pode-se expressar $p = x$ e $V = y$.

Dispondo-se esses pontos sobre um papel logarítmico, verifica-se sua linearidade, o que permite usar a equação empírica:

$$y = bx^a.$$

Para calcular os valores correspondentes:

$$\log y = a \log x + \log b.$$

p	log p	V	log V
6,86	0,8363	53,92	1,7318
14,70	1,1673	26,36	1,4210
28,83	1,4599	14,00	1,461
60,40	1,7810	6,992	0,8446
101,9	2,0082	4,280	0,6314
163,3	2,2130	2,748	0,4390
250,3	2,3984	1,853	0,2679

Tabela 10-4

Aplicando o método das médias, após dividir arbitrariamente os valores em dois grupos, o primeiro constituído pelos quatro primeiros números e o segundo pelos restantes três números, obtemos os conjuntos $h = 4$ e $k = 3$, que permitem escrever as equações:

$$5,2445\,a + 4\log b = 5,1435;$$
$$6,6196\,a + 3\log b = 1,3383,$$

a partir das quais:

$$a = -1,0662 \quad \text{e} \quad b = 481,1.$$

Logo, a equação será:

$$V = 481,1 \times p^{-1,0662}$$

ou

$$V \times p^{1,0662} = 481,1.$$

Exemplo 6

Determinar a equação que melhor expresse a relação entre os números da Tab. 10-5.

p	84,0	87,0	79,0	74,0	68,0	64,0	58,0
t	9,6	11,3	14,0	17,1	21,0	34,2	46,9

Tabela 10-5

Solução

Considerando-se $p = p(t)$, pode-se expressar $p = y$ e $t = x$.

Após dispor esses pontos sobre um papel logarítmico, concluiu-se que estavam alinhados, o que tornou possível usar a equação empírica $y = bx^a$.

Para calcular a e b devemos aplicar logaritmos, como segue:

$$\log y = a \log x + \log b.$$

p	log p	t	log t
84,0	1,9243	9,6	0,9823
87,0	1,9395	11,3	1,0531
79,0	1,8976	14,0	1,1461
74,0	1,8692	17,1	1,2329
68,0	1,8325	21,0	1,3222
64,0	1,8062	34,2	1,5340
58,0	1,7634	46,0	1,6628

Tabela 10-6

Dividem-se arbitrariamente os valores de $\log p$ e $\log t$ (Tab. 10-6) em dois grupos, aplicando-se em seguida o método das médias. O número de componentes do primeiro grupo é $h = 4$ e do segundo grupo é $k = 3$, sendo o primeiro grupo composto pelos quatro primeiros números:

$$4,4144\,a + 4\log b = 7,6306;$$
$$4,5190\,a + 3\log b = 5,4021.$$

Calculando, temos:

$$a = -0,2655 \quad \text{e} \quad b = 158,7.$$

Então a equação será:

$$p = 158,7 \times t^{-0,2655}$$

ou

$$p \times t^{0,2655} = 158,7.$$

Comentário importante

Outro modelo interessante é o expresso pela equação $y = 10^{ax+b} + c$, também exponencial.

Quando os pontos $P(x_i, y_i)$, dispostos sobre um papel semilogarítmico, ficam alinhados, a equação empírica correspondente será:

$$y = 10^{ax+b}, \qquad [10\text{-}10]$$

e sua expressão de linearização:

$$\log y = ax + b.$$

Caso haja uma pequena curvatura, então a equação empírica será:

$$y = 10^{ax+b} + c, \qquad [10\text{-}11]$$

cuja expressão de linearização é:

$$\log(y - c) = ax + b.$$

Para se calcular a constante c, devemos considerar

$$\bar{x} = \frac{x_1 + x_2}{2}$$

e

$$\bar{y} = 10^{a\bar{x}+b} + c$$

$\bar{y}$ é a ordenada de $\bar{x}$ no diagrama aproximado, que permitem a transformação:

$$\bar{y} = 10^{a\frac{x_1+x_2}{2}+b} + c = \sqrt{10^{ax_1+ax_2}} \times 10^b + c =$$

$$= \sqrt{10^{ax_1+b} \times 10^{ax_2+b}} + c = \sqrt{(y_1 - c)(y_2 - c)} + c,$$

para expressar o cálculo de c:

$$c = \frac{y_1 y_2 - \bar{y}^2}{y_1 + y_2 - 2\bar{y}}. \qquad [10\text{-}12]$$

Lembrar que as equações:

$$y = 10^{ax+b} \quad \text{e} \quad y = b_0\, e^{a_0 x},$$

sendo $b_0 > 0$, são equivalentes e, aplicando-se logaritmo decimal na segunda:

$$\log y = Ma_0 x + \log b_0,$$

com:

$$M = \log e, \quad Ma_0 = a \quad e \quad b = \log b_0.$$

Exemplo 7

Determinar a equação empírica que melhor se ajuste aos valores da Tab. 10-7.

x	0	1,5	2,0	3,0	3,5	5,5	7,0	8,0
y	2,40	3,22	3,56	4,38	4,87	7,48	10,40	12,99

Tabela 10-7

Solução

Dispondo-se os valores da tabela dada em papel semilogarítmico, verifica-se que os pontos estão praticamente alinhados, o que permite optar pela Eq. [10-11].

Para determinar os valores de a, b e c deve-se transformar a Eq. [10-11] na seguinte expressão:

$$\log(y - c) = ax + b.$$

O valor de c pode ser obtido como exposto a seguir, considerando-se um diagrama de y em função de x, em papel milimetrado, a partir do qual são escolhidos arbitrariamente dois pares $(x_1; y_1)$ e $(x_2; y_2)$. Por exemplo:

$$(x_2; y_2) \quad (1{,}00 ; 3{,}0),$$
$$(x_1; y_1) \quad (7{,}75 ; 12{,}2).$$

Calcula-se a média aritmética de x_1 e x_2:

$$\bar{x} = \frac{x_1 + x_2}{2} = \frac{7{,}74 + 1{,}0}{2} = 4{,}37.$$

No mesmo diagrama, a ordenada correspondente a $\bar{x}$ é $\bar{y} = 5{,}95$, o que nos permite calcular c pela Eq. [10-12]:

$$c = \frac{(3{,}0)(12{,}2) - (5{,}95)^2}{3{,}0 + 12{,}2 - 2(5{,}95)} = \frac{1{,}20}{3{,}30} = 0{,}36.$$

Por outro lado, a representação dos valores $(y - c)$ em função de x, no papel semilogarítmico, mostra a linearidade dos pontos cuja equação pode ser determinada como segue; isto é, aplicando-se o método das médias ao conjunto dos pontos log $(y - c)$ e x.

Equações empíricas **279**

x	y	y - c	log (y - c)	
0,0	2,4	2,04	0,31	
1,5	3,22	2,86	0,46	(I)
2,0	3,56	3,2	0,51	
3,0	4,38	4,02	0,6	
3,5	4,87	4,51	0,65	
5,5	7,48	7,12	0,85	(II)
7,0	10,40	10,4	1,0	
8,0	12,99	12,63	1,1	

Tabela 10-8

A partir da Tab. 10-8, temos que:

(I) $6,5b + 4a = 1,83$; (II) $24,0b + 4a = 3,60$,

de onde resulta:

$$(3,60 - 1,88) = (24,0 - 6,5)b$$
$$b = 0,10.$$

Substituindo b na (II), calculamos $a = 0,30$.

Logo, conclui-se que a equação pesquisada tem a expressão:

$$y = 10^{0,30x+0,10} + 0,36.$$

Exemplo 8

Determinar a equação correspondente aos dados da Tab. 10-9.

y	5.330	4.500	3.700	3.000	2.450	2.000	1.400	1.000
x	0,500	0,600	0,700	0,800	0,900	1,000	1,200	1,400

Tabela 10-9

Solução

Os valores da tabela, dispostos sobre papel semilogarítmico, mostraram-se alinhados; logo, a equação de linearização é:

$$\log y = ax + b$$

(ver Eq. [10-10]). Calculando-se os logaritmos dos y_i e aplicando na equação anterior, pelo método das médias, por exemplo, temos:

$$a = -0,8363 \text{ e } b = 4,1499.$$

Logo:
$$y = 10^{-0,8363x+4,1499}.$$

Exemplo 9

Sabe-se que, na determinação da pressão de vapor da água a diferentes temperaturas, pode ser aplicada a equação:

$$p = AB^{\frac{t}{(C+t)}},$$

em que A, B e C são constantes.

Propor um sistema de coordenadas tal que a relação entre p e t possa ser expressa por uma linha reta.

Solução

Aplicando logaritmo na equação indicada, podemos escrever:

$$\log p = \log A + \frac{t}{C+t} \log B.$$

Lembrando que:

$$\log p - \log A = \log \frac{p}{A},$$

temos:

$$\log \frac{p}{A} = \frac{t}{C+t} \log B,$$

ou:

$$\frac{1}{\log \dfrac{p}{A}} = \left(\frac{C+t}{t}\right)\left(\frac{1}{\log B}\right).$$

Logo:

$$\frac{1}{\log \dfrac{p}{A}} = \frac{C}{t} + C_1.$$

Assim, nos eixos cartesianos, teremos:

$$\frac{1}{\log \dfrac{p}{A}} \text{ função de } \frac{1}{t}.$$

Equações empíricas **281**

Exemplo 10

Determinar a relação matemática entre o calor específico do PbO (vermelho) e a temperatura, a partir da tabela obtida experimentalmente. Em seguida, calcular o aumento de entalpia molar para as temperaturas indicadas na Tab. 10-10.

t (°C)	25	80	160	250	400	480
c_p (J·g^{-1}·grau^{-1})	49,29	50,21	51,55	53,05	55,56	56,90

Tabela 10-10

Solução

Pelos métodos indicados chegou-se à conclusão de que a equação empírica é:

$$c_p = 44,31 + 16,72 \times 10^{-3} \times T,$$

em que T é a temperatura absoluta.

Por outro lado, sabe-se que:

$$Q_p = c_p \times T = 44,31 \times T + 16,72 \times 10^{-3} \times T^2,$$

e:

$$c_p = \left(\frac{\delta Q}{\partial T}\right)_p = 44,31 + 16,72 \times 10^{-3} \times T,$$

Para calcular o aumento de entalpia, considerar a expressão:

$$\Delta H = H_T^0 - H_{298}^0 = M_{PbO} \int_{298}^{T} c_p dT.$$

Logo,

$$\Delta H = 223 \times 44,31(T - 298) + 223 \times 16,72 \times 10^{-3}(T^2 - 298^2),$$

em que M_{PbO} é a massa molar do óxido de chumbo.

Os valores obtidos para as temperaturas indicadas foram:
676,91; 1.151,67; 1.832,09; 5.062,81 e 6.278,78 kJ·mol^{-1}.

A Tab. 10-11 resume as equações empíricas estudadas.

Equações empíricas

Pontos obtidos	Estão	Sobre papel	Equação de linearização	Equação empírica
x_i, y_i	Alinhados	Milimetrado	$y = ax + b$	$y = ax + b$
$x_i, \dfrac{y_i - y^*}{x_i - x^*}$	Alinhados	Milimetrado	$\dfrac{y - y^*}{x - x^*} = ax(ax^* + b)$	$y = ax^2/bx + c$
x_i, y_i	Alinhados	Logarítmico	$\log y = a\log x + \log b$	$y = bx^a$
x_i, y_i	Quase alinhados	Logarítmico	$\log (y - c) = a\log x + \log b$	$y = bx^a + c$
x_i, y_i	Alinhados	Semilogarítmico	$\log y = ax + b$	$y = 10^{ax+b}$
x_i, y_i	Quase alinhados	Semilogarítmico	$\log (y - c) = ax + b$	$y = 10^{ax+b} + c$

Tabela 10-11

ANÁLISE DE REGRESSÃO

Denomina-se *análise de regressão* a aplicação do método dos mínimos quadrados e dos métodos de estatística aos valores numéricos obtidos experimentalmente. Trata-se de examinar funções lineares sob os seguintes aspectos:

a) avaliar os parâmetros de uma função e suas correspondentes dimensões físico-químicas;

b) verificar a hipótese de linearidade de uma função;

c) avaliar o erro acidental dos parâmetros de uma função e suas correspondentes dimensões físico-químicas;

d) definir o intervalo de aplicação da função pesquisada.

Em Físico-Química, é muito comum obter-se um número de determinações experimentais não maior do que dez; nesses casos, prova-se que a mediana é mais representativa do que a média aritmética, comumente usada. Considerando-se as leituras da grandeza na ordem em que foram efetuadas, caso se tenha um número ímpar de leituras, a mediana será dada pelo valor central; caso se trate de um número par de leituras, a mediana será obtida pela média aritmética dos dois valores mais centrais.

Como o objetivo desse apanhado não é deduzir as equações, apenas serão citadas as principais, acompanhadas por alguns eventuais comentários. Segundo essa orientação, considerar as expressões que se seguem.

11.1 MÉDIA ARITMÉTICA ($\bar{X}$)

Define-se a média aritmética de n valores x_i pela equação:

$$\bar{x} = \frac{1}{n}\sum_{1}^{n} {}_i x_i. \qquad [11\text{-}1]$$

Demonstra-se que, em uma distribuição gaussiana dos valores x_i, a maior probalidade ocorre quando $x = \bar{x}$.

O desvio de um valor i em relação à média aritmética é dado por:

$$\delta_i = x_i - \bar{x}.$$ [11-2]

A precisão de um valor é função do desvio.

11.2 DESVIO MÉDIO (α)

Para o desvio médio definiu-se a expressão:

$$\alpha = \frac{1}{n}\sum_{1}^{n}{}_i|\delta_i|$$ [11-3]

O desvio médio nada mais é que um coeficiente capaz de medir a precisão de um valor obtido.

11.3 GRAU DE LIBERDADE (β)

Em uma definição similar à usada na Física, é a soma dos quadrados dos n desvios:

$$\beta = \sum_{1}^{n}{}_i(x_i - \bar{x})^2.$$ [11-4]

11.4 DESVIO PADRÃO (σ)

É calculado pela equação:

$$\sigma = \sqrt{\frac{\sum_{1}^{n}{}_i(x_i - \bar{x})^2}{(n-1)}}.$$ [11-5]

Consiste em um outro critério de medida da precisão. É um índice que tem como objetivo indicar como se agrupam os valores individuais em torno do valor médio, permitindo avaliar sua dispersão e indicando a distância média dos valores individuais em relação ao médio. A largura da curva de distribuição é expressa normalmente em termos de múltiplos do desvio padrão. Este é o mais usado quando a distribuição atribuída aos valores de x_i é do tipo gaussiana, a mais comum.

11.5 VARIANÇA (V)

O índice estatístico denominado *variança* é calculado a partir do desvio padrão:
$$V_x = \sigma^2. \qquad [11\text{-}6]$$

Demonstra-se que:
$$V_x = \frac{n\sum_{1}^{n} {}_i x_i^2 - \left(n\sum_{1}^{n} {}_i x_i\right)^2}{n(n-1)}.$$

Essa expressão também serve para avaliar a precisão dos valores.

Observação

Se, por um motivo justo, o termo $(x-\bar{x})^2$ de [11-5] puder ser considerado constante (K), a equação passará a ser representada assim:

$$\sigma = \pm\sqrt{\frac{n}{n-1}K}.$$

Se for construído um diagrama σ versus n, observa-se uma função decrescente rigidamente posicionada, o que demonstra a necessidade de δ_i^2 não ser constante.

Coeficiente de Pearson ($\bar{V}$)

O coeficiente de variação ($\bar{V}$), conhecido como *coeficiente de Pearson*, indica a relação percentual do desvio padrão com a média, e as oscilações relativas dos valores individuais em torno da média.

$$\bar{V} = \frac{\sigma}{\bar{x}} \times 100. \qquad [11\text{-}7]$$

11.6 ERRO PRESUMÍVEL DA MÉDIA (E_m)

O erro presumível da média guarda relação direta com o desvio padrão:

$$E_m \cong \pm\frac{\sigma}{\sqrt{n}}, \qquad [11\text{-}8]$$

que, explicitamente, é:

$$E_m = \pm\sqrt{\frac{\sum_{i=1}^{n}\delta_i^2}{n(n-1)}}.$$

O erro presumível é um intervalo no qual o valor real será encontrado, com grande probabilidade, mas não com certeza absoluta.

Coeficiente de regressão

O coeficiente de regressão é dado pela declividade da linha de regressão obtida pelo método dos mínimos quadrados (ver Cap. 10 "Equações empíricas").

Coeficiente de correlação (r)

Esse coeficiente indica se a regressão satisfaz ou não à função real. É dado pela expressão:

$$r = \frac{n\sum_{i=1}^{n} x_i y_i - \sum_{i=1}^{n} x_i \sum_{i=1}^{n} y_i}{\sqrt{\left[n\sum_{i=1}^{n} x_i^2 - \left(\sum_{i=1}^{n} x_i\right)^2\right]\left[n\sum_{i=1}^{n} y_i^2 - \left(\sum_{i=1}^{n} y_i\right)^2\right]}}.$$

O coeficiente de correlação varia sempre entre +1 e −1. Somente se todos os pontos estiverem sobre a regressão pode-se afirmar que $r = \pm 1$.

Se $r = 0$, a regressão não explicitará nada com relação a y, e a linha será horizontal.

Exemplo 1

Na determinação da temperatura de cristalização de uma substância orgânica, com o auxílio de um termômetro diferencial de Beckmann, sabe-se que a distribuição é aproximadamente normal, e pede-se calcular a média aritmética, com o máximo de algarismos significativos possível.

Solução

Considerar a Tab. 11-1.

	x_i (°C)	δ_i (°C)	$\delta_i^2 \times 10^{-7}$ (°C)^2
1	22,341	−0,0025	62
2	22,351	0,0075	562
3	22,343	−0,0005	2
4	22,352	0,0085	722
5	22,350	0,0065	422
6	22,335	−0,0085	722
7	22,333	−0,0105	1.102
Σ	156,405		3.594×10^{-7}

Tabela 11-1

Média aritmética:

$$\bar{x} = \frac{156,405}{7} = 22,34357.$$

O algarismo do centésimo de milionésimo não foi mantido para o efeito de cálculo dos desvios ao quadrado.

Cálculo dos desvios

O último algarismo da média aritmética poderia ser arredondado, para calcular os desvios, contudo isso não ocorreu.

Desvio padrão:

$$\sigma = \pm\sqrt{\frac{\sum_{1}^{n}{}_i\delta_i^2}{n-1}} = \pm\sqrt{\frac{3.594 \times 10^{-7}}{7-1}} = \pm 599 \times 10^{-5} \text{ °C}.$$

Analisando a tabela, verifica-se que os desvios mais freqüentes são aqueles com dois algarismos significativos.

Erro presumível da média:

$$E_m = \pm\frac{\sigma}{\sqrt{n}} = \pm\frac{599 \times 10^{-5}}{\sqrt{7}} = 226 \times 10^{-5} \text{ °C}.$$

O número de algarismos significativos do erro presumível deverá ser igual ao do desvio padrão, e de tal maneira que sua aproximação não seja maior que a da última casa do desvio padrão.

Logo, o limite superior será:

$$\overline{x} = 22{,}34357$$
$$+\ E_m = 0{,}00266$$
$$\overline{x} + E_m = 22{,}34583$$

e o inferior será:

$$\overline{x} = 22{,}34357$$
$$-\ E_m = 0{,}00266$$
$$\overline{x} - E_m = 22{,}34131$$

Como a média tem seis algarismos significativos:

$$x = (22{,}3436 \pm 0{,}0023)°C$$

e os limites serão:
superior = 22,3459;
inferior = 22,3413.

Exemplo 2

Pede-se determinar os coeficientes a e b da equação:

$$y^2 = a + \frac{b}{x},$$

na qual x e y são as grandezas relacionadas, dados os valores da Tab. 11-2.

x	1,54	0,80	0,48	0,36	0,29	0,24	0,21	0,20
y	3,3	4,1	4,7	5,0	5,6	5,9	6,0	6,6

Tabela 11-2

Solução

Calcular as grandezas indicadas na Tab. 11-3, sabendo que apenas as duas primeiras colunas permitem concluir, através de um diagrama y versus $1/x$, tratar-se de uma reta que corta o eixo $1/x$.

Análise de regressão

	y_i^2	$\dfrac{1}{x_i}$	$y_i^2\left(\dfrac{1}{x_i}\right)$	$\left(\dfrac{1}{x_i}\right)^2$
1	11,0	0,65	7,15	0,42
2	16,8	1,25	21,20	1,56
3	22,2	2,10	46,6	4,41
4	25,0	2,80	70,0	7,84
5	31,4	3,40	106,0	11,56
6	34,8	4,20	140,0	17,64
7	36,0	4,75	171,0	22,56
8	43,6	5,00	218,0	25,00
Σ	220,8	24,15	785,85	90,99

Tabela 11-3

Por outro lado, pelo método dos mínimos quadrados:

$$\sum_1^8 \left(\frac{1}{x}\right)^2 b + \sum_1^8 \frac{1}{x} a = \sum_1^8 y^2\left(\frac{1}{x}\right),$$

$$\sum_1^8 \frac{1}{x} b + 8a = \sum_1^8 y^2,$$

ou:

$$90,99b + 24,15a = 785,85,$$

$$24,15b + 8a = 220,8.$$

Resolvendo o sistema, temos:

$$a = 7,7 \quad \text{e} \quad b = 6,6.$$

Logo, a equação será:

$$y^2 = 7,7 + \frac{6,6}{x}.$$

Pode-se verificar a validade dessa equação calculando-se y^2 e comparando com os valores obtidos experimentalmente.

290 Análise de regressão

| Dados experimentais || Dados calculados pela equação ||
$\dfrac{1}{x_i}$	y_i^2	y_i^2	dy_i^2	$(dy_i^2)^2$
0,65	11,0	12,0	+1,0	1,00
1,25	16,8	16,0	–0,8	0,64
2,10	22,2	21,6	–0,6	0,36
2,80	25,1	26,2	+1,1	1,21
3,40	30,8	30,1	–0,7	0,49
4,20	34,1	35,4	+1,3	1,69
4,75	36,0	39,0	+3,0	9,00
5,00	43,0	42,4	–0,6	0,36
				Σ 14,75

Tabela 11-4

O somatório obtido na Tab. 11-4 mostra que efetivamente os coeficientes pesquisados preenchem os requisitos desejados, tanto que o desvio padrão, coeficiente indicador da precisão, é aceitável:

$$\sigma = \pm\sqrt{\dfrac{\sum_{i=1}^{n}(dy_i^2)^2}{n-1}} = 1,4\ .$$

Exemplo 3
Tem-se um termômetro padrão calibrado a 25°C, cujas correções conhecidas podem ser vistas na Tab. 11-5.

Temperatura	0	5	10	15	20	25
Correção	0,00	–0,01	–0,04	–0,06	–0,02	+0,04

Tabela 11-5

Comparando com as medidas de um outro termômetro que se pretende calibrar, com o auxílio do primeiro, constatamos, pela Tab. 11-6, que:

Termômetro calibrado	0,00	6,00	11,00	14,00	21,00	25,00
Termômetro em calibração	0,02	6,04	11,08	14,10	20,98	24,94

Tabela 11-6

Determinar a função que relaciona os valores lidos nos dois termômetros com os valores reais das temperaturas indicadas pelo termômetro em calibração: 7,85°C e 18,22°C.

Solução

Verifica-se facilmente que a relação entre as temperaturas nas duas escalas é linear; a equação geral é:

$$y = ax + b.$$

Calcular os valores das constantes a e b.

	x	y	x^2	y^2	xy	$(x-y)^2 x10^{-4}$
1	0,00	0,02	0,00	4×10^{-4}	0,00	4
2	6,00	6,04	36,00	36,4816	36,24	16
3	11,00	11,08	121,00	122,7664	121,88	64
4	14,00	14,10	196,00	199,81	197,40	100
5	21,00	20,98	441,00	440,1604	440,58	4
6	25,00	24,94	625,00	662,0036	623,5	36
Σ	77,00	77,16	1.419,00	1.420,22	1.419,6	224×10^{-4}

Tabela 11-7

Aplicando o método dos mínimos quadrados, segundo a Tab. 11-7:

$$1.419{,}00a + 77b = 1.419{,}6;$$
$$77a + 6b = 77{,}16.$$

Logo:

$$a = 0{,}9989;$$
$$b = 0{,}0398.$$

Assim:

$$y = 0{,}9989x + 0{,}0398.$$

Essa é a reta que descreve a relação entre as temperaturas apontadas nos dois termômetros.

Cálculo do desvio padrão:

$$\sigma = \pm\sqrt{\frac{\sum_1^n {}_i (x_i - y_i)^2}{n-1}},$$

$$\sigma = \pm\sqrt{\frac{224 \times 10^{-4}}{5}} = 6{,}69 \times 10^{-2},$$

$$\sigma = 0{,}0669 \cong \pm 0{,}067.$$

Cálculo dos valores corretos das temperaturas lidas para 7,85°C:
$$y = 0{,}9989 \times 7{,}85 + 0{,}0398,$$
$$y = 7{,}88°C,$$

e para 18,22°C: $y = 18{,}24°C$.

Exemplo 4

Em um experimento, pesquisava-se a distribuição do ácido salicílico em água e benzeno, constataram-se as concentrações nas camadas, em mols por litro ×10⁻³, que se encontram na Tab. 11-8.

Água	3,63	6,68	9,40	12,60	21,00	28,30	55,80	75,60	91,20
Benzeno	1,84	5,04	9,77	14,60	32,90	53,30	165,00	281,00	434,00

Tabela 11-8

Determinar os coeficientes n e K da equação:

$$\frac{C_w^n}{C_b} = K,$$

sendo:

K o coeficiente de distribuição de Nernst;

C_w e C_b as concentrações na fase aquosa e orgânica, respectivamente.

Solução

Considerando a equação indicada e aplicando logaritmo, temos:

$$n \log C_w - \log C_b = \log K,$$
$$\log C_b = -\log K + n \log C_w,$$
$$y = -b + ax.$$

A Tab. 11-9 conduz à aplicação do método dos mínimos quadrados.

	x log C_w	y log C_b	x² (log C_w)²	xy log C_w × log C_b
1	0,5599	0,2648	0,3135	0,1438
2	0,8248	0,7024	0,6803	0,5794
3	0,9731	0,9899	0,9469	0,9633
4	1,1004	1,1644	1,2108	1,2813
5	1,3222	1,5172	1,7482	2,0060
6	1,4520	1,7267	2,1077	2,5072
7	1,7466	2,2175	3,0507	3,8730
8	1,8785	2,4487	3,5288	4,5999
9	1,9599	2,6375	3,4816	5,1692
Σ	11,8174	13,6691	17,4285	21,1276

Tabela 11-9

Logo:
$$17,4n + 11,8 (\log K) = 21,1;$$
$$11,8n + 9 (\log K) = 13,7.$$

De onde:
$$n = 1,62 \quad e \quad K = 4,06.$$

Portanto, a equação se tornará:
$$\frac{C_w^{1,62}}{C_b} = 4,06.$$

Exemplo 5

Em uma reação de segunda ordem, na qual acetato de etila foi saponificado a 25°C, procedeu-se à titulação de amostras, de tempos em tempos, para obter os valores numéricos que estão nas duas primeiras colunas da Tab. 11-10. Sabe-se que a relação molar é unitária.

Para reações de segunda ordem:
$$\frac{dA}{dt} = \frac{b}{a} K(A)^2,$$

sendo:
$$\frac{b}{a} = \frac{(B)_0}{(A)_0},$$

que é a relação entre as concentrações iniciais de acetato de etila e de hidróxido de sódio.

Estudar a regressão.

Solução

Integrando a equação proposta no enunciado, temos:
$$\frac{1}{(A)} = \frac{1}{(A)_0} + \frac{b}{a} Kt,$$

ou:
$$y = b + ax.$$

294 Análise de regressão

Como a relação molar (RM) é unitária:

$$RM = \frac{[\text{NaOH}]}{[\text{Ac.etila}]} = 1.$$

Admite-se que embora o número de mols varie com o tempo, mantenha sempre proporções constantes.

Usando-se os primeiros somatórios da Tab. 11-10, calcular os coeficientes da regressão:

$$2.095a + 255b = 67.735;$$
$$255a + 11b = 2.095.$$

Calculando:

$$a = 5{,}02 \quad \text{e} \quad b = 276{,}9.$$

Logo, a equação será:

$$\frac{1}{(A)} = 276{,}9 + 5{,}02t.$$

$$K = 5{,}02 \text{ L mol}^{-1} \times \text{min}^{-1}.$$

x_i t (min)	V_{NaOH} (mL) gasto na tit.	y_i 1/(A) L/mol	x_i^2	$x_i y_i$	y_i^2
0	—	40,48	0	0	1.638
3	23,2	63,30	9	189,09	4.006
7	25,5	88,81	49	621,07	7.885
10	26,6	110,10	100	1.101	12.122
15	27,6	140,70	225	2.110	19.976
20	28,3	174,70	400	3.490	30.450
30	29,1	241,50	900	7.245	58.322
35	29,4	281,70	1.225	9.859	79.355
40	29,5	298,50	1.600	11.940	89.102
45	29,6	317,50	2.025	14.288	100.806
50	29,7	337,80	2.500	16.890	114.108
Σ=255		209,49	9.033	67.735	509.706
10	26,6	110,1	100	1.101	12.122
15	27,6	140,7	225	2.110	19.796
20	28,3	174,5	400	3.490	30.450
30	29,1	241,5	900	7.245	58.322
Σ=75		666,8	1.625	13.946	120.690

Tabela 11-10

Observações

(K = 6,86 L·mol⁻¹·min⁻¹, *J. Am. Chem. Soc.*, 1950, 72, 286.)

Cálculo do coeficiente de correlação dessa regressão:

$$r = \frac{n\Sigma yx - \Sigma x \Sigma y}{\sqrt{(n\Sigma x^2 - (\Sigma x)^2)(n\Sigma y^2 - (\Sigma y)^2)}},$$

$$r = \frac{11(67.735) - 255(2.095)}{\sqrt{(11(9.033) - (255)^2)(11(509.706) - (4.389.025))}},$$

$$r = 0,983.$$

À medida que os pontos melhor atendem à regressão, r se aproxima da unidade.

Cálculo da correlação usando os segundos somatórios, isto é, para alguns pontos escolhidos:

$$r = \frac{4(13.946) - 75(666,8)}{\sqrt{(4(1.625) - (75)^2)(4(120.690) - (666,8)^2)}},$$

$$r = 0,999$$

BIBLIOGRAFIA

Barros Neto, B., Scarmínio, I. S., Bruns, R. E., Planejamento e Ortimização de Experimentos, 2ª ed., Editora da Unicamp (1996).

Bennett, Franklin, Statistical Analysis in Chemistry and Chemical Industry, John Wiley (1959).

Bevington e Robinson, Data Reduction and Error Analysis, 3ª ed., McGraw Hill(2003).

Carioca, Entalpias de misturas em compostos polares. Sistemas éter-álcool. Tese de doutorado, UFRJ (1976).

Crow, Davis and Maxfield, Statistics Manual, Dover Publications Inc. (1960).

Dixon e Dean, Simplified Statistic for Small Numbers of Observations, Anal. Chem., 23, N.º 4, abril (1951).

Ezekiel, Fox, Methods of correlation and regression analysis, John Wiley (1959).

Ferrero, Complementi di matematica, Tirrenia, Torino (1968).

Freeman, Industrial Statistics, John Wiley (1942).

Helene e Vanin, Tratamento Estatístico de Dados em Física Experimental, 2 ed., Editora Edgard Blücher (1991).

Harding e Quinney, A Sample Introduction to Numerical Analysis, Vol. 2, Adam Hilger, ESM, Cambridge (1989).

Haswell, S. J. (ed.), Practical Guide to Chemometrics, Marcel Dekker, Inc. (1992).

Hohmann e Lockhart, Remember the Hyperbola, Chemtec, outubro (1972).

Lipka, Joseph, Computaciones gráficas y mecanicas, Compañia Editorial Continental S/A, 12a. impresion (1975).

Lyalikov, Bulaton, Bodyu e Krachun, Problems in physico-chemical methods analysis, MIR, Moscou (1974).

Lychten, W., Data and Error Analysis in the Introductory Physics Laboratory, Allin and Bacon, Inc. (1988).

Meyer, S. L., Data Analysis for Scientists and Engineers, John Wiley (1975).

Pinkerton e Gleit, The Significance of Significant Figures, J. of. Chem. Ed., 44, N.º 4, abril (1967).

Pombeiro, Armando J. L. O., Técnicas de Operações Unitárias em Química Laboratorial, Fundação Calouste Gulbenkian, Lisboa (1983).

Rowe, Correlating data, Chemtec, January (1974).

Sadosky, Manuel, Cálculo Numérico y Gráfico, Ediciones Libreria del Colegio, 5a. ed., Buenos Aires (1955).

Sherwood, The Treatment and Mistreatment of Data, Chemtech, dezembro (1974).

Spiridinov e Lopatkin, Tratamento Matemático de Dados Físico-Químicos, MIR, Moscou (1973).

Wetherill, G. B. et al., Regressions Analysis with Applications, Londres e New York, Chapman and Hall (1986).

EXERCÍCIOS PROPOSTOS

1. Determine o erro absoluto e o erro relativo máximo, quando se aplicam à função $f = xy^2$ os valores:
$$x = 1{,}2 \pm 0{,}1; \quad x = 1{,}9 \pm 0{,}2$$
$$y = 2{,}4 \pm 0{,}3; \quad y = 2{,}3 \pm 0{,}2$$

   Arredondar os valores para apenas uma casa decimal.

2. Determine o limite superior dos erros relativos das funções:
$$f = \sqrt{\frac{y^2 - z^3}{x^5}} \quad \text{e} \quad f = e^{x^2+y^2},$$
quando $x = 4{,}0 \pm 0{,}3$; $y = 2{,}0 \pm 0{,}1$; $z = 1{,}2 \pm 0{,}2$.
Arredondar os valores para uma casa decimal.

3. Determine o erro relativo limite da função:
$$f = e^{x^2+y},$$
com $x = 2{,}0 \pm 0{,}2$ e $y = 5{,}0 \pm 0{,}3$. Arredondar os valores para uma casa decimal.

4. Calcule o erro relativo e o erro absoluto da função:
$$f = \frac{x\sqrt{y}}{z^{4/3}},$$
com $x = 1{,}5 \pm 0{,}2$; $y = 2{,}3 \pm 0{,}3$; $z = 4{,}0 \pm 0{,}3$.
Arredondar os valores para uma casa decimal.

5 Determine o erro cometido no cálculo da constante K de uma esfera usada no viscosímetro tipo Hooppler, a partir da expressão:

$$K = \frac{\eta_w}{F_w(\rho_K - \rho_w)},$$

sabendo que:
$\eta_w = 1,0$ cP $\pm$ 0,1;
$\rho_K = 2,392$ g $\cdot$ cm^{-3} $\pm$ 0,002;
$\rho_w = 0,998$ g $\cdot$ cm^{-3} $\pm$ 0,001;
$F_w = 137,0$ s $\pm$ 0,3.

6 Calcule os desvios absoluto e relativo quando se determina a viscosidade do álcool n-butílico, usando um viscosímetro tipo Ostwald, a partir dos seguintes valores:

temperatura = $20,0°C \pm 0,20$;
t_0, tempo de escoamento da água = $128,4$ s $\pm$ 0,8;
t, tempo de escoamento do álcool = $464,4$ s $\pm$ 1;
ρ, massa específica do álcool = $0,80961$ g$\cdot$mL^{-1} $\pm$ 0,00008;
ρ_{-0}, massa específica da água = $0,99820$ g$\cdot$mL^{-1} $\pm$ 0,0001;
η_0, viscosidade da água = $1,005$ cP $\pm$ 0,005.

Sabe-se que:

$$\frac{\eta}{\eta_0} = \frac{t\rho}{t_0\rho_0}.$$

7 Determine as constantes a e b da equação sugerida: $y = ax^b$, quando se têm as concentrações x de íons hidrogênio e as concentrações y de ácido clorídrico não-dissociado.

x	1,68	1,22	0,784	0,436	0,092	0,047	0,0096
y	1,32	0,676	0,216	0,074	0,0085	0,00315	0,00036

x	0,0049	0,00098
y	0,00014	0,000018

Exercícios Propostos **301**

8 Em um motor de combustão interna, p é a pressão (em libras pol^{-2}) e v é o volume (em pés cúbicos). Pede-se a função que relaciona essas duas grandezas, conhecendo-se os valores:

p	39,3	44,5	53,5	73,8	85,8	113,2	135,6	178,0
v	10,60	9,71	8,58	7,02	6,25	5,20	4,60	3,82

9 Para soluções de chumbo-zinco, foram obtidos os seguintes valores de temperatura de fusão (t), em graus Celsius, e de porcentagem de chumbo (x). Determine a equação que relaciona essas grandezas.

x	40	50	60	70	80	90
t	186	206	226	256	276	309

10 Determine a relação matemática existente entre soluções de ácido fosfórico em água e os seus respectivos calores específicos, a 21,3ºC.

c_p (J·g^{-1}·ºC^{-1})	4,139	4,041	3,884	3,676	3,345	3,106
% H_3PO_4	2,50	5,33	10,27	16,23	25,98	33,95

c_p (J·g^{-1}·ºC^{-1})	2,936	2,706	2,599
% H_3PO_4	40,10	48,16	52,19

11 Determine os volumes molares parciais de ambos os constituintes, a partir dos valores da tabela, considerando soluções aquosas.

% em massa CH_3COOH	0	10	20	30	40	50
Massa específica ρ_4^{25}	0,9971	1,0107	1,0235	1,0350	1,0450	1,0534

% em massa CH_3COOH	60	70	80	90	100
Massa específica ρ_4^{25}	1,0597	1,0637	1,0647	1,0605	1,0440

Calcule:

a) com 30% de ácido acético;

b) com 80% de ácido acético.

12 Dados os valores (em g·s⁻¹) da velocidade de reação de uma substância de 10 em 10 s, a partir de 0 s, determine a quantidade de substância transformada após o primeiro minuto.

v	1,1	1,3	1,6	1,8	2,0	2,1	2,3
t	0	10	20	30	40	50	60

13 A partir dos valores da tabela que segue:

x	0	1	2	3	4
y	1	1,8	3,1	3,9	4,8

com $y = y(x)$, determine por dois métodos diversos a equação empírica correspondente.

14 Obtenha a equação empírica que melhor se ajusta aos dados da seguinte tabela:

x	0,1	0,5	0,9	1,9	3,1
y	1,1	1,3	2,0	5,1	9,9

15 Obtenha a equação empírica que melhor se ajusta aos valores da tabela a seguir determinando o grau de correlação:

x	-0,5	0,1	0,5	1,1	1,5	1,9
y	1,9	1,1	0,1	-0,9	-1,9	-2,9

Resposta: $y = -2x + 1,1$; e $r = 0,995$.

16 Obtenha a equação que relaciona a capacidade calorífica do alumínio com a temperatura, para os valores da tabela:

T (K)	301	300	298	235	231	223	180
c_p (J·mol⁻¹·K⁻¹)	22,8	23,4	22,8	22,7	23,2	27,6	20,1

T (K)	166	144	139	111	95
c_p (J·mol⁻¹·K⁻¹)	20,5	17,8	19,0	13,5	12,1

Determine também o grau de correlação.

17 Determine, por mínimos quadrados, as constantes da equação:

$$\log p = A - \frac{B}{t + 230}$$

a partir dos valores de pressão de vapor do metanol medidos por Vanecek.

t (°C)	49,4	45,9	43,1	32,1	26,3	18,65	15,0	8,0
p (mm Hg)	399,3	345,5	303,3	180,4	134,9	90,6	73,7	49,5

Calcule também o coeficiente de correlação e o desvio padrão.

Resposta: $A = 7,8293$ e $B = 1.460,4$.

18 Obtenha a equação que expressa a relação entre o índice de refração e a temperatura do acetato de polivinila.

t (°C)	Índice de ref. (η_D)	t (°C)	Índice de ref. (η_D)
9,0	1,4675	20,0	1,4666
110	1,4674	21,0	1,4666
13,0	1,4672	23,0	1,4661
14,0	1,4669	25,0	1,4657
16,0	1,4669	27,0	1,4652
18,0	1,4668	30,0	1,4643

19 Determine a equação empírica que permite o cálculo da temperatura de transição vítrea (t_g) em função da massa molar média ($\bar{M}$), no caso do poliestireno, a partir dos seguintes valores:

t_g (°C)	100	89	86	77	78	53	40
$\bar{M}$	85.000	19.300	13.300	6.650	4.950	2.015	1.675

Resposta: $T_g = 373 - 1,0 \times 10^5/\bar{M}$

Observação: $T_g = t_g + 273$.

20 Várias amostras de poliestireno foram preparadas por polimerização aniônica. Determine a relação entre as respectivas viscosidades intrínsecas [η] a 30°C e as massas molares médias, além do coeficiente de correlação.

[η]	2,43	1,41	0,53	0,486	0,330	0,312	0,250	0,224	0,15

21 Determine a relação matemática entre o calor específico do chumbo e a temperatura, a partir da tabela experimental obtida. Em seguida, calcule o aumento de entalpia por mol.

t (°C)	50	100	150	200
c_p (J·g^{-1}·grau^{-1})	0,1249	0,1271	0,1279	0,1304

Resposta: $c_p = 0{,}1232 + 0{,}346 \times 10^{-4} t$.

Aumentos de entalpia: 656; 1.981; 3.339 e 4.723 J·mol^{-1}

22 Na determinação da adsorção de ácido acético em carvão ativado, por meio de soluções aquosas, a 25°C, chegou-se aos seguintes valores para o ácido:

Massa absorvida (g)	0,024	0,023	0,028	0,030	0,032	0,034
Massa inicial na solução (g)	0,24	0,36	0,48	0,72	0,96	1,20

Obtenha a equação empírica que relaciona essas grandezas e calcule o coeficiente de correlação.

QUESTÕES PROPOSTAS

As questões a seguir referem-se aos experimentos estudados. Elas não obedecem a uma ordem pré-estabelecida e, tal como nos experimentos, têm por propósito motivar o estudante na busca dos modelos racionais, relacionar os modelos teóricos com as realidades vividas, insistir no manuseio da bibliografia, sem falar na intenção de despertar o interesse pela observação e interpretação dos fenômenos.

1. Qual o significado físico do equivalente em água, na determinação da entalpia de neutralização?

2. Como justificar fisicamente a denominação *entalpia de transição*?

3. Explicar por quê, na determinação do quociente c_p/c_v, estabelece-se o desnível h_2.

4. Sugira um procedimento para se comparar a capacidade calorífica de dois gases, a partir da determinação de c_p/c_v.

5. Na determinação da massa específica de soluções líquidas, como justificar a conformação das curvas massa específica versus concentração, considerando-se o comportamento das soluções?

6. Dê três características essenciais do líquido usado na determinação da *viscosidade de gases*, segundo Rankine e justifique.

7   Em termos de potencial químico, qual o significado da missibilidade?

8   O que pode levar à opalescência, num tubo com três componentes líquidos, no Experimento 3.3 ("Sistema líquido ternário")?

9   Por quê, na determinação da *entalpia de neutralização* com ácido acético, normalmente obtém-se um valor maior do que para ácidos como o clorídrico?

10 Qual o significado físico do equilíbrio, na determinação da *entalpia de dissolução a partir da solubilidade*?

11 A destilação de uma mistura, proposta neste livro, admite condições de equilíbrio. Fale sobre o significado desse equilíbrio.

12 No estudo da *pressão de vapor de um líquido puro*, proponha alterações no manômetro que permitam leituras mais precisas. Justifique.

13 Distinguir adsorção física de adsorção química, inclusive pelas energias envolvidas.

14 Por quê se usa cloreto de potássio na ponte salina com ágar-ágar?

15 Por quê se usa nitrato de amônio na ponte salina com ágar-ágar, quando o elétrodo em estudo é de prata?

16 Por quê usar solução de cloreto de potássio na determinação da constante de uma célula de condutância?

17 A partir da determinação da *solubilidade de um sal pouco solúvel*, por condutância, calcule ΔG e ΔS de dissolução.

18 Calcule a variação de entropia entre duas temperaturas, no caso de um elétrodo.

19 Qual a diferença entre condutância específica e condutividade molar?

20 Como obter em laboratório uma água para condutância, de boa qualidade?

Questões Propostas

21 Por quê o tubo do viscosímetro de Hooppler tem uma inclinação de 80 graus?

22 Argumente sobre a velocidade de escoamento, na determinação da *tensão superficial* de líquidos, pelo método de Traube.

23 Criticar a determinação da *tensão superficial* do mercúrio pelo método de Traube.

24 Qual a utilidade das curvas de resfriamento na determinação empírica do eutético?

25 Proponha duas maneiras para juntar dois solutos em um solvente e prove que $n_1 dV_1 = n_2 dV_2$, no estudo das *propriedades molares parciais*.

26 Cite três características que podem ser identificadas através das curvas de resfriamento.

27 Como o coeficiente de partição de um soluto, em dois solventes não-miscíveis entre si, pode depender da eventual associação de moléculas num dos solventes?

28 Em uma operação de separação por solventes, fixada uma composição-limite, como obter o número de extrações necessário?

29 O que se entende por *pressão de vapor*? Proponha um modelo.

30 Explique por quê, na determinação da constante de velocidade por polarimetria, não é necessário executar as leituras em relação ao ângulo de rotação zero do aparelho.

31 Como estimar o ângulo de rotação inicial α_0, no estudo da decomposição da sacarose, em meio ácido?

32 Qual a finalidade da rolha no erlenmeyer em que ocorre a saponificação do acetato de etila, a temperatura constante? Justifique.

33 Proponha uma maneira de se obter a constante aparente de velocidade de reação, em um dos experimentos propostos.

34 Na oxidação acelerada do cobre, discuta como a eventual presença de gorduras na superfície do metal poderia influir no resultado final.

35 Qual a influência do soluto na constante crioscópica? Justifique.

36 Como determinar as proporções sólido-líquido, em um sistema de composição conhecida, a uma determinada temperatura?

37 Proponha três grandezas que permitam avaliar a existência da condição de equilíbrio, em uma solução supersaturada e justifique.

38 Na determinação da condutância de um eletrólito, deve-se usar corrente contínua ou alternada? Explique.

39 Por quê a constante da célula de condutância é determinada por via indireta?

40 Qual a pressão de vapor de um líquido em ebulição? Justifique.

41 Quando o ponto de congelamento de duas soluções aquosas, uma de glucose e a outra de sacarose, é o mesmo, qual a primeira conclusão importante? Justifique.

42 Por meio de um diagrama da força eletromotriz, em várias concentrações, em função da raiz quadrada das concentrações, obtenha o valor da força eletromotriz em diluição infinita.

43 O que é viscosidade intrínseca e como determiná-la?

44 Em termos de soluções poliméricas, qual a vantagem de se utilizar o viscosímetro de Ubbelohde, ao invés do viscosímetro de Ostwald?

45 Dê as unidades da viscosidade absoluta e cinemática no sistema CGS e os respectivos nomes.

46 Qual a ordem de grandeza relativa das massas molares médias, viscosimétrica, numérica e potencial?

47 Qual a importância do *parâmetro de solubilidade*, no estudo das soluções líquidas.

48 O que é *temperatura de transição vítrea*? Cite um exemplo de aplicação.

49 Por quê devem ser evitados esforços de tração na preparação da lâmina polimérica a ser usada no refratômetro, a fim de se determinar a *temperatura de transição vítrea*?

50 Qual o significado físico da *refração molar*?

51 O que é birrefringência?

52 Dê uma equação que relacione *índice de reflexão* com *índice de refração*.

53 Qual o fator desprezado na avaliação da *polarizabilidade* pelo método refratométrico?

54 Como estimar o raio molecular a partir da *polarizabilidade*?

55 Como determinar o coeficiente de difusão do glicerol em água a partir da viscosidade absoluta?

EXPERIMENTOS PROPOSTOS

1. Estudar a mutarrotação da glucose, por meio de um polarímetro, relacionando as grandezas cinéticas com a temperatura.

2. Obter a constante de velocidade da saponificação do acetato de etila, por meio da variação da condutância.

3. Obter a energia de ativação de uma reação, como a inversão da sacarose, a partir das constantes de velocidade em duas temperaturas distintas.

4. Usando um fotocolorímetro, estimar o coeficiente de velocidade da decomposição do cristal-violeta, em meio básico.

5. Construir um diagrama do índice de refração de soluções de sacarose em água versus concentração, e obter a equação empírica que melhor represente o fenômeno.

6. Estudar a refração molar de uma substância em função da temperatura.

7. Estudar a tensão superficial de um líquido, em função da temperatura, e estabelecer a equação empírica correspondente. Calcular a variação de entropia na superfície do líquido.

8. Obter o grau de dissociação de ácido orgânico em meio aquoso, a partir das densidades ópticas, em vários comprimentos de onda, com oito soluções cujo pH varie de valores elevados até baixos valores.

9. Verificar que a viscosidade influi na condutância de soluções de sacarose em água, em temperatura constante. Comparar a curva obtida com outra em que se acrescenta, também, cloreto de potássio em concentração constante.

10 A partir da determinação do coeficiente de distribuição do ácido acético em benzeno e água, em três temperaturas, estimar a energia da ligação de hidrogênio (ΔH), sabendo que $Kp = Ke\,(RT)^{\Delta v}$ e considerando que:

$$CH_3 - C\begin{matrix}O\cdots H-O\\ \diagup\quad\quad\diagdown\\ O-H\cdots O\end{matrix} C-CH_3 \rightleftarrows 2CH_3 - C\begin{matrix}O\\ \diagdown\\ OH\end{matrix}$$

Considerar $\Delta v = -1e$.

$$\frac{d\left(\ln\dfrac{Ke}{RT}\right)}{d\left(\dfrac{1}{T}\right)} = -\frac{\Delta H}{R}.$$

11 Em um moinho de bolas, moer certa quantidade de poliestireno e determinar a massa molar viscosimétrica, para estudar o efeito dessa ação mecânica sobre a estrutura química do material polimérico.

12 Estimar o coeficiente de difusão do cloreto de potássio em solução aquosa, através de uma membrana permeável de papel celofane comum.

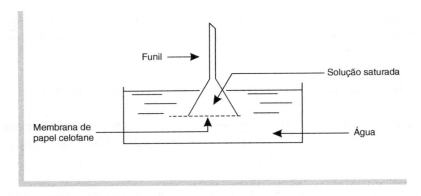

Sabe-se que:

$$\frac{d\overline{m}}{dt} = -\frac{AD(C_1 - C_2)}{l}.$$

13 Determinar a constante de velocidade da saponificação do acetato de etila, em algumas temperaturas, e obter a equação empírica que relaciona a constante de velocidade com a temperatura.

14 Estudar a força eletromotriz de pilhas de concentração cobre/cobre, com as hastes metálicas amalgamadas, e comparar com os valores calculados pela teoria de Debye-Hückel.

15 Estimar a capacidade calorífica de uma mistura gasosa, determinando o quociente c_p/c_v = constante e considerando a relação $c_p - c_v = R$.

16 Estudar a variação dos volumes molares parciais de soluções de etanol em água, a 25°C, em função das refrações molares dessas soluções. Obter a equação empírica que relaciona tais propriedades.

ALGUNS MANUAIS PARA CONSULTAS

American Gas Association, Gas Engineers Handbook, Industrial Press, Inc. (1974).

Amtelman, Malvin S., The Encyclopedia of Chemical Electrode Potentials, Plenum Press (1982).

Brandrup, J., e Immergut, E. H., Polymer Handbook, 3^a ed., John Wiley (1989).

Conway, B. E., Electrochemical Data, Elsevier Publishing (1952).

David R. Lide (ed.), Handbook of Chemistry and Physics, 84^a ed. CRC Press Inc. (2003).

Gallant, R. W., Physical Properties of Hydrocarbons, 2^a ed., 2 vols., Gulf Publishing Company (1992).

Lurie, Ju., Handbook of Analytical Chpmistry, MIR (1975).

Handbook of Chemistry and Physics, 74th. edition-CRC (1994).

Hultgren, R. e outros, Selected Values of Thermodynamics Properties of Metals and Alloys, John Wiley (1963).

International Critical Tables, McGraw-Hill.

Karel Verschueren (org.), Handbook of Environmental Data on Organic Chemicals, 2 vols., John Wylei and Sons (2001).

Landolt-Bornstein, Thermodynamics Properties of Organic Compounds and their Mixtures, subvolumes A e B, Springer-Verlag, Berlim, Heidelberg (1996).

Lange's Handbook of Chemistry, 40^a ed., McGraw-Hill (1992).

Lobo, V. M. M., Handbook of Electrolyte Solutions, Partes A e B, Elsevir, Amsterdam (1990).

Luxon, S. Gc., Hazards in the Chemical Laboratory, 5^a ed. (1992).

Perry's Chemical Engineer's Handbook, 7ª ed., MacGraw-Hill (1997).

Perry, J. H., Chemical Engineer's Handbook, 4th, edition, MacGraw-Hill Kogakusha (1963).

Timmermans, J., Physico-Chemical Constants of Pure Organic Compounds (vols. I e II), Elsevier Publishing Company (1950).

The Merck Index, 13ª ed., Merck and Co. Inc. (2001).